图书在版编目（CIP）数据

河南栾川古树名木 / 谢红伟主编. -- 北京：中国
林业出版社, 2013.4
ISBN 978-7-5038-7005-7

Ⅰ. ①河… Ⅱ. ①谢… Ⅲ. ①树木—介绍—栾川县
Ⅳ. ①S717.261.4

中国版本图书馆CIP数据核字(2013)第059832号

责任编辑：贾麦娥
装帧设计：刘临川　张　丽
出　　版　中国林业出版社（100009 北京西城区刘海胡同7号）
电　　话：010—83227226
发　　行　中国林业出版社
印　　刷　北京卡乐富印刷有限公司
版　　次：2013年4月第1版
印　　次：2013年4月第1次
开　　本：210mm×285mm
印　　张：31
定　　价：208.00元

河南栾川

HENAN LUANCHUAN
GUSHU MINGMU

主编　谢红伟

古树名木

中国林业出版社

序

栾川历史悠久，早在旧石器时代已有人类活动，夏商时期栾川为有莘之野。汉至北魏置亭，唐置镇，宋徽宗崇宁三年（公元1104年）始置县。几千年来，栾川交通不便、山高林密，森林资源极为丰富，"栾川"一名即是古时因此地栾木丛生而来。

独特的自然条件和厚重的历史文化，孕育了栾川丰富的古树名木资源，虽经历次战乱和1958年大炼钢铁时大采伐的浩劫，仍有大量的古树幸存了下来，使得栾川县古树名木灿若繁星，熠熠生辉。这些古树名木或矗立于古刹，或留翠于宅院，或群居于林间，或装点于村落，就像一颗颗绿色宝石镶嵌在伏牛诸峰、伊水两岸，镶嵌在茫茫林海之中，使绿色栾川更加秀美。

古树名木是森林资源中的瑰宝，是自然界的璀璨明珠。从历史角度看，每一棵古树上都闪烁着光彩绚丽的历史文化色泽，它的生长与中国文化的发展同步，在每个发展时期又铭铸着时代的印记。一棵古树，就是一段历史的见证与一种文化的记录；一棵古树，就是一部自然环境发展史；一株名木，就是一段历史的生动记载。透过一棵棵古树名木，我们可以重温这些"活文物"的博大精深。古树是有厚重感的，它的厚重感在于沉积于它沧桑年轮上的历史文化，以及由这种历史文化铸造的人文精神。面对古树，能读出大自然造化的神奇和历史的厚重与悠远。从经济角度看，古树名木是我国森林和旅游的重要资源，对发展旅游经济具有重要的价值；从生物生态学角度看，古树名木为珍贵树木、珍稀和濒危植物，在维护生物多样性、生态平衡和环境保护中有着不可替代的作用。所以，保护、利用好珍贵的古树名木资源，是我们义不容辞的责任。

但是随着时间的推移，由于自然和人为等原因，承载着历史印迹和人文光辉的古树名木面临着消亡的危机。围绕古树名木的各种传说、故事等珍贵史料，也正日益失传。为古树名木"立传"，探索复壮技术，加强保护和宣传，传承和弘扬其负载的生态和历史文化信息，显得十分迫切和重要。

栾川县着眼于"保护古树名木、发掘古树文化、普及古树知识、助推森林旅游、促进经济发展"，在对全县古树名木资源进行全面普查、认定和挂牌保护的基础上，对有较高观赏、人文、历史、生态、经济价值的精品古树名木进行了重点发掘，组织编写了《河南栾川古树名木》一书，让人耳目一新。书中图文并茂，精彩纷呈，既有专业知识的介绍，又有传说和典故，读来令人回味无穷，是一部不可多得的古树名木专著。它的出版，对于保存史料，弘扬生态文化，传承生态文明，进一步增进人们对古树名木的认识和了解，增强全社会崇尚自然、热爱树木、关心生态、保护古树名木的意识，促进栾川县的森林旅游业发展，都具有十分重要的意义。

栾川作为河南省的林业大县、古树名木大县、全国旅游强县，应该在古树名木的保护和利用上走在全省前列。希望《河南栾川古树名木》的出版只是一个开始，栾川的林业生态建设、栾川的古树名木保护、栾川的森林旅游业发展必将不断创造新的篇章！

栾川县林业局局长

2012年12月

前　言

　　为了摸清家底，一树一策，因树制宜地保护好珍贵的古树名木资源，栾川县林业局于2001年、2007年、2009年先后三次开展了古树名木调查工作，共对705棵古树名木进行了挂牌保护。2012年7月，新一届林业局党委高瞻远瞩，成立了专门调查队，启动第四次古树名木调查工作，要求彻底摸清全县古树名木的数量，制定保护方案，并把发掘古树名木的文化内涵作为一项重要内容，为保护和开发利用古树资源、发展森林旅游、提升栾川林业生态建设水平奠定坚实基础。调查队于2012年7月25日开始，历时3个月，在各乡镇、国有林场的配合下对全县古树名木进行了全面调查，共新增古树名木22428株，使全县登记古树名木总数达23133株，其中散生古树名木952株，古树群41个22181株。这些古树名木涉及31科50属68种，其中国家一级203株，

二级7510株，三级15420株。这次调查所开展的古树名木文化发掘、古树旅游规划等工作，也填补了我县在此领域的空白。

　　为普及古树名木知识，展示栾川县的古树名木风采，我们对有较高观赏、人文、历史、生态、经济价值的精品古树名木进行了重点发掘，现编印成书，以保存史料，惠及当代及后人。全书共分8章，分别介绍我县森林植被及古树名木总体情况，各树种古树名木的特征及分布情况，古树群落情况，各乡镇重点古树情况，名木资源，栾川县的特色树种资源以及部分古树的传说、传奇故事等，还介绍了部分精彩的古树旅游线路。除了大量的图片，每棵树还附有古树所在位置的坐标。本书既是专业资料，也可作为业余爱好者了解栾川古树名木情况、开展野外考察、摄影或森林旅游的指导用书。

关于书中的内容有两点说明。一是树种的排序问题。为编排方便和结构需要，未按照植物分类学中的分类顺序进行排列。二是古树编号问题。由于先后进行了4次古树名木资源调查工作，每次新增加的树木都由市林业局按照全省统一规定分发号段，所以第一次调查的古树编号为豫C036-豫C055，第二次调查编号为豫C0957-豫C1009，第三次调查编号为豫C2782-豫C3086，2012年进行的第四次调查编号从豫C5227往后排序。编号位数的多少与确定为古树的先后有关，但与古树的等级无关。

本书的成书是一个不断积累的过程，除了先后4次艰苦的调查工作外，内业资料整理和图文编辑的工作量同样浩瀚，大量人员为其倾注了心血。在调查和编写过程中，县林业局党委两任领导班子成员或亲自参与，或给予大力支持。各乡镇人民政府、农业服务中心对此项工作给予了十分宝贵的支持。在此一并致谢。

由于我们水平有限，书中肯定会有许多不足甚至错误，欢迎读者批评指正。

编者

2012年12月

目录

河南栾川

HENAN LUANCHUAN
GUSHU MINGMU

古树名木

第一章 概述

一、自然地理

栾川县位于河南省西部，洛阳市西南部，地理坐标介于北纬33°39′~34°11′，东经111°12′~112°02′之间，东接嵩县，西毗卢氏，南邻西峡，北界洛宁。国土总面积2477 km²。东西长78.4km，南北宽57.2km。辖14个乡（镇），209个行政村，1963个村民组，4个居委会，8.65万户，34万人，汉族人口占97.6%，满、蒙、回等19个少数民族人口占2.4%。县城面积28 km²。

历史上的栾川建置几经变迁，夏商时栾川为有莘之野。汉至北魏置亭，唐置镇，宋徽宗崇宁三年（公元1104年）始置县，金海陵王贞元二年（公元1154年）废县改镇，此后元、明、清均置镇。民国时置区，隶属陕州卢氏县。1947年栾川再置县。先后隶属豫鄂陕边区四专区、豫陕鄂边区三专区、陕南一专区、豫西七专区、陕州专区和洛阳专区。1986年4月隶属洛阳市。

栾川县是典型的深山区县，北有熊耳山，南有伏牛山，中部有熊耳山支脉鹅羽岭，将全县分割成南北两大沟川。全县山多地少，素有"九山半水半分田"之称。境内有大小山头9251个，其中海拔1000m以下的2434个，1001~1500m的4799个，1501~1800m的1674个，1801m以上的344个。长度在500m以上的沟岔有8850条。山坡坡度较大，36°以上的陡坡占41.6%。县内海拔最高点2212.5m，最低点450m。整个地形由东北向西南逐渐升高，海拔自450m（潭头汤营）到2000m以上。全县有中山、低山、河川三种地貌类型。中山地貌（深山区）：位于县南、北两山和鹅羽岭的中上部，海拔1000m以上，总面积122269hm²，占全县总面积的49%。山间岩体林立，悬崖峭壁连续排列，山岭峻峭，纵横相连，山体坡度40°~60°，局部为直立陡坡，山谷多呈V形。分布于淯河流域的冷水、三川等地的中山，山谷呈U形，沟谷稍为开阔，坡度在30°以下。低山地貌（浅山区）：位于县南、北两山的浅山地带，海拔600~1000m，总面积84479hm²，占全县总面积的34%。坡度在25°~35°之间，山谷多呈U形。河川

地貌：位于县南北两川和合峪街附近的沿河两岸，地势平坦。

栾川县属暖温带大陆性季风气候，年均气温12.1℃，7月份最热，平均气温24.3℃，极端最高气温40.2℃，1月份平均气温-0.8℃，极端最低气温-20℃，年均降水量864.6mm。由于受季风的影响，全年降水分布不均，51%的降水集中在7~9月份，易造成洪涝灾害。年日照时数2103.0小时，占全年可照时数的日照率为47%，月日照时数最长为218.5小时，日照率为51%。年均太阳总辐射量113.81千卡/cm²，光合有效辐射为55.77千卡/cm²，林木生长发育期（4~10月份）>10℃的平均日期193.3天（平均初日4月17日，平均终日10月26日），此间的太阳辐射量78.74千卡/cm²，光合有效辐射量约为35.26千卡/cm²，5~8月有效辐射量25.04千卡/cm²，日照时间充足，辐射量较多，为多种林木的生长发育提供了较好的光照条件。无霜期198天，多年平均初霜日为10月12日，终霜日为4月6日。

栾川县跨越长江和黄河两大流域，其中冷水、三川、叫河三个镇属长江流域，主要河流是淯河，发源于冷水镇，经三川镇、叫河镇和卢氏县、西峡县汇入汉江；其余乡镇属黄河流域，主要河流有伊河、明白河、小河。伊河发源于陶湾镇，经潭头镇汤营村入嵩县，后汇入黄河。明白河、小河为伊河支流。境内共有大小支流604条，河网密度0.59km/km²。地表水年均径流量6.8亿m³。伊河、明白河、小河、淯河这四条河流冲积形成了南北两条较大河川和东（合峪）西（三川）两条较小河川。

土壤有棕壤和褐土两大类。棕壤分隐灰化棕壤、典型棕壤和粗骨性棕壤；褐土分褐土性土、淋溶褐土、碳酸盐褐土、典型褐土和黄土等五类。棕壤分布于县南伏牛山北坡和县北熊耳山南坡及中部的鹅羽岭一带，海拔在1000m以上。成土母岩主要为花岗岩、片麻岩等。通体无石灰反应，有机质含量高，pH值在6~6.5之间，呈弱酸性，土壤剖面具有明显发育层次。褐土分布在南北两川的浅山区和合峪街附近，海拔450~1000m，成土母质多是第四纪黄土

及其洪积、坡积冲积物，多呈中性反应。

全县交通便利。现有干线公路255.8km，县乡公路242.5km，扶贫公路512.4km，全县实现了村村通砼路目标。洛栾快速通道、311国道栾川段、庙祖线、三邓线栾川段等组成了干线公路网，洛栾高速和规划中的武西高速栾川段、栾川至洛宁、卢氏高速将构成四通八达的高速公路网络，极大地密切栾川与洛阳、三门峡、南阳等省辖市及周边县（区）的联系。闭塞的栾川已经成为历史。

独特的自然地理条件和丰富的森林资源，造就了旖旎秀丽的自然风景。栾川夏无酷暑，冬无严寒。有青山、老林、险峰、峻岭、幽谷、飞瀑、蓝天、白云、奇石、溶洞、温泉、翠竹、小桥、流水、人家，空气中负氧离子含量平均3万个/cm^3，最高达6万个/cm^3，被权威专家测定为中原空气最清洁的地方。

栾川处处充满着发展的生机，工矿业名扬世界，旅游业闻名遐迩，民营业红红火火，农业产业化规模空前。栾川先后荣获全国教育先进县、全国科技先进县、全国绿化模范县、全国社会治安综合治理先进县、全国卫生县城、全国文明县城、全国生态建设示范县、全国最佳人居环境范例奖和全省经济发展环境50优、河南省林业生态县等56项国家和省级荣誉称号。2006年跻身于首批"中国旅游强县"，是河南省唯一入选的县。2007年财政一般预算收入为17.7亿元，跃居全省第一。2008年全省经济和社会发展综合排名第八，2011年荣膺2010年度中国最具投资潜力特色示范县，"全国低碳旅游实验区"，是洛阳市下辖经济强县之一。2012年全县地区生产总值162.5亿元，地方财政一般预算收入14.1亿元，总量连续六年稳居全市首位；规模以上工业增加值112亿元，全社会固定资产投资129亿元，社会消费品零售总额40.7亿元，城镇居民年人均可支配收入18775元，农民年人均纯收入6770元。

二、森林资源

栾川县是全省重点林区县，国家天然林保护工

程区，南水北调中线工程水源地。森林资源丰富、植被茂密，森林资源规模位居全省第一。

全县林业用地面积212145hm^2。在林业用地中，有林地面积193700hm^2、疏林地4372hm^2、灌木林地9574hm^2、未成林造林地2200hm^2、苗圃地6hm^2、无立木林地66hm^2、宜林地2212hm^2、林业辅助生产用地15hm^2。活立木蓄积1019万m^3，森林覆被率82.4%。林木绿化率85.05%。

栾川县的森林资源以天然林为主，树种主要为栎类和阔杂类，面积176406hm^2，占林地面积的83.16%；作为全省最大的飞播林基地，油松飞播林面积达19110hm^2，占林地面积的9.01%，集中分布在三川、冷水、叫河3个镇，陶湾、石庙等9个乡镇也有分布；人工林面积14329hm^2，占林地面积的6.75%，主要分布在各乡镇的浅山区；苗圃地、无立木林地、宜林地、林业辅助生产用地2299hm^2，占林地面积的1.08%，零星分布在各乡镇。

按森林类别划分，现有公益林地128114hm^2，占全县林地总面积的60.39%，其中国家级公益林地55516.59hm^2，占43.33%；地方公益林地72597.81hm^2，占56.67%。商品林地84031hm^2，占39.61%。按林种划分：用材林74243hm^2，占商品林林地面积的88.36%；经济林8491hm^2，占10.10%；薪炭林236hm^2，占0.28%；其他林地1060hm^2，占1.26%。全县国有林林地14059hm^2，占林地面积的6.63%；集体林地198086hm^2，占93.37%。

栾川处于北温带南缘，植物资源比较丰富，

既有华北区系植物，又有华中区系植物和西南高寒区系植物。据调查，共有野生植物156科667属1661种。其中乔木66科1374种，灌木38科109种，藤本12科20种，草本40科158种。用材树种主要有栓皮栎、麻栎、槲栎、水曲柳、椴树、望春花、千金榆、五角枫、油松、华山松、白皮松、铁杉、侧柏、杉木、山杨、山核桃、桦木、青皮槭、杨类、泡桐、楸树、刺槐、臭椿、苦楝、鹅耳枥等。木本油料树种主要有核桃、漆树、黄楝、毛梾木、油桐等。干鲜果主要有核桃、苹果、梨、桃、杏、柿、枣、猕猴桃等。药用树种主要有杜仲、五倍子、桑、连翘、五味子、枸杞、花川、山萸肉、山楂等。林间杂灌主要有杜鹃、黄栌、绣线菊、珍珠梅、六道木、鼠李、忍冬、胡枝子、连翘、灰栒子、海棠等。草类主要有白草、羊胡子草、黄背草、铁秆蒿、苔草等。其中国家一级保护野生植物有银杏、南方红豆杉、水杉3种；国家二级保护野生植物有蕙兰、香果树、连香树、杜仲、水曲柳等17种。

栾川的森林植被属于暖温带落叶阔叶林植被类型。据《中国植被》的分类系统，将栾川县植物群落划分为针叶林、阔叶林、竹林、灌丛与灌草丛、草甸、沼泽和水生植被等6个植被型，落叶针叶林、常绿针叶林、落叶阔叶林、山顶常绿阔叶矮曲林、单轴型竹林、合轴型竹林、常绿阔叶灌丛、落叶阔叶灌丛、灌草丛、典型草甸、湿生草甸、沼泽、水生植被等13个群纲，68个群系。主要是以落叶阔叶林及落叶阔叶灌丛为主体，占全县面积的90%以上，在植被的发展演替中起主导作用。

根据调查，全县野生脊椎动物约180种，其中哺乳类动物20余种，两栖类动物6种，鸟类150余种，爬行类动物10余种，昆虫4000余种。其中国家一级保护动物有金钱豹、白肩雕、金雕等5种；国家二级保护的野生动物有大鲵（娃娃鱼）、穿山甲、豺、斑羚（山羊）、红腹锦鸡、老鹰、苍鹰、猫头鹰等66种；国家"三有"和河南省重点保护的有狼、赤狐、貉、黄鼬（黄鼠狼）、猪獾、狗獾、野猪、小麂等30余种。

栾川优势在山，出路在林。县委、县政府历届领导十分重视林业建设，坚持一张蓝图绘到底，一任接着一任干，一直把搞好林业建设作为强县富民的重要举措来抓，坚持飞封造管并举，大力培育森林后备资源。十一届三中全会以来，栾川林业建设驶入快速发展轨道，为全县经济发展和社会进步作出了巨大贡献。进入新世纪，党中央国务院站在可持续发展的高度，对我国林业进行了重新定位，作出了由以木材生产为主向以生态为主转变的重大决策，栾川借此东风，全面实施了天然林资源保护、退耕还林、村庄绿化、通道绿化、野生动植物资源保护、林业生态县建设、林权制度改革、林产业发展等重大林业生态建设项目，实现了林业跨越式发展，栾川林业谱写了崭新的篇章。**森林资源持续双增，生态环境日益优化。**1982年到目前，治理水土流失面积625km^2，森林覆盖率由1982年的39%增加到目前的82.4%，增加了43.4个百分点；活立木蓄积由112万m^{3}增加到目前的1019万m^3，增长近10倍。特别2008年实施的林业生态建设工程，将全县的营造林工作推向一个新的高潮。5年累计造林17.8万亩，其中发展核桃基地4.78万亩，苗木花卉1.69万亩，完成中幼林抚育15.6万亩，林种结构得到调整，林分质量得到有效改善。生态环境日益优化，野生动植物种群数量增长明显。以前罕见的金雕、灰鹤、红腹锦鸡等野生动物经常出没于林区，野猪、野兔等，更是随处可见，已经影响到了群众正常的生产生活。生态环境各项指标达到或高于全国生态示范县

建设的标准要求，顺利通过了国家验收，成为国家级生态示范县，同时获得了最佳人居环境范例奖。**林业基础设施建设逐步完善，森林资源得到切实保护**。投资1700余万元建设的森林防火监测指挥中心办公大楼正式启用；森林公安局机构、职能、队伍建设等得到加强和完善，林业执法能力提高明显；以33名森林公安干警、68名林政执法人员及700余名护林员为依托，建立森林资源网格化管理网络，各项管护措施得以落实；林业依法行政成效突出，林业违法案件发生率呈逐年下降趋势，案件查处率明显提高，涉林违法活动得到有效遏制；森林防火基础设施和队伍建设加强，林火预防扑救能力提高，有效遏制了森林火灾的发生；林业有害生物防治成效明显，四率指标圆满完成；自然保护区建设得到完善提高，种群多样性得以保护。**林业产业快速发展，林业经济效益凸显**。通过政策鼓励、龙头带动等措施的实施，有力地促进了森林资源向森林资本的转变，初步形成了涵盖范围较广、产业链较长、产品种类较多的林业产业体系，林业产值从2007年的3.75亿元增加到2012年的15.1亿元，翻了两番。林业第一、二、三产业协调发展，林产业结构更趋合理。以林下养殖、种植、经济林、林产加工、森林旅游为主导的林产业格局已具雏形。目前，林下土鸡饲养量突破300万只，经济林发展32.6万亩，食用菌种植1000余万袋，特别是森林旅游业，已成为经济社会发展的支柱产业之一。目前，全县以森林资源为主的旅游景区包括道教圣地老君山、国家森林公园龙峪湾、秀竹水乡重渡沟、冰雪乐园滑雪场、红色旅游景区抱犊寨、省级森林公园倒回沟等13个，其中国家5A级景区2个、4A级景区5个。2012年，全县接待游客790万人次，实现旅游总收入30.7亿元。2004年，以"政府主导，部门联动，市场化运作，产业化发展"为核心内容的"栾川模式"叫响全国；如今，以"旅游引领，融合发展，体制创新，全景栾川"为主要内容的新的"栾川模式"成为全国旅游界高端人士关注、探讨、引荐、推广的新焦点！栾川林业超常规跨越式发展，受到了上级领导和社会各界广泛好评和高度赞誉，先后荣获全国绿化百佳县、全国荒山造林先进县、全国绿化模范县、全国飞播造林先进县、全国森林防火工作先进单位、全国天保工程建设先进县、全国青年文明号、全国林业合作社示范县、河南省林业生态县等省级以上荣誉38项（次）。

三、古树名木

古树名木是对古树和名木的统称。古树是指年龄在百年以上的树木，古树分为国家一、二、三级。一般树龄在500年以上的为一级古树，树龄在300~499年的为二级古树，树龄在100~299年的为三级古树。名木，指那些树种稀有、名贵或具有重要历史价值、纪念意义、研究价值的树木。国家对古树名木实行严格的保护制度。

栾川县古树名木资源非常丰富。新中国成立以前，栾川到处是茂密的森林，尽管人们靠山吃山，但因地广人稀、交通不便，人与自然和谐相处，随处可见古木参天。厚重的历史文化和千百年的积淀，孕育了栾川丰富的古树名木资源。虽经历次战乱和1958年大炼钢铁时大采伐的浩劫，仍有大量的古树幸存了下来，成为后人极为珍贵的财富。

据调查，栾川县现有古树名木23133株，涉及31科50属68种。其中国家一级203株，占0.88%，国家二级7510株，占32.46%，国家三级15420株，占66.66%。

全部古树名木中，散生的为952株，占4.12%，其中国家一级77株，国家二级144株，国家三级731株；群状的共41个群落、22181株，占95.88%，其中国家一级126株，国家二级7366株，国家三级14689株。

国有林区是古树名木分布的重点区域，共有古树名木19820株，占85.68%，主要以古树群落的形式分布，古树群共19780株，占全县古树群株数的81.06%；权属为集体和个人的古树名木共3313株，占全县的14.32%，主要以散生的形式分布，散生古树名木为912株，占全县的95.80%。

河南栾川
HENAN LUANCHUAN
古树名木
GUSHU MINGMU

第二章　走近古树

栾川县处于北亚热带向南暖温带的过渡地带，县境南侧的伏牛山是秦岭的东延余脉，是中国暖温带与亚热带的自然分界线。独特的地理位置和自然条件，孕育了独特而又丰富的植物种质资源，也为古树名木的生存创造了条件。全县现已登记确认的古树名木共23133株，堪称茫茫林海中的珍奇宝藏。这些古树名木共涉及31科50属68种。

从科的分布看，以壳斗科最多，共18349株，占79.32%。其次是柏科（2060株）和松科（1509株），最少的科仅1株。

从种的分布看，以槲栎（14037株）、橿子栎（2769株）、侧柏（2029株）和栓皮栎（1463株）最多，这些树种多以古树群的形式存在。而散生古树以黄连木、核桃、皂荚、栓皮栎、槲栎、橿子栎最多。

油松
编号：豫C5750

柏　科 Cupressaceae

本科在栾川县共有古树名木4属4种，2060株。其中：国家一级18株，二级17株，三级2025株（散生13株，古树群2012株）。

柏木　拉丁名：*Cupressus funebris*

柏木在中国栽培历史悠久，寿命长，寓意万古长青，因而常见于庙宇陵园或街头村旁，鲜有在私人宅院种植。

常绿乔木。树皮淡褐灰色，裂成窄长片。小枝细长下垂，有叶小枝扁平，排成一平面，两面相似。这是它与侧柏的主要区别之一。鳞叶先端尖，中间的叶背面有纵腺点，两侧的叶对折。球果褐色，圆球形，直径1~1.2cm；种鳞4对，基部1对不育，顶部有尖头，各有5~6个种子；种子长约3mm，熟时淡褐色。花期4月，球果翌年5~6月成熟。

柏木枝、叶、木材均含有挥发油，有较浓的香气。柏木的种子可榨油，球果、根、枝叶均可入药：果治风寒感冒、胃痛及虚弱吐血，柏根可治跌打损伤，叶治烫伤。根、干、叶可提取挥发油。

柏木喜光，对土壤适应性强，耐瘠薄，天然分布常见于悬崖峭壁等立地条件恶劣的地方，适宜在干旱瘠薄土壤上营造水土保持林。又是极好的绿化美化树种。

在民间，柏木历来被视为驱灾避邪之物。实行土葬的时代，棺材以用柏木木材为最高档次，起码也要用柏木做两头的"档"。民间每逢春节大都要燃烧柏枝柏叶使其挥发香味，并用柏枝插于门楣以"避邪"。

栾川县现有柏木古树名木19株，其中国家一级古树5株，二级5株，三级9株，均为散生，其生长地多为过去的庙宇。

柏木

编号：豫C2993

坐标：横19560129 纵3766953

位于秋扒乡秋扒小学院内，高18m，胸围280cm，冠幅8m。树龄600年。

侧柏 拉丁名：*Platycladus orientalis*

侧柏是我国特有种，栽培范围极广，是目前栾川县造林绿化选用最多的树种之一。

常绿乔木，树高可达20m，胸径可达1m。幼树树冠尖塔形，老树广圆形；树皮薄，淡灰褐色，条片状纵裂；大枝斜出，小枝排成平面，扁平，无白粉，直展。叶鳞片状，叶二型，中央叶倒卵状菱形，背面有腺槽，两侧叶船形，中央叶与两侧叶交互对生。雌雄同株异花，雌雄花均单生于枝顶；雄球花有6对雄蕊，每雄蕊有花药2~4个；雌球花4对珠鳞，中间的2对珠鳞各有1~2胚珠。球果阔卵形，近熟时蓝绿色被白粉，种鳞木质，红褐色，4对，熟时张开，背部有一反曲尖头，种子脱出，种子卵形，灰褐色，无翅，有棱脊。花期3~4月，种熟期10~11月。

侧柏木材细致坚实，材质优良，性状和用途与柏木相同。根、干、枝叶可提取挥发油；根、枝叶、球果及种子均入药，根治跌打损伤，叶治烫伤及气管炎，叶提取物有中枢镇静作用；球果治风寒感冒、胃痛及虚弱吐血，种仁称柏子仁，具有滋补强壮、安神、润肠之功效。

侧柏是优良的抗污染树种，对二氧化硫等有害气体和粉尘有很强的吸收能力，适合城市和工矿企业绿化。侧柏为喜光树种，耐干旱，亦耐微碱性土壤，是荒山造林、四旁绿化的优良树种。特别是在立地条件差的地方，采用植苗或撒播造林，可有效解决荒山绿化难题。

栾川县近年人工栽植侧柏面积较大，形成了一些较大面积的纯林。现有侧柏古树2025株，其中古树群2012株，为三级；散生古树13株，其中国家一级5株、二级8株。

侧柏

编号：豫C2847

坐标：横19571643 纵3761459

位于潭头镇石门村岭东组，海拔460m。高16m，胸围197cm，平均冠幅9.7m。树龄500年。

刺柏 拉丁名：*Juniperus formosana（J.taxifolia）*

乔木，高达十余米。小枝下垂，三棱形。叶3个轮生，线状披针形，长12~20mm，宽1.2~2mm，表面稍凹，中脉微隆起，绿色，两侧各有1条白粉带，较绿色边稍宽，2条白粉带在叶先端汇合，背面绿色，有光泽，具纵钝脊。球果近圆形或宽卵形，长6~10mm，径6~9mm，被白粉，顶端有3条辐射状的皱纹及3个钝头，顶部间或开裂；常有3个种子，半月形，具3~4棱，顶尖，近基部处有3~4个树脂槽。

刺柏为优良庭院观赏树种，也常用于陵墓、庙宇绿化。其根入药，有退热透疹之效。

栾川县的刺柏多为人工栽培，现有古树8株，均为散生，其中国家一级4株，二级1株，三级3株。

刺柏

编号：豫C2864

坐标：横19567862　纵3762389

位于潭头镇蛮营村火神庙前，栽于明弘治年间，树龄500年。树高10m，胸围204cm，冠幅6.5m，树势雄伟、苍劲，为村中的地标。

桧柏 拉丁名：*Sabina chinensis*

常绿乔木，高可达20m。树皮深灰色，纵裂成长条。叶二型，幼树上叶全为刺形，3枚轮生，长6~12mm，腹面有2条白粉带；老树多为鳞形叶，交互对生，排列紧密，先端钝或微尖，背面近中部有椭圆形腺体。雌雄异株。球果近圆形，直径6~8mm，有白粉，熟时褐色，内有1~4（多为2~3）个种子。花期3~4月，球果翌年9~10月成熟。

此树在栾川县多有人工栽培，为优良观赏树种，常栽植于陵墓坟地及道路绿化、村旁绿化，但极少用于私人宅院绿化。桧柏为锈病的寄主，在发展苹果的地区容易助长锈病的发生，所以应远离苹果园。其枝叶可入药，有祛风散寒、活血消肿、利尿之效；根、干、枝、叶可提取芳香油；种子可榨油供工业用。

栾川县现有桧柏古树8株，其中国家一级4株，二级3株，三级1株，均为散生。

桧柏

编号：豫C053
坐标：横19571376 纵3762553

位于潭头镇石门村魏家沟，树龄1500年。树高10m，活枝下高2m，胸围285cm，在树高2m处分生出东西两大主枝，四周枝条下垂至地面，形如垂柳，树冠面积156m²，外形身躯似雄鸡，头部似骏马，雄伟美观。生长旺盛，为当地一著名景观。

冬青科 Aquifoliaceae

本科在栾川县共有古树名木1属1种。

冬青　拉丁名：*Ilex chinensis*

常绿乔木，高达13m；树皮灰色或淡灰色，平滑。小枝淡绿色，无毛。叶互生，薄革质，狭长椭圆形或披针形，长5~12cm，宽2~4cm，顶端渐尖，基部楔形，边缘疏生浅齿，齿端具腺，上面深绿色，有光泽，下面浅绿色，干后呈红褐色；叶柄常为淡紫红色，长0.5~1.5cm。花腋生，雌雄异株，雄花7~15朵，排成三或四回，二歧聚伞花序，花萼近钟形，花冠紫红色或淡紫色，长2.5mm左右；雌花3~7朵排成一或二回二歧聚伞花序，退化雄蕊长约为花瓣的1/2，柱头不明显4~5裂。果椭圆形，长6~10mm，径约5mm，具红褐色光泽，端突尖，分核4~5颗，背面有一深沟。花期5~6月，果熟期9~10月，12月下旬果实脱落。

在栾川县常散生于落叶阔叶林或其他林分中。种子和树皮可入药，为强壮剂，树皮可提取栲胶。木材为细木工原料。其叶三季为绿，冬季变为紫红色，为著名的园林绿化树种。野生的冬青在落叶阔叶林冬季落叶后独占绿色，深受人们喜爱。栾川县共有冬青古树9株，其中国家一级2株，二级5株（其中古树群1个3株），三级2株。

冬青

编号：豫C5511

坐标：横19562575　纵3766963

　　位于秋扒乡蒿坪村三组张银荣家房后山坡上的一片密林中，因其主干和主枝酷似手掌，被称为"佛手冬青"。树高11m，胸围220cm，冠幅22m。地面上11条裸露的虬根沿林间小路四处延伸，长者达7m，状如巨龙；主干向山坡外侧倾斜70°，近似水平，共生5大主枝18条侧枝，这些稠密粗壮的枝条或水平、或直立、或斜生，构成了一个枝繁叶茂、极为壮观的树冠。

　　在主干1.6m处，分生出5条主枝，各枝紧密相挨，有粗有细，初始紧连，形成"掌心"，然后间隙增加，形似五指，构成了一个巨大的"手掌"。整个树冠就是由五根手指尖上发枝撑起来的。

豆 科 Leguminosae

本科在栾川县共有古树名木2属2种，103株。其中国家一级6株，二级16株，三级81株。

国槐 拉丁名：*Sophora japonica*

国槐原产我国，又称中华槐，是优良的绿化树种，常作庭院树和行道树，具有较高的经济价值和药用价值。在汉代，有人因为人们喜欢在槐荫下乘凉聚会，认为"槐就是望怀的意思，人们站在槐树下怀念远方来人，想与来人共谋事情"，这是对这种树名由来的一种人文解释。由于适宜人们乘荫纳凉，槐树还是身份地位的象征。《周礼·秋官》记载：周代宫廷外种有三棵槐树，三公朝见天子时，站在槐树下面。三公是指太师、太傅、太保，是周代三种最高官职的合称。后人因此用三槐比喻三公，成为三公宰辅官位的象征，槐树因此成为中国著名的文化树种。

落叶乔木，高可达25m，干皮暗灰色，小枝绿色，皮孔明显。羽状复叶，叶长15~25cm；叶轴有毛，基部膨大；小叶9~14片，卵状长圆形，长2.5~7.5cm，宽1.5~5cm，顶端渐尖而有细突尖，基部阔楔形，下面灰白色，疏生短柔毛。圆锥花序顶生；萼钟状，有5小齿；花冠乳白色，旗瓣阔心形，有短爪，并有紫脉，翼瓣、龙骨瓣边缘稍带紫色；雄蕊10条，不等长。荚果肉质，串珠状，长2.5~20cm，无毛，不裂；种子1~15颗，肾形。花期6月，果期10月。

对于山区人们来说，国槐是忘不掉的记忆。在旧时，人们将槐叶及嫩枝捣碎用以染布，白色的粗棉布可染成黄绿色；其嫩叶可食用，因而是常用的充饥的野菜。时至今日，栾川人仍喜欢把槐叶采摘后阴干存放，在做玉米粥时加入干槐叶同煮，汤色黄绿，味道鲜美，为独特的地方饮食。国槐花蕾称作槐米，可入药，具有抗炎、改善心血管病、抗病毒、抑制醛糖还原酶、祛痰、止咳等作用，临床还用于治疗银屑病、颈淋巴结核和祛毒消肿等。民间常把槐米或煮、或开水泡茶饮用，作为消暑祛火"凉药"。

秋扒乡是栾川县国槐的主要种植区，依托丰富的国槐资源建起了槐米加工厂，所产槐米袋泡茶畅销全国，为当地重要特产之一。

栾川县共有国槐古树36株，主要分布在潭头、秋扒、庙子、狮子庙、合峪、叫河等乡镇，均为散生，其中国家一级4株，二级4株，三级28株。

国槐

编号：豫C3059

坐标：横19568484　纵3756123

　　位于庙子镇北乡村墒沟组段克金家门前。树龄250年，树高20m，胸围260cm，平均冠幅16.5m。

皂荚　别名：皂角树　拉丁名：*Gleditsia sinensis*

皂荚在我国分布极为广泛，性喜光而稍耐阴，喜温暖湿润的气候及深厚肥沃的湿润土壤，但对土壤要求不严，在石灰质及盐碱甚至黏土或砂土均能正常生长。皂荚的生长速度慢、寿命长，不乏千年古树。

落叶乔木或小乔木，高可达30m；枝灰色至深褐色；刺粗壮，圆柱形，常分枝，多呈圆锥状，长达16cm。叶为一回羽状复叶，长10~18cm；小叶3~9对，纸质，卵状披针形至长圆形，长2~8.5cm，宽1~4cm，先端急尖或渐尖，顶端圆钝，具小尖头，基部圆形或楔形，有时稍歪斜，边缘具细锯齿，上面被短柔毛，下面中脉上稍被柔毛；网脉明显，在两面凸起；小叶柄长1~2mm，被短柔毛。雌雄异株或杂性，花黄白色，组成总状花序；花序腋生或顶生，长5~14cm，被短柔毛；雄花：直径9~10mm，花梗长2~8mm，花托长2.5~3mm，深棕色，外面被柔毛；萼片4枚，三角状披针形，长3mm，两面被柔毛；花瓣4，长圆形，长4~5mm，被微柔毛；雄蕊8个；退化雌蕊长2.5mm。两性花：直径10~12mm，花梗长2~5mm，萼、花瓣与雄花的相似，惟萼片长4~5mm，花瓣长5~6mm；雄蕊8；子房缝线上及基部被毛，柱头浅2裂；胚珠多数。荚果带状，长12~37cm，宽2~4cm，劲直或扭曲，果肉稍厚，两面

鼓起，或有的荚果短小，多呈柱形，长5~13cm，宽1~1.5cm，弯曲作新月形，通常称猪牙皂，内无种子；果颈长1~3.5cm；果瓣革质，褐棕色或红褐色，常被白色粉霜；种子多颗，长圆形或椭圆形，长11~13mm，宽8~9mm，棕色，光亮。花期5月；果期10月。

皂荚果又称皂角，是医药、保健品、化妆品及洗涤用品的天然原料；皂荚种子可消积化食开胃，所含的一种植物胶是重要的战略原料；皂荚刺（皂针）内含黄酮甙、酚类、氨基酸，有很高的经济价值。皂角和刺均可入药。皂角子可治脱发、白发、腰脚风痛、大肠虚秘、下痢不止、肠风下血、小儿流涎、风虫牙痛、中暑、咽喉肿痛、痰喘咳嗽等数十种疾病。皂角刺全年可采，有脱毒排脓、活血消痈之效，适应于痈疽疮毒初期或脓成不溃者。栾川民间常用皂荚果或刺砸碎后外敷，用以治疗儿童腮腺炎（痄腮），有特效。皂角还是天然的洗涤用品，去污效果显著，千百年来，人们一直有用皂角洗衣的习惯，在过去曾是主要的洗涤剂。

栾川县皂荚资源丰富，近年来山区群众多有大量栽培者，以出售皂荚刺为主要经营目的，取得了良好的经济效益。全县现有皂荚古树67株，均为散生，其中国家一级2株，二级12株，三级53株。

皂荚

编号：豫C2898

坐标：横19582378　纵3743647

位于合峪镇孤山村香房休闲区内，树龄500年。树高12m，胸围达400cm。主干、根部全部中空并相连，仅有10cm的树皮支撑树体。主枝上是一个长长的大槽，主干上是一足形孔。根部呈丛状向两侧延伸达6m，形成宽1.6m的瀑布状根。整棵树孔、槽遍布，形状奇特，老态龙钟，像根雕、似盆景。

杜鹃花科 Ericaceae

本科在栾川县共有古树名木1属1种。

太白杜鹃　拉丁名：*Rhododendron purdomii*

短小平卧状灌木，分枝极多；枝黄褐色，被盾状、锈色、后变黑色随树皮脱落的鳞片。叶聚生于枝端，革质，长圆形或宽椭圆形，长10~25mm，宽5~10mm，顶端圆形，具角质突尖，边缘稍反卷，基部钝，上面暗绿色，被红玉色的鳞片，有光泽，几乎邻接；下面灰黄棕色，淡黄色和棕褐色的盾状鳞片几乎相等混生，稍不邻接；叶柄长0.8~1mm，被鳞片。伞形花序顶生，具花1~3朵，密聚；花梗长约2mm；花萼长3.5~4mm，裂片5，等长，长圆形，外面中部密被鳞片，被长茸毛；花冠漏斗状，长约16mm，淡紫色，花管长4~5mm，内面喉部被短毛；雄蕊10，较花冠短，花丝紫色，基部以上达花冠喉部被白色长茸毛；子房长2~3mm，疏被鳞片，花柱长14~20mm，较花冠长，无毛。蒴果卵圆形，长3~4mm。花期5月，果期8~9月。

太白杜鹃为重要的观赏树种。在龙峪湾林场海拔2212.5m的鸡角尖周围以及伏牛山主峰老君山，生长有大量的太白杜鹃。花开时节，或白或红、或粉或紫，花冠如拳，状似钟铃，蔚为壮观。

栾川县现有太白杜鹃古树119株，全部在老君山林场、龙峪湾林场。其中散生5株，均为国家三级古树；古树群2个114株，平均树龄500年，属国家一级古树。最大的一株树高9m，胸围120cm，号称千年太白杜鹃。

太白杜鹃（古树群）

编号：豫C1008

坐标：横 19573003 纵3726347

　　位于龙峪湾林场南天门栈道北侧，树龄500年，共28株。

椴树科 Tiliaceae

本科在栾川县共有古树名木1属2种，2株。

华椴 拉丁名：*Tilia chinensis*

华椴树姿清幽，叶形美丽，夏日黄花满树，芳香馥郁，花序梗一部分附生在舌状苞片上，奇特可观。可广泛用作行道树和庭院绿化树。由于树冠大，抗烟、抗毒性强，又是厂矿区绿化的好树种。花是良好的蜜源植物。

树皮灰绿色。叶卵圆形，边缘生锐锯齿，先端短突尖，脉腋有簇毛。花黄色，聚伞花序。果矩圆形，有5棱。花期6~7月，果期9~10月。

温带树种。喜阳光，较耐寒。生长在水分充足、土层深厚的山腰、山腹。深根性，萌蘖性较强。种子繁殖，种子外皮坚硬，并有隔年发芽特性。

栾川县有华椴古树1株，国家三级。

华椴

编号：豫C5361

坐标：横19558799 纵3732692

位于老君山林场过风垭上侧30m处。树龄250年，树高13.2m，胸围180cm，平均冠幅8m。

少脉椴　拉丁名：*Tilia paucicostata*

乔木，高13m；嫩枝纤细，无毛，芽体细小，无毛或顶端有茸毛。叶薄革质，卵圆形，长6~10cm，宽3.5~6cm，有时稍大，先端急渐尖，基部斜心形或斜截形，上面无毛，下面秃净或有稀疏微毛，脉腋有毛丛，边缘有细锯齿；叶柄长2~5cm，纤细，无毛。聚伞花序长4~8cm，有花6~8朵，花序柄纤细，无毛；花柄长1~1.5cm；萼片狭窄倒披针形，长5~8.5cm，宽1~1.6cm，上下两面近无毛，下半部与花序柄合生，基部有短柄约长7~12mm；萼片长卵形，长4mm，外面无星状柔毛；花瓣长5~6mm；退化雄蕊比花瓣短小；雄蕊长4mm；子房被星状茸毛，花柱长2~3mm，无毛。果实倒卵形，长6~7mm。花期6月，果期9月。

此树种喜生于湿润土壤，分布于山谷或山坡的杂林中。木材可制家具，树皮纤维可制绳索、麻袋，也可制人造棉，供作纺织原料。花可提芳香油，也可入药。椴花是栾川传统的土产，是农民副业收入来源之一，每年有大量群众上山采摘。

栾川县有少脉椴古树1株，国家三级。

少脉椴

编号：豫C2908
坐标：横19539895　纵3760547

位于冷水镇西增河村天生墓杜社会家对面。原来十分高大，但2001年折断了，现留下一4m高的枯桩。在主干基部，萌生有6条大枝，其中5枝直立向上，一枝向西南方低垂伸出长达10m，似一只凤凰展翅空中。

红豆杉科　Taxaceae

本科在栾川县共有古树名木1属1种，16株。均为国家一级，其中散生4株，群落12株。

南方红豆杉　拉丁名：*Taxus chinensis* var. *mairei*

南方红豆杉系国家一级重点保护野生植物，被称为"国宝"。该树种树形优美，材质致密且独具橘红色，极为珍贵；果实球形，红色，鲜艳美丽，被称为"相思豆"。

常绿乔木。叶螺旋状着生，排成两列，条形，微弯呈近镰刀状，长1~3cm，宽2.5~3.5mm（萌生枝或幼苗的叶更长可达4cm，宽可达5mm），先端渐尖，上面中脉凸起，中脉带上有排列均匀的乳头点，或完全无乳头点，下面有两条黄绿色气孔带，边缘常不反曲，绿色边带较宽。雌雄异株，球花单生叶腋；雌球花的胚珠单生于花轴上部侧生短轴的顶端，基部托以圆盘状假种皮，花期3~6月，果期9~11月。果实球形，种子倒卵形，微扁，先端微有二纵脊，生于红色肉质杯状假种皮中。

南方红豆杉为优良珍贵树种。材质坚硬，刀斧难入，有"千枞万杉，当不得红榧一枝桠"的俗话。边材黄白色，心材赤红，质坚硬，纹理致密，形象美观，不翘不裂，耐腐力强。可供建筑、高级家具、室内装修、车辆、铅笔杆等用。种子含油量较高，是驱蛔虫、消积食的珍稀药材。

现代科学研究发现，红豆杉所含的紫杉醇是一种效果非常显著的抗癌物质，紫杉醇已用于临床，价格十分昂贵。但是，由于宣传不到位，以及个别不法商人过分渲染和夸大紫杉醇的抗癌作用，致使部分群众误以为用红豆杉枝、叶、根、皮泡茶就可治疗和预防各种癌症，

不惜铤而走险盗砍盗挖，加剧了南方红豆杉的濒危程度。

南方红豆杉是红豆杉科中的一种，主要分布在我国长江流域以南的地区，北方地区非常少见。过去，栾川县仅在大坪林场、老君山林场等地发现过，数量很少。其中老君山林场的追梦谷景区内有一处南方红豆杉群落，共有12株。自2009年以来，栾川县在狮子庙、庙子、陶湾、秋扒、潭头、赤土店等乡镇先后发现了多个南方红豆杉种群，其中陶湾镇磨坪村东坡根组的鬼阴沟、后寨沟、西坡根、上坪一带发现有200余株。大量种群的发现进一步证实了栾川县一些特殊的小环境适宜南方红豆杉生长，具有重要的科学研究价值。栾川县已采取有效措施，对野生南方红豆杉严加保护。

现已登记保护的胸围80cm以上的南方红豆杉共16株。

南方红豆杉

编号：豫C3007

坐标：横19534150 纵3749037

位于陶湾镇磨坪村上场刘同新家宅旁一处土壤瘠薄的石质山地，海拔1117m，距村公路40m。这棵南方红豆杉高9m，胸围89cm，冠幅6m。其活枝下高3m，上分生5条主枝，干形通直，树形优美。树龄为200年。

胡桃科 Juglandaceae

本科在栾川县共有古树名木2属2种，264株。其中国家一级2株，二级60株（散生13株，群落47株），三级202株（散生126株，群落76株）。

核桃 拉丁名：*Juglans regia*

核桃，落叶乔木，与扁桃、腰果、榛子并称为世界著名的"四大干果"。既可以生食、炒食，也可以榨油、配制糕点、糖果等，不仅味美，而且营养价值很高，被誉为"万岁子"、"长寿果"。

落叶乔木，高达3~5m，树皮灰白色，浅纵裂，枝条髓部片状，幼枝先端具细柔毛；2年生枝常无毛。羽状复叶长25~50cm，小叶5~9个，稀有13个，椭圆状卵形至椭圆形，顶生小叶通常较大，长5~15cm，宽3~6cm，先端急尖或渐尖，基部圆或楔形，有时为心脏形，全缘或有不明显钝齿，表面深绿色，无毛，背面仅脉腋有微毛，小叶柄极短或无。雄性柔荑花序长5~10cm，有雄蕊6~30个，萼3裂；雌花1~3朵聚生，花柱2裂，赤红色。果实球形，直径约5cm，灰绿色，幼时具腺毛，老时无毛，内部坚果球形，黄褐色，表面有不规则槽纹。花期3~4月，果实成熟期8~9月。

栾川核桃不仅产量高，且以壳薄、瓤绵、仁香而享誉全国，是栾川土特产的代表之一。新中国成立以来，栾川县把发展核桃作为一项重要的产业来抓，特别是近年来，大力引进优良品种和先进栽培管理技术，实行规模化种植并建立了大型核桃基地，核桃已成为林农脱贫致富的主要项目之一。

栾川现有核桃古树263株，其中国家一级2株，二级60株（其中古树群47株），三级201株（其中古树群76株）。

核桃

编号：豫C5249

坐标：横19546451 纵3752277

位于赤土店镇刘竹村箭沟组王龙家门前。植于明朝洪武年间，树龄650年，树高15m，胸围456cm，平均冠幅12.3m。

化香树　拉丁名：*Platycarya strobilacea*

落叶小乔木。树皮纵深裂，暗灰色；枝条褐黑色，幼枝棕色有茸毛，髓实心。羽状复叶互生，长15~30cm；小叶7~15个，长3~10cm，宽2~3cm，薄革质，顶端长渐尖，边缘有重锯齿，基部阔楔形，稍偏斜，表面暗绿色，背面黄绿色，幼时有密毛。花单性，雌雄同株，穗状花序，直立；雄花序在上，长4~10cm，有苞片披针形，长3~5mm，表面密生褐色茸毛，雄蕊通常8个；雌花序在下，长约2cm，有苞片宽卵形，长约5mm；花柱短，柱头2裂。果序球果状，长椭圆形，暗褐色；小坚果扁平，直径约5mm，有2狭翅。花期5~6月，果期7~10月。

根皮、树皮、果序均可提制栲胶，果序可作黑色染料。树皮纤维能代麻供纺织或搓绳用；叶可作农药，捣烂加水过滤后，其液可防治棉蚜、红蜘蛛、金花虫、菜青虫、地老虎等。树皮也可入药，有顺气、祛风、化痰、消肿、止痛、燥湿、杀虫等效。

栾川全县林区多有分布，一般为散生，有时为纯林。现有古树1株，为国家三级古树。

化香树
编号：豫C3017
坐标：横19544176 纵3764464

位于狮子庙镇南沟门村姜沟梁组。树龄150年，高12m，胸围213cm，平均冠幅6m。

桦木科 Betulaceae

本科在栾川县共有古树名木3属3种，7株，均为国家三级，散生。

红桦 拉丁名：*Betula albosinensis*

大乔木，高可达30m；树皮淡红褐色或紫红色，呈薄层状剥落，纸质；枝条红褐色，无毛；小枝紫红色，无毛，有时疏生树脂腺体；芽鳞无毛，仅边缘具短纤毛。叶卵形或卵状矩圆形，长3~8cm，宽2~5cm，顶端渐尖，基部圆形或微心形，较少宽楔形，边缘具不规则的重锯齿，齿尖常角质化，上面深绿色，无毛或幼时疏被长柔毛，下面淡绿色，密生腺点，沿脉疏被白色长柔毛，侧脉10~14对，脉腋间通常无髯毛，有时具稀疏的髯毛；叶柄长5~15cm，疏被长柔毛或无毛。雄花序圆柱形，长3~8cm，直径3~7mm，无梗；苞鳞紫红色，仅边缘具纤毛。果序圆柱形，单生或同时具有2~4枚排成总状，长3~4cm，直径约1cm；序梗纤细，长约1cm，疏被短柔毛；果苞长4~7cm，中裂片矩圆形或披针形，顶端圆，侧裂片近圆形，长及中裂片的1/3。小坚果卵形，长2~3mm，上部疏被短柔毛，膜质翅宽及果的1/2。

在栾川县，红桦分布于伏牛山海拔1500m以上的山坡杂木林中。主要分布在龙峪湾林场、老君山林场。其木材淡红褐色，质地坚硬，结构细致，花纹美观，可制日用器具及胶合板。树皮可作雨帽和其他包装品，又含桦皮油。在民间，盛传用红桦树皮写情书，最能表达真情且最能打动心上人的心。在旧时，用桦皮制作的雨帽曾是栾川县山区普遍使用的雨具。

栾川县现有红桦古树4株，均为国家三级，分布在龙峪湾林场。

红桦

编号：豫C5338

坐标：横19573001 纵3726363

　　位于龙峪湾林场鸡角尖东峰。树龄160年，树高6m，胸围127cm，冠幅10m。

华榛 拉丁名：*Corylus chinensis*

华榛分布区主要是中亚热带至北亚热带，多生于中山地带。喜温凉、湿润的气候环境和肥沃、深厚、排水良好的中性或酸性的山地黄壤和山地棕壤。为阳性树种，常与其他阔叶树种组成混交林，居于林分上层或林缘。根系发达，生长较快，在疏林下天然更新良好，幼树稍耐阴。在栾川县天然分布较少，主要分布在海拔1000m以上的地方。

落叶乔木，高可达20m，树冠呈广卵形或圆形；树皮灰褐色，纵裂；小枝被长柔毛和刺状腺体，很少无毛、无腺体，基部通常密被淡黄色长柔毛。叶宽卵形、椭圆形或宽椭圆形，长8~18cm，宽6~12cm，先端骤尖或短尾状，基部心形，两侧不对称，边缘有不规则的钝锯齿，上面无毛，下面沿脉疏被淡黄色长柔毛，有时具刺状腺体，侧脉7~11对；叶柄长1~2.5cm，密被淡黄色长柔毛和刺状腺体。雄花序2~8，排成总状，长2~5cm。果2~6枚簇生，长2~6cm，直径1~2.5cm，总苞管状，于果的上部缢缩，较果长2倍，外面疏被短柔毛或无毛，有多数明显的纵肋，密生刺状腺体，上部深裂，裂片3~5，披针形，通常又分叉成小裂片。坚果近球形，直径1~2cm，灰褐色，无毛。

华榛为中国特有的稀有珍贵树种，是榛属中罕见的大乔木，其材质优良，种子可食，含油量50%，木材质地坚韧，树干端直。华榛的种子形似栗子，外壳坚硬，果仁肥白而圆，有香气，含油脂量很大，吃起来特别香美，余味绵绵，有"坚果之王"之誉，与扁桃、核桃、腰果并称为"四大坚果"。华榛种子营养丰富，果仁中除含有蛋白质、脂肪、糖类外，胡萝卜素、维生素B_1、维生素B_2、维生素E含量也很丰富；华榛种子中含有人体所需的8种氨基酸，其含量远远高过核桃；华榛种子中各种微量元素如钙、磷、铁含量也高于其他坚果。华榛木材坚硬，纹理、色泽美观，可做小型细木工的材料，也是非常好的建筑木材并可制作器具。

栾川县现有华榛古树2株，均为国家三级，位于龙峪湾林场。

华榛

编号：豫C5335

坐标：横19573369 纵3727803

位于龙峪湾林场黑龙潭的阔杂林中。树龄100年，树高30m，胸围139cm，冠幅16m。

千金榆　拉丁名：*Carpinus cordata*

落叶乔木，塔状树冠。高达18m，冠幅可达12m。叶椭圆形，长12cm，叶脉凹，具重锯齿，深绿色，秋季黄或金黄色；柔荑花序，雄花黄色，长3cm，雌花绿色，长5cm。树皮光滑，亮银灰色，观赏效果好。

千金榆在栾川县广泛分布于阴坡或山谷杂木林中。现有古树1株，国家三级，位于龙峪湾林场。

千金榆

编号：豫C5349

坐标：横19573254　纵3726944

位于龙峪湾林场青岗坪。树龄130年，树高13m，胸围152cm，冠幅7.5m。

壳斗科 Fagaceae

本科在栾川县共有古树名木2属9种，18350株。其中，国家一级18株，散生；二级7279株（散生50株，群落7229株）；三级11053株（散生98株，群落10955株）。

板栗　拉丁名：*Castanea mollissima*

板栗栽培历史悠久。西汉司马迁在《史记》的《货殖列传》中就有"燕，秦千树栗……此其人皆与千户侯等"的明确记载。《苏秦传》中有"秦说燕文侯曰：南有碣石雁门之饶，北有枣栗之利，民虽不细作，而足于枣栗矣，此所谓天府也"之说。西晋陆机为《诗经》作注也说："栗，五方皆有，惟渔阳范阳生者甜美味长，地方不及也。"由此可见，勤劳的中国人民早在4000多年前就已栽培板栗了。

乔木，高达20m。树皮灰褐色，纵裂。幼枝具灰色星状茸毛。叶长椭圆形至长椭圆状披针形，长10~21cm，宽4~6cm，先端渐尖，基部圆形或宽楔形，边缘疏生具短刺芒状尖锯齿，背面密生灰白色星状毛。侧脉10~18对；叶柄长1~2cm；托叶卵状披针形，长约1.5cm，早落。雄花序长5~15cm。总苞（壳斗）径5~10cm，密生针刺，刺上有星状毛，内有2~3个果实；坚果扁球形或近球形，深褐色，先端具茸毛，直径2~3cm。花期4~5月；果熟期9月。

板栗对气候土壤条件的适应范围较为广泛。其适宜的年平均气温为10.5~21.8℃。温度过高，冬眠不足，生长发育不良；气温过低则易遭受冻害。板栗既喜欢墒情潮湿的土壤，但又怕雨涝的影响，如果雨量过多，土壤长期积水，极易影响根系尤其是菌根的生长。因此，在低洼易涝地区不宜发展栗园。板栗对土壤酸碱度较为敏感，适宜在pH值5~6的微酸性土壤上生长。

板栗为栾川县重要的干果之一，其果个大、质优，是栾川的特色土特产。全县多数乡镇均有栽培，以合峪、庙子等乡镇最为集中。20世纪80年代以来，在合峪和庙子镇新发展了大规模的板栗基地，引进名优品种和栽培技术，使板栗的产量和质量大大提高，形成了优势林果产业基地。

全县现有板栗古树1株，国家三级，位于庙子镇蒿坪村。

板栗

编号：豫C3055

坐标：横19565139 纵3731511

位于庙子镇蒿坪村上蒿坪竹园附近，海拔1064m。树高15m，胸围170cm，冠幅9m，长势旺盛，树龄100年。

茅栗 拉丁名：*Castanea seguinii*

乔木或灌木状小乔木，林区常有高达20m者。冬芽长2~3mm，小枝暗褐色，托叶细长，长7~15mm，开花仍未脱落。叶倒卵状椭圆形或兼有长圆形的叶，长6~14cm，宽4~5cm，顶部渐尖，基部楔尖（嫩叶）至圆或耳垂状（长成叶），基部对称至一侧偏斜，叶背有黄或灰白色鳞腺，幼嫩时沿叶背脉两侧有疏毛；叶柄长5~15mm。雄花序长5~12cm，雄花簇有花3~5朵；雌花单生或生于混合花序的花序轴下部，每壳斗有雌花3~5朵，通常1~3朵发育结实，花柱9或6枚，无毛；壳斗外壁密生锐刺，成熟壳斗连刺径3~5cm，宽略大于高，刺长6~10mm；坚果长15~20mm，宽20~25mm，无毛或顶部有疏毛。花期4~5月，果期9月。

坚果含淀粉，可生、熟食和酿酒；壳斗和树皮含鞣质可作黑色染料；木材坚硬耐用，制作农具和家具。幼苗可作板栗的砧木，栾川也习惯对茅栗进行高接换头嫁接板栗，以对茅栗进行快速改造，发挥其经济效益。

广泛分布于栾川县各乡镇，常与其他阔叶林混生。现有茅栗古树6株，均为国家三级，散生。

茅栗

编号：豫C5239

坐标：横19547146 纵3756877

位于合峪镇杨沟门村阳沟组。树龄100年，树高20m，胸围210cm，冠幅20m。

槲栎　别名：大叶青冈、青冈、青冈树　拉丁名：*Quercus aliena*

落叶乔木，高达30m；树皮暗灰色，深纵裂。老枝暗紫色，多数具灰白色突起的皮孔；小枝灰褐色，近无毛，具圆形淡褐色皮孔；芽卵形，芽鳞具毛。叶片长椭圆状倒卵形至倒卵形，长10~20（~30）cm，宽5~14（~16）cm，顶端微钝或短渐尖，基部楔形或圆形，叶缘具波状钝齿，叶背被灰棕色细茸毛，侧脉每边10~15条，叶面中脉侧脉不凹陷；叶柄长1~1.3cm，无毛。雄花序长4~8cm，花单生或数朵簇生于花序轴，微有毛，花被6裂，雄蕊通常10枚；雌花序生于新枝叶腋，单生或2~3朵簇生。壳斗杯形，包着坚果约1/2，直径1.2~2cm，高1~1.5cm；小苞片卵状披针形，长约2mm，排列紧密，被灰白色短柔毛。坚果椭圆形至卵形，直径1.3~1.8cm，高1.7~2.5cm，果脐微突起。花期4~5月，果期9~10月。

木材坚硬，耐腐，纹理致密，供建筑、家具及薪炭等用材，壳斗、树皮富含单宁。在栾川槲栎与栓皮栎坚果同称橡子，富含淀粉，可酿酒，也可制凉皮、粉条和作豆腐及酱油等。旧时橡子既是喂猪的饲料，也是人们做橡子凉粉充饥的原料，更是农民小秋收的重要收入来源。但由于其坚果稍小，不及栓皮栎橡子受欢迎。槲栎还有一个功效，就是"克"漆，有两点为证：一是用槲栎枝做的楔子钉在漆树上漆树必死，所以民间视割生漆的人在树上用槲栎枝钉"梯子"为不屑；二是因接触漆树而过敏生"漆骚子"的人用槲栎树枝、皮熬水洗之，效果良好。

槲栎广泛分布于栾川南北川海拔800~1500m的山区，在海拔1000m以上的向阳山坡常成纯林，是栾川县森林资源的主要组成树种之一，特别是广泛分布的槲栎群落是维护生态脆弱地区森林生态系统稳定的重要建群树种之一。

全县现有槲栎古树14037株，其中，国家一级3株，为散生；二级7231株（散生11株，古树群7220株）；三级6803株（散生38株，古树群6765株）。主要分布于老君山林场、龙峪湾林场及庙子、潭头、叫河、陶湾、狮子庙、秋扒、白土、合峪等乡镇。

榭栎

编号：豫C2823

坐标：横19531935 纵3746723

位于陶湾镇肖圪塔村碾道路边。树龄520年，树高17m，胸围360cm，冠幅23m。

橿子栎　别名：橿子树、黄橿子　拉丁名：*Quercus baronii*

半常绿或落叶灌木或小乔木，高可达15m，小枝幼时被星状柔毛，后渐脱落。叶片卵状披针形，长3~6cm，宽1.3~2cm，顶端渐尖，基部圆形或宽楔形，叶缘1/3以上有锐锯齿，叶片幼时两面疏被星状微柔毛，叶背中脉有灰黄色长茸毛，后渐脱落，侧脉每边6~7条，纤细，在叶片两面微突起；叶柄长3~7mm，被灰黄色茸毛。雄花序长约2cm，花序轴被茸毛；雌花序长1~1.5cm，具一至数朵花。壳斗杯形，包着坚果1/2~2/3，直径1.2~1.8cm，高0.8~1cm；小苞片钻形，长3~5mm，反曲，被灰白色短柔毛。坚果卵形或椭圆形，直径1~1.2cm，高1.5~1.8cm；顶端平或微凹陷，柱座长约2mm，被白色短柔毛；果脐微突起，直径4~5mm。花期4月，果期9月。

木材坚硬，耐久，耐磨损，可供车辆、家具等用材；种子含淀粉60%~70%；树皮和壳斗含单宁，可提取栲胶。

在栾川县，橿子栎的主要功能有三点。一是优良的薪炭材。在以木材为主要生活燃料的时代，橿子栎的薪炭材功用甚至超过了刺槐，它萌发力强、可多次萌芽、经久不衰，幼龄林生长快，易实现永续利用，且易破劈，火力旺，耐燃烧，是山区人民首选的薪炭材。特别是用橿子栎材所烧制的木炭质硬如铁、火力强劲、燃烧持久，为所有木炭中的极品。二是它多生长于立地条件极差的悬崖峭壁之上或坡度大、土层薄的地方，是生态脆弱地区坚

强的生态维护者。三是种子含淀粉60%~70%，可食用或作猪饲料。

栾川的橿子栎主要分布于海拔500m以上、1500m以下的山坡，常以纯林形态分布，在潭头、秋扒、狮子庙等乡镇的山区，有大量的橿子栎纯林，但因历代以来多被用作薪材砍伐，目前存古树数量有限。所分布区域一般立地条件差，鲜与其他优势树种同存。

栾川县现有橿子栎古树2769株，其中国家一级2株，散生；二级18株（散生9株、古树群9株）；三级2749株，包括散生12株，古树群2737株。主要分布在大坪林场、秋扒、潭头、狮子庙、赤土店等乡镇。

橿子栎
编号：豫C5380
坐标：横19555401　纵3764837

位于狮子庙镇朱家坪村桑树坪。树龄800年，树高12m，胸围183cm，冠幅18m。树形奇特，长势旺盛。

麻栎　拉丁名：*Quercus acutissima*

落叶乔木，高达25m；树皮暗灰色，浅纵裂；幼枝密生茸毛，后脱落。叶椭圆状披针形，长8~18cm，宽3~4.5cm，顶端渐尖或急尖，基部圆或阔楔形，边缘有锯齿，齿端呈芒刺状，背面幼时有短茸毛，后脱落，仅在脉腋有毛；叶柄长2~3cm。壳斗碗状；苞片锥形，粗长刺状，有灰白色茸毛，反曲，包围坚果1/2；坚果卵球形或长卵形，直径1.5~2cm；果脐隆起。花期4月，果期10月。

栾川县现有麻栎古树1株，位于狮子庙镇南沟门村八丈沟门原小学院前，生长在堰边坡上。此树树龄250年，由于它历史悠久，树形优美，备受村民喜爱和呵护。如今，它的梢部干枯，有7m高的枯枝竖立在绿色的树冠之上，当地群众对此十分忧心，逢人便打听保护此树长寿的良方。可见其在人们心目中的地位。

此树生长的地方为一地势较高的平台。站在平台下的公路上看，它高达20m的身躯十分伟岸，树冠呈尖塔形，在树下的一片竹园的映衬下格外秀美。上到小学院子里近看，最令人感叹的莫过于它发达的根系。一条长达30m的裸根平铺于平台上，恰可供人舒服地坐在上面休息；7条长达3m的裸根从外侧伸入陡峭的坡面上，形似爪子，牢牢地把硕大的树体固定于堰边。

旧时，小学的南侧有一"全神庙"，为当地人们焚香祈福的唯一去处。新中国成立后庙被拆除，人们传说庙内诸神无处容身，全迁居树上了，于是此树便被赋予了"神仙之家"的内涵，人们将庙内焚香改为了树下焚香。1958年大采伐时，生产大队干部做主将此树卖给外地人，买主在树干上刮一光滑面，贴上"某年某月某日伐"之告示贴，准备砍伐。时任附近4个生产队片长的赵书奇先生站出来说，树在校院，是学生乘凉之地，绝不能伐。在群众的共同努力下，这棵古麻栎终于保住了，而从那时起，树权便归属于学校了。

麻栎

编号：豫C2954

坐标：横 19543957 纵 3765274

位于狮子庙镇南沟门村八丈沟学校门前。树龄250年，树高20m，胸围193cm，冠幅14.5m。

栓皮栎 别名：华栎树、华栎木、栎树、橡树 拉丁名：*Quercus variabilis*

栓皮栎是栾川分布最广的树种，在天然林资源中，它最为人们所熟知。

落叶乔木，高达25m；树皮深灰色，深纵裂，木栓层甚厚。小枝淡黄色，初被疏毛，后无毛。叶长圆状披针形至椭圆形，长8~15cm，宽3~6cm，先端渐尖，基部圆形或宽楔形，边缘有芒刺状尖锯齿，表面暗绿色，无毛，背面密被灰白色星状毛层；叶柄长1.5~3.5cm。壳斗碗形，鳞片锥形，反曲，有毛；坚果卵圆形或短柱状球形，长约2.5cm，约1/2以上包于壳斗中。花期4~5月，果熟期翌年9~10月。

栓皮栎在栾川广泛分布于海拔1200m以下的向阳山坡，常形成大面积的纯林。

历史上，栓皮栎与人们生活最为密切。首先，它根系发达，对土壤要求不严，对气候适应性强，分布广、生长较快，萌蘖力强，可多次采伐。第二，树形高大，尤其是散生木冠大叶密，有良好的遮阴效果，是优良的风景树。第三，它全身是宝，为山区农民经济发展作出了突出贡献。嫩叶采收后晒干、揉碎可作猪饲料，在粮食短缺的年代是山区农家必备的饲料；老叶脱落后垫入牲畜圈中可沤制优良农家肥；木材质地坚硬、材质优良，可供建筑、家具等多种用途；栓皮为重要的工业原料，正确采剥不影响树木生长，可增加农民收入；种子称橡子，可用于酿酒，用橡子做成的凉粉过去用以充饥，今为栾川特色小吃；橡子还是良好的猪饲料，用于冬季生猪的育肥；其壳斗称"橡壳"，含鞣质21%~26%，可作黑色染料或提制栲胶，一直以来，捡拾橡壳出售都是山区重要的收入之一；栓皮栎根、干容易寄生蜜环菌，是种植天麻等药材的良好原料；它还是种植黑木耳的优良用材，用栓皮栎木材种植的黑木耳肉厚、泡发率高，为黑木耳精品，用其枝杈粉碎后加以其他辅料种植袋料食用菌是20世纪90年代后发展的新技术，已形成了一个庞大的产业。

栾川县现有栓皮栎古树1463株，分布于全县各乡镇。国家一级9株，散生；二级23株，散生；三级1431株，其中散生31株，古树群1400株。

栓皮栎

编号：豫C1002

坐标：横 19553652 纵3768764

　　位于狮子庙镇孤山村嶂峭沟口。树龄250年，高20m，胸围350cm，冠幅20m。

岩栎　别名：青檀子、青檀　拉丁名：*Quercus acrodenta*

常绿小乔木或灌木，高可达10m以上。小枝灰褐色，密被灰黄色星状毛。叶革质，椭圆状披针形、椭圆形或长倒卵形，长2~6cm，宽1~2cm，顶端短渐尖，基部圆形或近心形，边缘疏生锯齿，背面密被灰黄色茸毛，侧脉纤细，两面均不显著，约8~11对；壳斗碗形，包围坚果约1/2，直径1~1.5cm，高5~8mm；苞片椭圆形，长约1.5mm，紧密覆瓦状排列，被灰白色茸毛，顶端红色，无毛。坚果长椭圆形，直径约5mm，高约8~9mm，有宿存花柱，果脐微凸起。花期4~5月，果熟期9~10月。用途与檀子栎基本相同。

栾川县共有岩栎古树67株，其中国家一级3株，散生；二级5株，散生；三级59株（古树群53株，散生6株）。分布于潭头、秋扒、合峪三个乡镇。

岩栎

编号：豫C052

坐标：横 19570131 纵3768274

位于潭头镇纸房村胡坪自然村外侧。树龄300年。此树三条粗大的主枝曲折有致，因腐朽而形成的凹槽、因断枝而形成的骨节遍布全树，就像一株人工精心培育出的精美盆景，闻名十里八乡。

连香树科 Cercidiphyllaceae

单属单种科。在栾川县共有古树名木5株。其中国家一级1株，三级4株。

连香树　别名：子母树　拉丁名：*Cercidiphyllum japonicum*

连香树为第三纪孑遗植物，为中国和日本的间断分布种，被列为国家二级重点保护野生植物，对于研究第三纪植物区系起源以及中国与日本植物区系的关系，有十分重要的科研价值。在栾川县分布于海拔1000m以上的山谷杂木林中，数量稀少。

落叶乔木，高10~20m，少数达40m；树皮灰色或棕灰色；小枝无毛，短枝在长枝上对生；芽鳞片褐色。叶生短枝上的近圆形、宽卵形或心形，生长枝上的椭圆形或三角形，长4~7cm，宽3.5~6cm，先端圆钝或急尖，基部心形或截形，边缘有圆钝锯齿，先端具腺体，正面无毛，下面灰绿色带粉霜，掌状脉7条直达边缘；叶柄长1~2.5cm，无毛。雄花常4朵丛生，近无梗；苞片在花期红色，膜质，卵形；花丝长4~6mm，花药长3~4mm；雌花2~6（~8）朵，丛生；花柱长1~1.5cm，上端为柱头面。蓇葖果2~4个，荚果状，长10~18mm，宽2~3mm，褐色或黑色，微弯曲，先端渐细，有宿存花柱；果梗长4~7mm；种子数个，扁平四角形，长2~2.5mm（不连翅长），褐色，先端有透明翅，长3~4mm。花期4月，果期9~10月。

连香树是一种古老稀有的珍贵落叶高大乔木，树干通直，寿命长，树姿雄伟，叶形奇特美观。因此，是观赏价值很高的园林绿化树种。连香树是国际上珍贵的用材树种，木材纹理通直，结构细致，质地坚硬，呈淡褐色，可供建筑、家具、枕木、雕刻、细木工等用；树皮与叶片含鞣质，可提制栲胶；叶与果含焦性儿茶酚，药用可治小儿抽搐惊风、肢冷等症；叶中所含的麦芽醇在香料工业中常被用于香味增强剂。

连树香由于结实率低，幼苗易受暴雨、病虫等危害，故天然更新极困难，林下幼树极少。加之过去的人为破坏，致使连香树分布区逐渐缩小，日益萎缩，成片植株更为罕见。

栾川县现有连香树古树5株，均为散生，其中国家一级1株，三级4株。分布于龙峪湾林场、老君山林场。

连香树

编号：豫C0986
坐标：横19572393 纵3729184

位于龙峪湾林场仙人谷景区。树龄800年。其树形似一个基座上生出五棵参天大树，象征一树五子同时及第，故名"五子登科"。因形态奇异，为龙峪湾景区的一处名胜。

楝科 Meliaceae

本科在栾川县共有古树名木1属1种1株。

香椿　别名：苘椿　拉丁名：*Toona sinensis*

香椿既是优良的用材树种，又是著名的森林蔬菜。在栾川县分布广泛。

落叶乔木；芽有鳞片。叶互生，羽状复叶；小叶全缘，很少具疏锯齿。花小，两性，长形，排成顶生或腋生、阔大的圆锥花序，管状，5齿裂；花瓣5个，远较花萼为长；雄蕊5个，分离，着生于肉质、5棱的花盘上；退化雄蕊缺或5枚与花瓣对生；子房柄厚，呈一个五棱形的短柱，子房即着生其上；子房5室，每室有胚珠8~12颗。蒴果木质或革质，开裂为5果瓣；种子一端或两端有翅。

香椿的幼芽供食用，木材赤褐色而带红，为上等的家具用材。

栾川县有香椿古树1株，国家二级，位于赤土店镇。

香椿
编号：豫C5270
坐标：横19557635 纵3754528

位于赤土店镇公主坪村上沟组常家后沟口。树龄300年，树高13m，胸围275cm，冠幅7.5m。

木兰科　Magnoliaceae

本科在栾川县共有古树名木1属2种，3株。其中国家一级1株，三级2株。

白玉兰　别名：玉兰、辛夷　拉丁名：*Magnolia denudata*

白玉兰是著名的观赏植物，在我国至少有2500年的栽培历史。

落叶乔木，高者超过15m。冬芽密被淡灰绿色长毛。叶互生。树冠卵形，大型叶为倒卵形，长10~18cm，宽6~10cm，先端短而突尖，基部楔形，表面有光泽，嫩枝及芽外被短茸毛。冬芽具大型鳞片。花先叶开放，顶生、朵大，直径12~15cm。花被9片，钟状。果穗圆筒形，褐色，蓇葖果，成熟后开裂，种子红色。花期5月，果熟期9~10月。花蕾称"辛夷"，入药，功效同望春玉兰。种子榨油供工业用。可作庭院观赏树种。

全县有白玉兰古树2株，其中国家一级、三级各1株。

白玉兰

编号：豫C3083

坐标：横19558347　纵3772692

位于老君山林场追梦谷。树龄1000年，树高12.6m，胸围110cm，冠幅5.5m。

望春玉兰　别名：望春花、辛夷　拉丁名：*Magnolia biondii*

望春玉兰在栾川多称作望春花或辛夷，是药用、香料、用材、观赏兼用的优良珍贵树种，是一个速生、优质、用途广、适应性强、寿命长的好树种。

落叶乔木，高6~12m。树皮灰色或暗绿色；小枝无毛或近梢处有毛；芽卵形，密被淡黄色柔毛。叶互生，长圆状披针形或卵状披针形，长10~18cm，宽3.5~6.5cm，先端急尖，基部楔形，有时近圆形，上面暗绿色，无毛，下面浅绿色，初被绵毛，后变无毛；叶柄长1~2cm。花先叶开放，直径6~8cm；萼片3个，近线形，长约为花瓣的1/4；花瓣6个，匙形，长4~5cm，宽1.3~1.8cm，白色，外面基部带紫红色；雄蕊多数，螺旋状着生于长轴形花托的下部，花丝肥厚，长3~4mm，外面紫色，内面白色，花药细线形，较花丝略长；心皮多数，螺旋状着生于长轴形花托的上部。果实为蓇葖果，合生成圆柱形聚合果，稍扭曲，长8~13cm。种子1~2枚，外种皮红色。花期3~4月，果期8~9月。

望春玉兰用途广泛。它的花蕾入药称"辛夷"，是我国传统的珍贵中药材，可散风寒、通肺窍，有收敛、降压、镇痛、杀菌等作用，对治疗头痛、感冒、鼻炎、肺炎、支气管炎等有特殊疗效，由于用量大，供不应求。辛夷花含芳香油，挥发油含量达3%~5%，提取的香料可作饮料和糕点等食品的原料。提制的芳香浸膏，可供配制香皂化妆品香精。它木材坚实，质地细腻，不易虫蛀，光滑美观，是建筑和制作家具的优质良材，堪与樟木相比。树干光滑，枝叶茂密，树形优美，花色素雅，气味浓郁芳香，早春开放，花瓣白色，外面基部紫红色，十分美观，夏季叶大浓绿，有特殊香气，逼驱蚊蝇；仲秋时节，长达20cm的聚合果，由青变黄红，露出深红色的外种皮，令人喜爱，为绿化庭院的优良树种。它的苗木还是广玉兰、白玉兰和含笑的砧木。

栾川县有栽培辛夷的传统习惯。野生的望春玉兰主要分布在山坡或山沟的杂木林中。现有望春玉兰古树1株，国家三级，位于大坪林场。

望春玉兰

编号：豫C5370

坐标：横19563174 纵3780980

　　位于大坪林场穴子沟林区鸡冠石沟口。树龄120年，丛生3株，呈钝三角形状排列。高22m，胸围118cm，干形笔直高大，在密林中十分显眼。

木犀科 Oleaceae

本科在栾川县共有古树名木3属4种，68株。其中国家一级1株，二级1株，三级66株（散生8株，群落58株）。

白蜡　别名：白蜡树　拉丁名：*Fraxinus chinensis*

白蜡树属又称作梣属，其中分布最广的是白蜡树（又作白腊树）。

乔木，高达15m，胸径可达40cm以上。树皮灰褐色，具不规则裂痕，或略龟裂。树冠卵形。小枝灰黄色，节部略扁平，2年生枝灰色，无毛。顶芽芽鳞紫褐色，或有短腺毛。复叶长13~20cm，叶轴有槽，基部膨大，关节处光滑，小叶7（5~9），椭圆形或椭圆状卵圆形，先端小叶有时为倒卵形，长3~10cm，宽1~5cm，先端渐尖或钝圆，基部歪斜，两面光滑，或下面沿中脉有短柔毛，侧脉10对，在下面隆起；柄短或近无柄。圆锥花序侧生或顶生于当年生枝上，大而疏松；椭圆花序顶生及侧生，下垂，花萼钟状；无花瓣，花期4~5月。果9~10月成熟。翅果扁平，披针形，长3~4cm。

白蜡

编号：豫C5304

坐标：横19524744 纵3755456

栾川县现有白蜡古树1株，位于叫河镇马阴村幢跟组幢上。树龄120年，树高12m，胸围280cm，冠幅13m。

水曲柳　别名：挡河槐　拉丁名：*Fraxinus mandshurica*

　　水曲柳——渐危种，古老的孑遗植物，分布区虽然较广，但多为零星散生，国家二级保护植物，因其材质坚韧、纹理美观，为名贵用材树种。

　　落叶大乔木，高达30m，胸径可达1m以上；树皮灰色，幼树皮光滑，成龄后有粗细相间的纵裂；小枝略呈四棱形，无毛，有皮孔。奇数羽状复叶，对生，长25~30cm，叶轴有沟槽，具极窄的翼；小叶7~11（~13），无柄或近无柄，卵状长圆形或椭圆状披针形，长（5~）8~14（~16）cm，宽2~5cm，先端长渐尖，基部楔形，不对称，边缘有锐锯齿，上面无毛或疏生硬毛，下面沿叶脉疏生黄褐色硬毛，小叶与叶轴联结处密生黄褐色茸毛。雌雄异株，圆锥花序生于去年枝上部之叶腋，花序轴有极窄的翼；花萼钟状，果期脱落，无花冠；雄花雄蕊；雌花子房1室，柱头二裂，具2枚不发育雄蕊。翅果稍扭曲，长圆状披针形，长2~3.5cm，宽5~7mm，先端钝圆或微凹。

　　水曲柳材质坚硬，纹理通直，花纹美观，径切面呈美丽的平行条状花纹，半弦面呈明显多变的带状花纹，为优质贴面用材，生产上多刨制成0.8~1.0mm厚的切片（薄片）作贴面材料。水曲柳加工性能良好，可经染色及抛光而取得良好表面。适合干燥气候，且老化极轻微，性能变化小。与其重量相对，水曲柳具有极良好的总体强度性能、良好的抗震力和蒸汽弯曲强度。它是良好的地板及家具材料，使用价值极高。

　　目前栾川县的水曲柳主要分布在三个国有林场，其中大坪林场是水曲柳的集中分布区，在全省林业界小有名气，西沟、东沟、穴子沟、张河庙林区均有分布。它们多生长在沟底特别是河边，当地又叫其"挡河槐"。现有古树63株，其中散生5株，古树群58株，均为国家三级。

水曲柳

编号：豫C5367 / 豫C5369

坐标：横19563586 纵3780449

位于大坪林场穴子沟林区郭家门。为古树群，共32株，平均树龄150年。

流苏树　别名：牛筋子　拉丁名：*Chionanthus retusus*

落叶灌木或乔木，高可达20m。小枝灰褐色或黑灰色，圆柱形，无毛，幼枝淡黄色或褐色，疏被或密被短柔毛。叶片革质或薄革质，长圆形、椭圆形或圆形，有时卵形或倒卵形至倒卵状披针形，长3~12cm，宽2~6.5cm，先端圆钝，有时凹入或锐尖，基部圆或宽楔形至楔形，稀浅心形，全缘或有小锯齿，叶缘稍反卷，幼时上面沿脉被长柔毛，下面密被或疏被长柔毛，老时上面沿脉被柔毛，下面沿脉密被长柔毛，稀被疏柔毛，其余部分疏被长柔毛或近无毛，中脉在上面凹入，下面凸起，侧脉3~5对，两面微凸起或上面微凹入，细脉在两面常明显微凸起；叶柄长0.5~2cm，密被黄色卷曲柔毛。聚伞状圆锥花序，长3~12cm，顶生于枝端，近无毛；苞片线形，长2~10mm，疏被或密被柔毛，花长1.2~2.5cm，单性而雌雄异株或为两性花；花梗长0.5~2cm，纤细，无毛；花萼长1~3mm，4深裂，裂片尖三角形或披针形，长0.5~2.5mm；花冠白色，4深裂，裂片线状倒披针形，长（1~）1.5~2.5cm，宽0.5~3.5mm，花冠管短，长1.5~4mm；雄蕊藏于管内或稍伸出，花丝长在0.5mm之内，花药长卵形，长1.5~2mm，药隔突出；子房卵形，长1.5~2mm，柱头球形，稍2裂。果椭圆形，被白粉，长1~1.5cm，径6~10mm，呈蓝黑色或黑色。花期5~6月，果期10月。

流苏树适应性强，寿命长，成年树高大优美、枝繁叶茂，花期如雪压树，且花形纤细，秀丽可爱，气味芳香，是优良的园林观赏树种，不论点缀、群植、列植均具很好的观赏效果。既可于草坪中数株丛植，也宜于路旁、林缘、水畔、建筑物周围散植。盆景爱好者还可以进行盆栽，制作盆景。

流苏树还是嫁接桂花所用的主要砧木。与用白蜡、女贞等嫁接桂花相比，用流苏作砧木嫁接桂花，亲和力好，冠形紧凑，抗旱抗寒，适应性强，寿命长达几百年以上，而用白蜡、女贞嫁接桂花寿命短、冬季落叶、开花晚、花少且颜色不浓，根系不发达，不易盆栽。所以，近年来野生流苏树身价倍增。

栾川县的流苏树多散生于山坡、山谷、林中、溪边，现有古树3株，其中国家一级、二级、三级各1株。

流苏树

编号：豫C5677

坐标：横19562411　纵3759175

位于潭头镇垢峪村孤山小学对面山坡的一平台，平台上建有火神庙。环绕火神庙，生长着7株古树，这棵流苏树是其中之一，树龄300年。树高18m，胸围210cm，冠幅12.5m。2011年有人欲出价40万元购买，被村委拒绝。

七叶树科   Hippocastanaceae

本科在栾川县共有古树名木1属1种，6株。其中国家一级1株，二级2株，三级3株。

七叶树   别名：娑罗树、菩提树   拉丁名：*Aesculus chinensis*

七叶树又称菩提树，为佛家的象征之一。

落叶乔木，高达25m，树皮深褐色或灰褐色，片状剥落。小枝圆柱形，黄褐色或灰褐色，无毛或嫩时有微柔毛，有圆形或椭圆形淡黄色的皮孔。掌状复叶，由5~7小叶组成，叶柄长10~12cm，有灰色微柔毛；小叶纸质，长圆披针形至长圆倒披针形，稀长椭圆形，先端渐尖，基部楔形或阔楔形，边缘有钝尖形的细锯齿，长8~16cm，宽3~5cm，上面深绿色，无毛，下面除中脉及侧脉的基部嫩时有疏柔毛外，其余部分无毛；中脉在上面显著，在下面凸起，侧脉13~17对，中央小叶的小叶柄长1~1.8cm，两侧的小叶柄长5~10mm，有灰色微柔毛。花序圆筒形，连同长5~10cm的总花梗在内共长21~25cm，花序总轴有微柔毛，小花序常由5~10朵花组成，平斜向伸展，有微柔毛，长2~2.5cm，花梗长2~4mm。花杂性，雄花与两性花同株，花萼管状钟形，长3~5mm，外面有微柔毛，不等5裂，裂片钝形，边缘有短纤毛；花瓣4枚，白色，长圆倒卵形至长圆倒披针形，长8~12mm，宽5~1.5mm，边缘有纤毛，基部

爪状；雄蕊6个，长1.8~3cm，花丝线状，无毛，花药长圆形，淡黄色，长1~1.5mm；子房在雄花中不发育，在两性花中发育良好，卵圆形，花柱无毛。果实球形或倒卵圆形，顶部短尖或钝圆而中部略凹下，直径3~4cm，黄褐色，无刺，具很密的斑点，果壳干后厚5~6mm，种子常1~2粒发育，近于球形，直径2~3.5cm，栗褐色；种脐白色，约占种子体积的1/2。花期4~5月，果期9~10月。

七叶树树形优美，花大秀丽，果形奇特，是观叶、观花、观果不可多得的树种，为世界著名的观赏树种之一。其树干耸直，冠大荫浓，初夏繁花满树，硕大的白色花序又似一盏华丽的烛台，十分壮观。叶芽可代茶饮，皮、根可制肥皂，叶、花可做染料，种子可提取淀粉、榨油，也可食用，味道与板栗相似，并可入药，有安神、理气、杀虫等作用。木材质地轻，可用来造纸、雕刻、制作家具及工艺品等。

栾川县的七叶树均为人工栽培，现有古树6株，其中国家一级1株，二级2株，三级3株。

槭树科 Aceraceae

本科在栾川县共有古树名木1属2种，158株。其中国家一级1株，二级87株（群落），三级70株（散生3株，群落67株）。

五角枫　别名：白五角　拉丁名：*Acer mono*

五角枫是栾川县常见的阔叶树种，为优良的用材、风景树种，特别适合观叶。它叶形秀丽，嫩叶红色，入秋又变成橙黄或红色，为秋天红叶大家族的重要成员。

落叶乔木，高10~20m，胸径可达1m。树皮暗灰色或褐灰色，纵裂，小枝灰色，嫩枝灰黄色或浅棕色，初有疏毛，后脱落。单叶，宽长圆形，常掌状5裂，有时3裂或7裂，长3.5~9cm，宽4~12cm，裂片宽三角形，先端尾尖或长渐尖，全缘或微有裂，叶基部心形或稍截形，叶上面暗绿色，无毛，下面淡绿色，除脉腋间有黄色簇毛外均无毛。叶柄较细，长2~11cm。花较小，常组成顶生的伞房花序；萼片淡黄绿色，长椭圆形或长卵形，花瓣黄白色，宽倒披针形；雄蕊8个，插生于花盘的内缘；子房平滑无毛，柱头2裂，反卷。翅果长约2.5cm，宽约0.8cm，果体扁平或微凸，翅比果体长1~2倍，近椭圆形，两翅开张成锐角或近钝角。花期4~5月，果熟期8~9月。

栾川县现有五角枫古树139株，其中国家一级1株，二级87株（古树群），三级51株（散生3株，古树群48株）。

五角枫

编号：豫C3086

坐标：横19558681 纵3732588

位于老君山林场过风垭下。为古树群，共48株，平均树龄200年。

漆树科　Anacardiaceae

本科在栾川县共有古树名木2属2种，221株。其中国家一级5株，二级10株，三级206株（散生146株，群落60株）。

黄连木　别名：黄楝树　拉丁名：*Pistacia chinensis*

落叶乔木，高达30m，胸径可达2m，树冠近圆球形；树皮薄片状剥落。通常为偶数羽状复叶，小叶10~14个，披针形或卵状披针形，长5~9cm，先端渐尖，基部偏斜，全缘。雌雄异株，圆锥花序，雄花序淡绿色，雌花序紫红色。核果径约6mm，初为黄白色，后变红色至蓝绿色，若红而不蓝多为空粒。花期4月，先叶开放；果9~10月成熟。

黄连木喜光，幼时稍耐阴；喜温暖，畏严寒；耐干旱瘠薄，对土壤要求不严，微酸性、中性和微碱性的沙质、黏质土均能适应，而以在肥沃、湿润而排水良好的石灰岩山地生长最好。深根性，主根发达，抗风力强；萌芽力强。生长较慢，寿命长。对二氧化硫、氯化氢和煤烟的抗性较强。

黄连籽是木本油料。其种子含油率高达35%~42.46%，出油率为22%~30%；果壳含油率3.28%，种仁含油率56.5%。油料含碘值95.8，皂化值192，酸值4。过去，用黄连籽榨取的油是栾川县山区农民的主要食用油，榨油后的籽饼既可用于食用充饥，又是良好的有机肥料。其种子油还可作润滑油，或制肥皂。

黄连木是重要的生物能源树种。黄连木油脂的油脂肪酸碳链长度集中在C16~C18之间，由黄连木油脂生产的生物柴油的碳链长度集中在C17~C20之间，与普通柴油主要成分的碳链长度C15~C19极为接近，因此，黄连木油脂非常适合用来生产生物柴油。

黄连木鲜叶和枝可提取芳香油。叶芽、树皮、叶均可入药，其性味微苦，具有清热解毒、去暑止渴的功效，主治痢疾、暑热口渴、舌烂口糜、咽喉肿痛等疾病。其木材为黄色，坚固致密，是雕刻、装修的优质材料；树皮、叶、果分别含鞣质4.2%、10.8%、5.4%，可提制栲胶；果和叶还可制作黑色染料。根、枝、皮可制成生物农药；嫩叶有香味，可制成茶叶。嫩叶、嫩芽和雄花序是上等绿色蔬菜，清香、脆嫩，鲜美可口，炒、煎、蒸、炸、腌、凉拌、做汤均可。

黄连木有较高的观赏价值。它树冠开阔，春季嫩叶呈红色，夏季枝繁叶茂，秋季红叶满树，全身香气四溢，是点缀庭院、山林、村庄的好树种。

栾川县黄连木分布广泛，多为散生。现有黄连木古树221株，其中国家一级5株，散生；二级10株，散生；三级206株，其中散生146株，古树群60株。

黄连木

编号：豫C050

坐标：横19571189　纵3764577

　　位于潭头镇东山村御史沟的路边。高33m，胸围370cm，冠幅平均17.2m，因其高大雄伟，树形美观，为御史沟一景。该树初生于明永乐年间，距今约600年，为栾川较为少见的苦老黄连木。

黄栌 别名：黄栌材 拉丁名：*Cotinus coggygria*

黄栌是我国重要的红叶观赏树种，叶片秋季变红，鲜艳夺目。栾川县野生黄栌资源丰富，广泛分布于全县山区。

灌木或小乔木，高3~5m。叶倒卵形或卵圆形，长3~8cm，宽2.5~6cm，先端圆形或微凸，基部圆形或阔楔形，全缘，两面、尤其叶背显著被灰色柔毛，侧脉6~11对，先端常叉开；叶柄短。圆锥花序被柔毛；花杂性，径约3mm；花梗长7~10mm，花萼无毛，裂片卵状三角形，长约1.2mm，宽约0.8mm；花瓣卵形或卵状披针形，长2~2.5mm，宽约1mm，无毛；雄蕊5个，长约1.5mm，花药卵形，与花丝等长，花盘5裂，紫褐色；子房近球形，径约0.5mm，花柱3个，分离；不等长果序长5~20cm，有多数不育花的紫绿色羽毛状细长花梗宿存，核果肾形，径3~4mm。

除叶子具有很高的观赏价值，黄栌药用价值也很大，以根、枝及叶入药。根随时可采；夏季枝叶茂密时砍下枝条，摘下叶，分别晒干后入药。黄栌开花后淡紫色羽毛状的花梗也非常漂亮，并且能在树梢宿存很久，成片栽植时远望宛如万缕罗纱缭绕林间，故有"烟树"的美誉。另外，其木材可提取黄色染料，并可制作家具或用于雕刻。

黄栌

编号：豫C2949

坐标：横19555614　纵3764842

　　栾川县现有黄栌古树1株，树龄300年。此树位于狮子庙镇朱家坪村黄栌材嘴。高8m，胸围221cm，树干2.6m以上部分全部干枯，仅在下面的树干上萌生出了一些细小的枝条。

千屈菜科 Lythraceae

本科在栾川县共有古树名木1属1种，1株。

紫薇 别名：百日红 拉丁名：*Lagerstroemia indica*

紫薇树姿优美，树干光滑洁净，花色艳丽；开花时正当夏秋少花季节，花期极长，由6月可开至9月，故有"百日红"之称，又有"盛夏绿遮眼，此花红满堂"的赞语，是优良的园林绿化树种。道教认为紫薇是紫薇星下凡，因此又是道教的圣树，是道教文化传承的有效载体。

落叶灌木或小乔木。高3~7m；树皮易脱落，树干光滑。幼枝呈四棱形，稍成翅状。叶互生或对生，近无柄，椭圆形、倒卵形或长椭圆形，长3~7cm，宽2.5~4cm，光滑无毛或沿主脉上有毛。圆锥花序顶生，长4~20cm；花径2.5~3cm；花萼6浅裂，裂片卵形，外面平滑；花瓣6枚，紫色、红色、粉红色或白色，边缘有不规则缺刻，基部有长爪；雄蕊36~42枚，外侧6枚花丝较长；子房6室。蒴果椭圆状球形，长9~13mm，宽8~11mm，6瓣裂。种子有翅。花期6~9月，果期10~11月。树干愈老愈光滑，用手抚摸，全株微微颤动。

紫薇在栾川县广泛用于公路、城镇和庭院绿化美化栽培。现有古树1株。

紫薇

编号：豫C3076

坐标：横19579860 纵3739941

位于栾川乡七里坪村杨植龙院内，树龄150年。树高13m，胸围170cm，冠幅9m。

蔷薇科 Rosaceae

本科在栾川县共有古树名木5属5种，21株。其中，国家一级1株，二级1株，三级19株。

木瓜　拉丁名：*Chaenomeles sinensis*

落叶灌木或小乔木，高可达7m，枝无刺；小枝圆柱形，紫红色，幼时被淡黄色茸毛；树皮片状脱落，落后痕迹显著。叶片椭圆形或椭圆状长圆形，长5~9cm，宽3~6cm，先端急尖，基部楔形或近圆形，边缘具刺芒状细锯齿，齿端具腺体，表面无毛，幼时沿叶脉被稀疏柔毛，背面幼时密被黄白色茸毛；叶柄粗壮，长1~1.5cm，被黄白色茸毛，上面两侧具棒状腺体；托叶膜质，椭圆状披针形，长7~15mm，先端渐尖，边缘具腺齿，沿叶脉被柔毛。花单生于短枝顶端，直径2.5~3cm；花梗粗短，长5~10mm，无毛；萼筒外面无毛；萼裂片三角状披针形，长约7mm，先端长渐尖，边缘具稀疏腺齿，外面无毛或被稀疏柔毛，内面密被浅褐色茸毛，较萼筒长，结果时反折；花瓣倒卵形，淡红色；雄蕊长约5mm；花柱长约6mm，被柔毛。果长椭圆形，长10~15cm，深黄色，具光泽，果肉木质，味微酸、涩，有芳香，具短果梗。花期4月，果期9~10月。

木瓜花色烂漫，树形好、病虫害少，是庭园绿化的良好树种，可丛植于庭园墙隅、林缘等处，春可赏花，秋可观果。种仁含油率35.99%，出油率30%，无异味，可食并可制肥皂。果实经蒸煮后做成蜜饯，又可供药用。花可为制酱的佐料，味美。树皮含鞣质，可提制栲胶。木材质硬，可制作家具。

栾川县木瓜栽培较少，现有古树6株，均为国家三级，散生。

木瓜

编号：豫C5388

坐标：横19559953　纵3738774

位于栾川乡七里坪村19组十方院的一片竹林内，系杨姓祖上于清朝光绪年间栽植，树龄120年。被一片竹林环抱着的古树高15m，胸围110cm，冠幅10m，长势旺盛。

秋子梨　别名：沙梨　拉丁名：*Pyrus ussuriensis*

沙梨是栾川县重要的水果之一，栽培品种众多。

落叶乔木，高10~15m，树冠高大。嫩枝有茸毛，旋即脱落。叶近圆形至宽卵圆形，长5~10cm，宽4~6cm，先端渐尖，基部圆形到近心形，叶缘具刺芒状尖锐锯齿，刺芒向外直伸，叶面光滑，有光泽。花序有花6~12朵，花径3~4cm，萼片三角状披针形，边缘有疏毛；花瓣白色，倒卵形至宽卵圆形；雄蕊20枚，花药紫色；花柱5个，稀4个，基部有疏毛。果实近球形或长球形等，绿色、黄色或棕色，萼宿存，果肉多石细胞，果梗粗短，长1.5~2.5cm。花期4~5月，果期8~10月。

木材坚硬细腻，为优良工艺用材。果实可入药，具润肺止咳等功效。

栾川县秋子梨分布广泛，现有古树10株，其中国家一级1株，二级1株，三级8株。

秋子梨

编号：豫C5258

坐标：横19551992　纵3755917

位于赤土店镇花园村西中组石家里沟的陈书正家院边。树龄700年，树高18m，胸围440cm，冠幅16.5m，主干高6m，以上分为两个主枝，斜向上生长。树皮的纹理呈麻花状向右旋扭。

山楂　别名：红果、木胡梨　拉丁名：*Crataegus pinnatifida*

落叶小乔木。枝密生，有细刺，幼枝有柔毛。小枝紫褐色，老枝灰褐色。叶片三角状卵形至菱状卵形，长2~6cm，宽0.8~2.5cm，基部截形或宽楔形，两侧各有3~5羽状深裂片，基部1对裂片分裂较深，边缘有不规则锐锯齿。复伞房花序，花序梗、花柄都有长柔毛；花白色，有独特气味。直径约1.5cm；萼筒外有长柔毛，萼片内外两面无毛或内面顶端有毛。果实深红色，近球形。花期5月，果期9~10月。

栾川县的野生山楂通常称木胡梨；栽培品种众多，称红果。20世纪80年代，全县大规模发展山楂种植，目前仍有部分果园保存。

山楂的功用，一是食用，鲜食或制糖葫芦等；二是入药，有防治心血管疾病、降血压和胆固醇、利尿、镇静、防衰老、抗癌、消食、活血化瘀等多种功效，是非常重要的中药资源。

山楂

编号：豫C5266

坐标：横19559784 纵3753349

栾川县现有山楂古树1株，位于赤土店镇公主坪村王平家房后。树龄200年，高10m，胸围120cm，冠幅7m。

桃 拉丁名：*Amygdalus persica*

落叶小乔木，高可达8m，树冠开展。小枝红褐色或褐绿色。单叶互生，椭圆状披针形，先端长尖，边缘有粗锯齿。花期3~4月，花单生，无柄，通常粉红色，单瓣。果实6~9月成熟，核果卵球形，表面有短柔毛。

桃

编号：豫C2800

坐标：横19555147 纵3753570

栾川县现有桃古树1株，位于赤土店镇白沙洞村河东组。树龄250年，树高16m，胸围280cm，冠幅6.5m。

杏　拉丁名：*Armeniaca vulgaris*

落叶乔木，高约10m。树皮黑褐色，不规则纵裂。小枝红褐色，有光泽。叶卵形至近圆形，长5~9cm，宽4~8cm，先端有短尖头，基部圆形或渐狭，边缘有圆钝锯齿，两面无毛；叶柄长2~3cm，近顶端有2腺体；托叶条状披针形，花后反折；花瓣白色或稍带红色，圆形至倒卵形；雄蕊多数，比花瓣短；子房有短柔毛。果球形，直径2~3cm或更大，黄白色、黄红色等，微生短柔毛或无毛，成熟时不开裂，有沟，果肉多汁。种子扁圆形。花期4月，果期6月。

鲜果可生食，也可制成果酱、罐头、杏干等。杏仁可入药，有的品种杏仁可生食，味香，称"仁用杏"；多数品种杏仁鲜食有毒性。

栾川县有大量分布的野生杏，也有大量人工栽培的新品种。现有杏古树3株，均为国家三级。

杏

编号：豫C0974

坐标：横19545341　纵3739235

位于石庙镇观星村土门坡高云娃宅旁。栽于清嘉庆年间，树龄200年，树高12m，胸围250cm，冠幅17m。

清风藤科 Sabiaceae

本科在栾川县共有古树名木1属1种，2株。

暖木　拉丁名：*Meliosma veitchiorum*

落叶乔木，高大；树皮厚而软，摸之有温暖之感，故称暖木。奇数羽状复叶，连总柄长60~90cm；叶柄和总轴有柔毛，后变无毛；小叶7~11枚，下部小叶椭圆形或近圆形，长6~10cm，宽6~7cm，上部小叶卵状长椭圆形，长10~20cm，宽8~12cm，侧脉6~12对，下面隆起。花序直立，狭尖锥形，长20~25cm或更长；花白色或黄色，径3~5mm；花柄长约3mm，具节；萼片椭圆形，钝尖；花瓣倒心形。子房有毛。果实球形，径10~12mm，熟时黑色。

暖木主产长江流域，栾川县山区有少量分布。现有暖木古树2株，国家三级，位于龙峪湾林场。

暖木

编号：豫C5334

坐标：横19573424 纵3727848

　　位于龙峪湾林场黑龙潭。树龄100年，高18m，胸围157.6cm，冠幅14m。

桑科 Moraceae

本科在栾川县共有古树名木1属1种，2株。

桑树　拉丁名：*Morus alba*

落叶乔木，高16m，胸径可达1m。树冠倒卵圆形。叶卵形或宽卵形，先端尖或渐短尖，基部圆或心形，锯齿粗钝，幼树叶常有浅裂、深裂，上面无毛，下面沿叶脉疏生毛，脉腋簇生毛。聚花果（桑椹）紫黑色、淡红或白色，多汁味甜。花期4月；果熟5~7月。

桑树是经济价值极高的树种，野生分布较广，也常有人工栽培。树皮细柔，可作混纺和单纺原料，亦可制造高级牛皮纸、蜡纸、绝缘纸等，还可制人造棉。根皮、叶、果等均可入药，根皮可清肺热、利尿消肿、镇咳；叶有祛风清热、明目之效；果实能补血、明目、安神；嫩枝与叶熬膏药治高血压及手足麻木等症。桑叶为养蚕的主要饲料，也可作农药防治棉蚜、红蜘蛛等。果可生食或酿酒等。木材坚硬，可制农具、乐器、雕刻、器具等。

栾川县现有桑古树2株，其中国家一级1株，三级1株，分布于赤土店镇和狮子庙镇。

桑树

编号：豫C2939

坐标：横19554278 纵3767650

位于狮子庙镇孤山村菜沟门对面。树龄150年，树高15m，胸围175cm，冠幅8m。

山茱萸科 Cornaceae

本科在栾川县共有古树名木1属2种，6株。其中国家二级1株，三级5株。

毛梾木　别名：椋子木、车梁木　拉丁名：*Cornus walteri*

落叶乔木，高可达15m以上。树皮厚，黑褐色，纵裂而又横裂成块状。幼枝对生，绿色，略有棱角，密被灰白色短柔毛，老后黄绿色，无毛。冬芽腋生，扁圆锥形，长约1.5mm，被灰白色短柔毛。叶对生，纸质，椭圆形、长椭圆形或阔卵形，长4~15cm，宽1.7~8cm，先端渐尖，基部楔形，有时稍不对称；上面深绿色，稀被贴生短柔毛，下面淡绿色，密被灰白色贴生短柔毛；中脉在上面明显，下面凸出，侧脉4~5对，弓形内弯，在上面稍明显，下面凸起。叶柄长0.8~3.5cm，幼时被有短柔毛，后渐无毛，上面平坦，下面圆形。伞状聚伞花序顶生，花密，宽7~9cm，被灰白色短柔毛；总花梗长1.2~2cm；花白色，有香味，直径9.5mm；花萼裂片4个，绿色，齿状三角形，长约0.4mm，与花盘近于等长，外侧被有黄白色短柔毛；花瓣4枚，长圆披针形，长4.5~5mm，宽1.2~1.5mm，上面无毛，下面有贴生短柔毛；雄蕊4，无毛，长4.8~5mm，花丝线形，微扁，长4mm，花药淡黄色，长圆卵形，长1.5~2mm，丁字形着生；花盘明显，垫状或腺体状，无毛；花柱棍棒形，长3.5mm，被有稀疏的贴生短柔毛，柱头小，头状，子房下位，花托倒卵形，长1.2~1.5mm，直径1~1.1mm，密被灰白色贴生短柔毛；花梗细圆柱形，长0.8~2.7mm，有稀疏短柔毛。核果球形，直径6~8mm，成熟时黑色，近于无毛；核骨质，扁圆球形，直径5mm，高4mm，有不明显的肋纹。花期5月；果期9月。

毛梾油属半干性油，含有人体所需脂肪酸，可治疗高血脂、高血压、瘘症、肺结核，疗效显著；此外还可作工业用油，是机械、钟表机件润滑油和油漆原料。过去栾川人们常用土法压榨毛梾油供食用。

毛梾木是一种良好的木本饲料植物。其叶质地柔软，富含营养，无毒、无怪味，牛、羊、猪、兔、鸡、鸭、鹅均喜食；晒制的干叶，牛、羊喜食；制成叶粉，各种畜禽均可利用。种子产量高，营养丰富，可作精饲料；榨油后的油饼，亦是很好的蛋白饲料。

木材坚硬，纹理细致，是一种优质木材。旧时椋子木是做车轴、车梁的优良用材。

栾川县各地有分布，多呈散生状分布于林间或孤立生长。现有古树5株，均为国家三级。

毛梾木

编号：豫C2999

坐标：横19559383 纵3776491

位于秋扒乡北沟七组椋子树嘴。树龄200年，高15m，胸围172cm，冠幅7m。此处地名因有这棵椋子树而得。

山茱萸　别名：山萸肉、枣皮树　拉丁名：*Cornus officinalis*

山茱萸是一种珍贵药材。《本草纲目》载：主治心下邪气，寒热，温中，逐寒温痹，去三虫。治肠胃风邪、寒热疝瘕、鼻塞目黄、耳聋面疮、下气出汗，强阴益精，安五脏，通九窍，久服强身延年。治脑骨痛，疗耳鸣，补肾气，兴阳道，坚阴茎，添精髓，止老人尿不节。治面上疮，能发汗，止月水不定。暖腰膝，助水脏，除一切风，逐一切气。栾川县20世纪80年代后开始大量发展山茱萸种植，目前已成为重要的山茱萸基地。但天然生长的山茱萸非常少见。

落叶灌木或小乔木。树皮灰褐色，老枝黑褐色，嫩枝绿色。叶对生，卵状椭圆形或卵形，稀卵状披针形，长5~12cm，宽约7.5cm，先端渐尖，基部浑圆或楔形，上面疏被平伏毛，下面被白色平伏毛，脉腋有褐色簇生毛，侧脉6~8对；叶柄长约1cm，有平贴毛。伞形花序腋生，有花15~35朵，有4个小型苞片，黄绿色，椭圆形；花瓣舌状披针形，黄色；花萼4裂，裂片宽三角形；花盘环状，肉质。果实椭圆形，长1.2~1.7cm，成熟时红色或紫红色。花期3月，果期9~10月。

山茱萸的主要价值在于药用，以它为原料生产的中成药品种众多，市场需求量很大。栾川县的多数乡镇都有大量的人工栽培山茱萸，每年为当地群众带来可观的收益。

全县现有山茱萸古树1株，树龄300年，位于庙子镇桃园村对臼沟。

柿树科 Ebenaceae

本科在栾川县共有古树名木1属1种，122株。

柿树　拉丁名：*Diospyros kaki*

落叶大乔木。枝开展，绿色至褐色，无毛，散生纵裂的长圆形或狭长圆形皮孔；嫩枝初时有棱，有棕色柔毛或茸毛或无毛。冬芽小，卵形，长2~3mm，先端钝。叶卵状椭圆形至倒卵形或近圆形，通常较大，长5~18cm，宽2.8~9cm，先端渐尖或钝，基部楔形、钝圆形或近截形，新叶疏生柔毛，老叶上面有光泽，深绿色，无毛，下面绿色，有柔毛或无毛，中脉在上面凹下，有微柔毛，在下面凸起，侧脉每边5~7条；叶柄长8~20mm，上面有浅槽。花雌雄异株或杂性同株，花黄白色或近白色，萼及花冠皆4裂。果形种种，大小不等，基部通常有棱，嫩时绿色，后变黄色、橙黄色，果肉较脆硬，老熟时果肉变成柔软多汁，呈橙红色或大红色等，有种子数颗；种子褐色，椭圆状，长约2cm，宽约1cm，侧扁，在栽培品种中通常无种子或有少数种子；宿存萼在花后增大增厚，宽3~4cm，4裂，方形或近圆形，近平扁，厚革质或干时近木质，外面有伏柔毛，后变无毛，里面密被棕色绢毛，裂片革质。果柄粗壮，长6~12mm。花期5~6月，果期9~10月。

柿子在栾川县栽培极普遍，多为嫁接，品种众多，为群众最喜爱的过冬水果。尤以白土无核柿最为著名，在白土镇辖区内，柿子没有种子，吃起来不用吐核，因而享有盛誉。所产柿子除鲜果出售外，一般加工成柿饼、柿瓣等可长期存放；霜降之后采摘的鲜柿可存放至翌年春天。过去民间习惯以柿子为原料土法酿制柿子醋，味道鲜美。目前，白土、潭头等镇建有柿子醋加工企业，产品深受消费者喜爱，畅销各地市场。

栾川县现有柿树古树122株，均为国家三级，散生，绝大多数分布于白土镇。

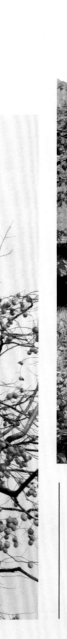

柿树

编号：豫C2836

坐标：横19541178　纵3749188

　　位于陶湾镇磨沟村刘行彦家门前的河道边，品种为"盖柿"。树高23m，胸围187cm，主干高1.8m处，分生着三大枝，粗各40cm左右。此树是张留现家祖上于雍正年间嫁接，树龄280年。

鼠李科 Rhamnaceae

本科在栾川县有古树名木1属1种，2株。

枣　拉丁名：*Ziziphus jujuba*

落叶小乔木，高可达10m，树冠卵形。树皮灰褐色，条裂。枝有长枝、短枝与脱落性小枝之分。长枝红褐色，呈"之"字形弯曲，光滑，有托叶刺或托叶刺不明显；短枝在2年生以上的长枝上互生；脱落性小枝较纤细，无芽，簇生于短枝上，秋后与叶俱落。叶卵形至卵状长椭圆形，先端钝尖，边缘有细锯齿，基生三出脉，叶面有光泽，两面无毛。5~6月开花，聚伞花序腋生，花小，黄绿色。核果卵形至长圆形，9~10月果熟，熟时暗红色。果核坚硬，两端尖。

枣比较抗旱，需水不多，适合生长在贫瘠土壤。树生长慢，所以木材坚硬细致，不易变形，适合制作雕刻品。枣木擀面杖是最好的擀面杖。其果实更是家喻户晓的食、药两用珍贵果品。

栾川县现有枣古树2株，位于庙子镇、合峪镇，均为国家三级。

枣

编号：豫C2896

坐标：横19575737 纵3755481

位于合峪镇杨长沟村李红军家房前的西南侧，系李红军的曾祖母于咸丰十年前后所栽，树龄150年。高8m，胸围204cm，冠幅7.5m。

松科 Pinaceae

本科在栾川县共有古树名木2属4种，1509株。其中国家一级8株，二级9株，三级1492株（散生31株，群落1461株）。

白皮松 拉丁名：*Pinus bungeana*

白皮松为中国特有树种，分布于陕西秦岭、太行山南部、河南西部、甘肃南部及天水麦积山、四川北部江油观雾山及湖北西部等地。栾川县境内的伏牛山及熊耳山有野生纯林，常生长于悬崖峭壁之上。全县现有白皮松古树24株，其中国家一级6株，二级6株，三级12株。最大树龄为800年。

乔木，高达30m，胸径可达3m。有明显的主干，或从树干近基部分成数支干；枝较细长，斜展，形成宽塔形至伞形树冠。幼树树皮光滑，灰绿色，长大后树皮呈不规则的薄块片状脱落，露出淡黄绿色的新皮，老则树皮呈淡褐灰色或灰白色，裂成不规则的鳞片状脱落，脱落后近光滑，露出粉白色的内皮，白褐相间成斑鳞状。一年生枝灰绿色，无毛。冬芽红褐色，卵圆形，无树脂。针叶3针一束，粗硬，长5~10cm，直径1.5~2mm，叶背及腹面两侧均有气孔线，先端尖，边缘有细锯齿；横切面扇状三角形或宽纺锤形，单层皮下层细胞，在背面偶尔出现1~2个断续分布的第二层细胞，树脂道6~7个，边生，稀背面角处有1~2个中生；叶鞘脱落。雄球花卵圆形或椭圆形，长约1cm，多数聚生于新枝基部成穗状，长5~10cm。球果通常单生，初直立，后下垂，成熟前淡绿色，熟时淡黄褐色，卵圆形或圆锥状卵圆形，长5~7cm，径4~6cm，有短梗或几

无梗；种鳞矩圆状宽楔形，先端厚，鳞盾近菱形，有横脊，鳞脐生于鳞盾的中央，明显，三角状，顶端有刺，刺之尖头向下反曲，稀尖头不明显；种子灰褐色，近倒卵圆形，长约1cm，径5~6mm，种翅短，赤褐色，长约5mm；子叶9~11枚，针形，长3.1~3.7cm，宽约1mm，初生叶窄条形，长1.8~4cm，宽不及1mm，上下面均有气孔线，边缘有细锯齿。花期4~5月，球果第二年10~11月成熟。心材黄褐色，边材黄白色或黄褐色，质脆弱，纹理直，有光泽，花纹美丽。

白皮松是喜光树种，耐旱、耐干燥、耐瘠薄，耐寒，在较干冷的气候里有很强的适应能力；在钙质土和黄土上生长良好，是能适应钙质黄土及轻度盐碱土壤的主要针叶树种。在深厚肥沃、向阳温暖、排水良好之地生长最为茂盛。对二氧化硫及烟尘的污染有较强的抗性。

白皮松木材可供房屋建筑、家具、文具等用；种子可食用和榨油；其种鳞称作白松塔，可入药治慢性支气管炎。由于它树皮白色或褐白斑驳相间，极为美观，针叶短粗亮丽，四季常绿，树姿优美，为优良的观赏树种，广泛用于庭院、村庄和街道绿化。

白皮松

编号：豫C055

坐标：横19560204 纵3767877

　　位于秋扒乡秋扒村上庙基督教堂院内。树高达26m，胸围320cm，冠幅16.3m。原有6大主枝，前些年干枯2枝，现仅存4枝，其上分生7条大侧枝。此树栽于明朝正德初年间，距今500余年。

华山松　拉丁名：*Pinus armandii*

是著名常绿乔木树种之一。原产于中国，因集中产于陕西的华山而得名。

常绿乔木，高可达25m，胸径可达1m；树冠广圆锥形。小枝平滑，冬芽小，圆柱形，栗褐色。幼树树皮灰绿色，老则裂成方形厚块片固着树上。叶5针一束，长8~15cm。质柔软，边有细锯齿，树脂道多为3个，中生或背面2个边生，腹面1个中生，叶鞘早落。球果圆锥状长卵形，长10~20cm，柄长2~5cm，成熟时种鳞张开，种子脱落。种鳞与苞鳞完全分离，种鳞和苞鳞在幼时可区分开来，苞鳞在成熟过程中退化，最后所见到的为种鳞。种子无翅或近无翅，花期4~5月，球果次年9~10月成熟。

华山松高大挺拔，冠形优美，姿态奇特，为良好的绿化风景树。为点缀庭院、公园、校园的珍品。植于假山旁、流水边更富有诗情画意。它不仅是风景名树，也是很好的建筑木材和工业原料。华山松木材质地轻软，纹理细致，易于加工，而且耐水、耐腐，有"水浸千年松"的美誉，是名副其实的栋梁之材。可作家具、雕刻、胶合板、枕木、电杆、车船和桥梁用材。粗锯屑可作纸浆原料。它的花粉，在中医上叫作"松黄"，浸酒温服，有医治创伤出血、头旋脑胀的功效，还可作预防汗疹的爽身粉。用快刀切开松树干的皮层，就流出松脂，松脂经分馏，分离出挥发性的松节油后，剩下坚硬透明呈琥珀色的松香。松节油医药上的功能是生肌止痛、燥湿杀虫。松香、松节油在工业上也是重要原料。树皮含单宁12%~23%，可提炼栲胶。沉积的天然松渣，还可提炼柴油、凡士林、人造石油等。种子粒大，长1~1.5cm，含油量42.8%（出油率22.24%），仁内含蛋白质17.83%，常作干果炒食，味美清香。松籽榨油，属干性油，是工业上制皂、硬化油、调制漆和润滑油的重要原料。针叶综合利用可蒸馏提炼芳香油（其精油中的龙脑脂含量比马尾松油高，味香）、造酒、制隔音板、造纸、人造棉毛和制绳。华山松还是种植茯苓的优良原料。因此，说它"粉身碎骨"为人类，一点也不夸张。

华山松在栾川县主要分布于海拔1000m以上的山区，常生成纯林，或与槲栎等其他阔叶树种混交，但与栓皮栎混交较少见。在海拔1000m以上的地区人工造林时，常作为主要造林树种。

栾川县现有华山松古树1315株，均为国家三级。其中散生木5株，古树群1310株。

华山松

编号：豫C2937

坐标：横19541848　纵3773166

油松　拉丁名：*Pinus tabulaeformis*

　　油松分布广，是我国北方广大地区最主要的造林树种之一。它适应性强，根系发达，树姿雄伟，枝叶繁茂，有良好的保持水土和美化环境功能。

　　常绿针叶乔木，高达30m，胸径可达1m以上。树皮下部灰褐色，裂成不规则鳞块，裂缝及上部树皮红褐色；大枝平展或斜向上，老树平顶；小枝粗壮，黄褐色，有光泽，无白粉；冬芽长圆形，顶端尖，微具树脂，芽鳞红褐色。针叶2针一束，暗绿色，较粗硬，长10~15cm，径1.3~1.5mm，边缘有细锯齿，两面均有气孔线，横切面半圆形，皮下细胞为间断型两层，树脂道3~8个，稀11个，边生，角部和背部偶有中生；叶鞘初呈淡褐色，后为淡黑褐色。雄球花柱形，长1.2~1.8cm，聚生于新枝下部呈穗状；当年生幼球果卵球形，黄褐色或黄绿色，直立。球果卵形或卵圆形，长4~7cm，有短柄，与枝几乎成直角，成熟后黄褐色，常宿存几年；中部种鳞近长圆状倒卵形，长1.6~2cm，宽1.2~1.6cm，鳞盾肥厚、有光泽，扁菱形或扁菱状多角形，横脊明显，纵脊几乎无，鳞脐明显，有刺尖。花期4~5月，球果第二年10月成熟。

　　油松为喜光树种，幼树耐侧阴，抗寒能力强，喜微酸及中性土壤，不耐盐碱。为深根性树种，主根发达，垂直深入地下；侧根也很发达，向四周水平伸展，多集中于土壤表层。对土壤养分和水分的要求不严，但要求土壤通气状况良好。

　　油松是重要的用材和园林绿化树种。树冠幼年为塔形或圆锥形，中年树呈卵形或不整齐梯形。孤立老年树的树冠为平顶，扁圆形、伞形等。干粗壮直立，形成耸立的树形，有时也能长成弯曲多姿的树干，显得苍劲挺拔。其木材材质优良，供建筑、家具等用；松针、松油可入药，能祛风湿、散寒等，还可加工为饲料；花粉能止血燥湿，树干可割

取松脂；树皮能提取栲胶；种子含油30%~40%，供食用或工业用。

　　栾川县栽培油松的历史悠久，作为山地造林的主要树种之一，已形成有大面积的人工林。1979年以来，先后在三川、冷水、叫河、陶湾、石庙、城关、赤土店、白土等乡镇进行了飞机播种造林，取得了巨大成功，使大面积的荒山得到绿化。现已拥有油松飞播林达19110hm²，占全县林地面积的9.01%，成为河南省最大的飞播林基地。目前，飞播区不仅生态条件得到极大改善，林农还通过抚育间伐、采收花粉、加工松针粉等，从飞播造林事业中得到了实实在在的实惠。

　　油松在栾川县的天然分布多在海拔1000m以上的向阳山坡，常有纯林分布。全县现有油松古树169株，其中国家一级2株，散生；二级3株，散生；三级164株，散生17株，古树群1个147株。

油松

编号：豫C5279
坐标：横19537783　纵3755322

　　位于三川镇新庄村，树龄700年。树高12m，胸围233cm，冠幅12m。枝条层层叠叠、扭扭曲曲，整个树形古朴、苍老，极为美观。

卫矛科 Celastraceae

本科在栾川县有古树名木1属1种，2株。

卫矛　别名：鬼见愁　拉丁名：*Euonymus alatus*

落叶灌木，高可达3m以上。小枝四棱形，有2~4排木栓质的阔翅。叶对生，叶片倒卵形至椭圆形，长2~5cm，宽1~2.5cm，两头尖，很少钝圆，边缘有细尖锯齿；早春初发时及初秋霜后变紫红色。花黄绿色，径5~7mm，常3朵集成聚伞花序。蒴果棕紫色，深裂成4裂片，有时为1~3裂片；种子褐色，有橘红色的假种皮。花期5~6月，果熟期9~10月。

卫矛在栾川县广泛分布于阔叶林中，为乔木林的常见下木，是秋天红叶大家族的成员之一。现有古树2株，其中国家二级和三级各1株，均在赤土店镇。

卫矛

编号：豫C2799

坐标：横19555314 纵3752926

位于赤土店镇白沙洞村牛家宅旁。树高12m，胸围210cm，冠幅8m，树龄300年。

无患子科　Sapindaceae

本科在栾川县有古树名木1属1种，仅1株。

栾树　别名：木兰树、木兰蛋　拉丁名：*Koelreuteria paniculata*

栾川古称鸾川，因鸾水（今伊河）源出于此而得名，后因栾木丛生改为栾川。说明栾树分布之普遍。

落叶乔木，高达20m，树皮灰褐色，细纵裂；小枝稍有棱，无顶芽，皮孔明显，树冠为近似的圆球形，冠幅8~12m，奇数羽状复叶互生，有时部分小叶为不完全的二回羽状复叶，长达40cm，小叶7~15cm，卵形或长卵形，边缘具锯齿或裂片，背面沿脉有短柔毛。春季嫩叶褐红色，秋季变为黄褐色，花小，花瓣黄色，基部有红色斑，在枝顶组成圆锥花序。蒴果，膨大成膀胱状，长卵形，顶端渐尖，边缘有膜质薄翅3片。种子圆球形，黑色。花期5~6月，果期9月。

栾树喜光、稍耐半阴，耐寒，不耐水淹，耐干旱和瘠薄，对环境的适应性强，喜欢生长于石灰质土壤中。深根性，萌蘖力强，生长速度中等，幼树生长较慢，以后渐快，有较强的抗烟尘能力。为优良的行道树。

栾树刚萌发的嫩枝可食，旧时山区群众在栾树萌芽时采摘嫩芽水煮、浸泡脱毒后食用充饥，现为地方特色季节菜。

栾树

编号：豫C5675

坐标：横19562411　纵3759175

栾川县现有栾树古树1棵，位于潭头镇垢峪村孤山小学对面山坡上。树龄300年，树高20m，胸围180cm，冠幅9m。

梧桐科 Sterculiaceae

本科在栾川县有古树名木1属1种，仅1株。

梧桐　拉丁名：*Firmiana simplex*

落叶乔木，高达20m以上；树皮青绿色，平滑。叶心形，掌状3~5裂，直径15~30cm。裂片三角形，顶端渐尖，基部心形，两面均无毛或略被短柔毛，基生脉7条，叶柄与叶片等长。圆锥花序顶生，长20~50cm，下部分枝长达12cm，花淡黄绿色；萼5深裂几至基部，萼片条形，向外卷曲，长7~9mm，外面被淡黄色短柔毛，内面仅在基部被柔毛；花梗与花几等长；雄花的蕊柄与萼等长，下半部较粗，无毛，花药15个不规则地聚集在雌雄蕊柄的顶端，退化子房梨形且甚小；雌花的子房圆球形，被毛。蓇葖果膜质，有柄，成熟前开裂成叶状，长6~11cm，宽1.5~2.5cm，外面被短茸毛或几无毛，每蓇葖果有种子2~4个；种子圆球形，表面有皱纹，直径约7mm。花期6~7月，果熟期9~10月。

梧桐

编号：豫C5738
坐标：横19566652 纵3756750

栾川县分布的梧桐均为人工栽培。现有梧桐古树1株，位于潭头镇仓房村三组。此树高15m，胸围105cm，冠幅8.5m，树龄100年。

杨柳科 Salicaceae

本科在栾川县共有古树名木2属4种，24株，均为散生。其中国家一级1株，二级6株，三级17株。

垂柳　拉丁名：*Salix babylonica*

落叶乔木，高度达10m以上；树冠倒广卵形。小枝细长，枝条非常柔软，细枝下垂，长度有1.5~3m。叶狭披针形至线状披针形，长8~16cm，先端渐尖，边缘有细锯齿，表面绿色，背面蓝灰绿色；叶柄长约1cm。雄花具2雄蕊，2腺体；雌花子房仅腹面具1腺体。花期3~4月；果熟期4~5月。

栾川县现有垂柳古树1株，国家三级。

垂柳

编号：豫C5244

坐标：横19582351 纵3746516

位于合峪镇合峪村3组。树龄110年，树高15m，胸围185cm，冠幅16m。

83

旱柳　拉丁名：*Salix matsudana*

落叶乔木，高可达15m以上。树皮暗灰黑色，纵裂，枝直立或斜展，褐黄绿色，后变褐色，无毛，幼枝有毛；芽褐色，微有毛。叶披针形，长5~10cm，宽1~1.5cm，先端长渐尖，基部窄圆形或楔形，上面绿色，无毛，下面苍白色，幼时有丝状柔毛，叶缘有细锯齿，齿端有腺体，叶柄短，长5~8mm，上面有长柔毛；托叶披针形或无，缘有细腺齿。花序与叶同时开放；雄花序圆柱形，长1.5~2.5cm，稀3cm，粗6~8mm，稍有花序梗，花序轴有长毛；雄蕊2枚，花丝基部有长毛，花药黄色；苞片卵形，黄绿色，先端钝，基部稍被短柔毛，腺体2个。雌花序长达2cm，粗约4~5mm，3~5小叶生于短花序梗上，花序轴有长毛；子房长椭圆形，近于无柄，无毛，无花柱或很短，柱头卵形，近圆裂；苞片同雄花，腺体2个，背生和腹生。果序长达2.5cm。花期4月；果期5月。

木材白色，轻软，供建筑、器具、造纸及火药等用。细枝可编筐篮。为旱春蜜源树种和常见的"四旁"绿化树种。人工栽培广泛。由于其容易萌芽，除扦插繁殖外，常采用插干的方式造林。

栾川县野生旱柳常分布于山谷、溪边，山坡上也有分布。现有旱柳古树21株，其中国家一级1株，二级6株，三级14株，均为散生。

旱柳

编号：豫C2891

坐标：横19584580　纵3742980

位于合峪镇砚台村李建奇家老宅前。胸围达630cm，堪称栾川柳树之王。

银杏科 Ginkgoaceae

本科仅1属1种。在栾川县共有古树名木13株。

银杏 别名：白果树 拉丁名：*Ginkgo biloba*

银杏是第四纪冰川运动后遗留下来的最古老的裸子植物，被当作植物界中的"活化石"。生长较慢，寿命极长，自然条件下银杏从栽种到结果要20多年，40年后才能大量结果，因此别名"公孙树"，有"公种而孙得食"的含义，是树中的老寿星。

银杏身上有许多较为原始的特征，如它的叶脉形式为"二歧状分叉叶脉"，在裸子植物中绝无仅有。银杏为落叶大乔木，胸径可达4m，幼树树皮近平滑，浅灰色，大树之皮灰褐色，不规则纵裂，有长枝与生长缓慢的短枝。叶互生，在长枝上辐射状散生，在短枝上3~5枚成簇生状，有细长的叶柄，扇形，两面淡绿色，在宽阔的顶缘多具波状缺刻或2裂，宽5~8（稀达15）cm，具二歧平行细脉。雌雄异株，稀同株，球花单生于短枝的叶腋；雄球花成柔荑花序，雄蕊多数，各有2花药；雌球花有长梗，梗端常分两叉（稀3~5叉），叉端生1具有盘状珠托的胚珠，常1个胚珠发育成种子。种子核果状，具长梗，下垂，椭圆形、长圆状倒卵形、卵圆形或近球形，长2.5~3.5cm，直径1.5~2cm；假种皮肉质，被白粉，成熟时淡黄色或橙黄色；种皮骨质，白色，常具2（稀3）纵棱；内种皮膜质。

雌雄株区分的主要特征。雄株：主枝与主干间的夹角小；树冠稍瘦，且形成较迟；叶裂刻较深，常超过叶的中部；秋叶变色期较晚，落叶较迟；着生雄花的短枝较长（约1~4cm）。雌株：主枝与主干间的夹角较大；树冠宽大，顶端较平，形成较早；叶裂刻较浅，未达叶的中部；秋叶变色期及脱落期均较早；着生雌花的短枝较短（约1~2cm）。

银杏树高大挺拔，叶似扇形，冠大荫浓，寿命绵长，无病虫害，不污染环境，树干光洁，春夏翠绿，深秋金黄，是理想的园林绿化、行道树种。

银杏果俗称白果，养生延年，在宋代被列为皇家贡品。可做炒食、烤食、煮食、配菜、糕点、蜜饯、罐头、饮料和酒类，但大量进食后可引起中毒。

银杏果仁还有医疗保健作用。《本草纲目》记载："熟食温肺、益气、定喘嗽、缩小便、止白浊；生食降痰、消毒杀虫"。现代科学证明：银杏种仁有抗大肠杆菌、白喉杆菌、葡萄球菌、结核杆菌、链球菌的作用。中医素以银杏种仁治疗支气管哮喘、慢性气管炎、肺结核、白带、淋浊、遗精等疾病。银杏种仁还有祛斑平皱，治疗疮、癣的作用。有祛痰、止咳、润肺、定喘等功效。银杏叶中含有莽草酸、白果双黄酮、异白果双黄酮等，近年来用于治疗高血压及冠心病、心绞痛、脑血管痉挛、血清胆固醇过高等病症都有一定效果。

栾川县现有银杏古树13株，均为散生。其中国家一级5株，二级5株，三级3株。

银杏

编号：豫C3067

坐标：横19562266 纵3736339

　　位于栾川乡寨沟村拐把沟张安家老宅西侧30m处。高达33m，胸围380cm，冠幅15m。种植于明永乐初年，树龄600年。

榆科 Ulmaceae

本科在栾川县共有古树名木3属5种，34株，均为散生。其中国家一级1株，二级8株，三级25株。

小叶朴 　拉丁名：*Celtis bungeana*

落叶乔木，高达20m，树皮灰色或暗灰色；当年生小枝淡棕色，老后色较深，无毛，散生椭圆形皮孔，2年生小枝灰褐色；冬芽棕色或暗棕色，鳞片无毛。叶厚纸质，狭卵形、长圆形、卵状椭圆形至卵形，长3~7（稀达15）cm，宽2~5cm，基部宽楔形至近圆形，稍偏斜至几乎不偏斜，先端尖至渐尖，中部以上疏具不规则浅齿，有时一侧近全缘，无毛，叶柄淡黄色，长5~15mm，上面有沟槽，幼时槽中有短毛，老后脱净；萌发枝上的叶形变异较大，先端可具尾尖且有糙毛。果单生叶腋（在极少情况下，一总梗上可具2果），果柄较细软，无毛，长10~25mm，果成熟时蓝黑色，近球形，直径6~8mm。核近球形，表面大部分近平滑或略具网孔状凹陷，直径4~5mm。花期3~4月，果期10月。

木材白色，纹理直，供家具、农具及建筑等用材，树皮纤维可代麻用。

小叶朴

编号：豫C5272

坐标：横19552927　纵3747846

栾川县现有小叶朴古树1株，位于赤土店镇赤土店村河西组。树高15m，胸围240cm，冠幅11.5m，由基部1m处分生为两大枝直立生长。树龄200年。

青檀 拉丁名：*Pteroceltis tatarinowii*

青檀为我国特有的单种属，分布较广，茎皮、枝皮纤维为制造驰名国内外的书画宣纸的优质原料。

落叶乔木，高可达20m；树皮淡灰色，幼时光滑，老时裂成长片状剥落，剥落后露出灰绿色的内皮，树干常凹凸不圆；小枝栗褐色或灰褐色，细弱，无毛或具柔毛；冬芽卵圆形，红褐色，被毛。单叶互生，纸质，卵形或椭圆状卵形，长3~13cm，宽2~4cm，先端渐尖至尾状渐尖，基部楔形、圆形或截形，稍歪斜，边缘具锐尖单锯齿，近基部全缘，三出脉，侧生的一对近直伸达叶的上部，侧脉在近叶缘处弧曲，上面幼时被短硬毛，后脱落常残留小圆点，光滑或稍粗糙，下面在脉上有稀疏的或较密的短柔毛，脉腋有簇毛，或全部有毛；叶柄长5~15mm。花单性，雌雄同株，生于当年生枝叶腋；雄花簇生下部，花被片5个，雄蕊与花被片同数对生，花药顶端有毛；雌花单生上部叶腋，花被片4个，披针形，子房侧向压扁，花柱2个。小坚果两侧具翅，翅稍带木质，近圆形或近方形，宽1~1.7cm，两端内凹，果柄纤细，稍长于叶柄，被短柔毛。花期4月，果期7~8月。

青檀常生于山麓、林缘、沟谷、河滩、溪旁及峭壁石隙等处，成小片纯林或与其他树种混生。适应性较强，喜钙，喜生于石灰岩山地，也能在花岗岩、砂岩地区生长。较耐干旱瘠薄，根系发达，常在岩石隙缝间盘旋伸展。生长速度中等，萌蘖性强，寿命长。

青檀在栾川县多为零星分布，现有古树1株，位于秋扒乡小河村纸房的韩长沟口，树龄200年。树高13m，胸围160cm，冠幅8m。

兴山榆 别名：抱榆 拉丁名：*Ulmus bergmanniana*

落叶乔木。树皮暗灰色浅裂成鳞片状剥落。小枝灰褐色，无毛。叶椭圆形、长圆状椭圆形、长椭圆形、倒卵状矩圆形或卵形，长6~16cm，宽2.5~5cm，先端渐尖或尾状渐尖，尖头边缘有明显的锯齿，基部稍偏斜，圆形、心形、耳形或楔形；上面幼时密生硬毛，后脱落无毛，有时沿主脉凹陷处有毛，平滑或微粗糙；下面除脉腋有簇生毛外，余处无毛，平滑；侧脉每边17~26条，边缘具重锯齿；叶柄长3~13mm，无毛或几无毛。花白花芽抽出，在上一年生枝上排成簇状聚伞花序，稀出自混合芽而密集于当年生枝基部。翅果宽倒卵形、倒卵状圆形、近圆形或长圆状圆形，长1.2~1.8cm，宽1~1.6cm，除先端缺口柱头面有毛外，余处无毛，果核部分位于翅果的中部或稍偏下，宿存花被钟形，稀下部渐窄成长管状，无毛，上端4~5浅裂，裂片边缘有毛；果梗较花被为短，稀近等长，多被毛，或下部具极短之毛，上部无毛或几无毛。花期3~4月，果熟期5月。

树皮纤维含胶质，可作造纸及人造棉的原料。木材坚硬，棕褐色，旧时多用于制造车轴或农具等。果可食，种子可榨油。

在栾川县一般分布于海拔1500m以下的山坡或山谷杂林中。现有古树16株，其中国家一级1株，二级7株，三级8株。

榆树　拉丁名：*Ulmus pumila*

落叶乔木，高可达25m；树皮深灰色，粗糙，纵裂；小枝柔软，有短柔毛或近无毛。叶椭圆状卵形或椭圆状披针形，长2~8cm，宽1.5~2.5cm，先端尖或渐尖，基部楔形或圆形，近对称，边缘常有单锯齿，表面暗绿色，无毛，背面光滑或幼时有短毛；叶柄长2~8mm。花早春先叶开放。翅果倒卵形或近圆形，长1~1.5cm，光滑，顶端凹陷，有缺口；种子位于中部，花期3~4月，果熟期5月。

其树皮含纤维多，拉力强，可代麻制作绳索、麻袋等，又含黏性，可作造纸糊料。果、树皮和叶药用，能安神、利尿，可治神经衰弱、失眠及浮肿等症。叶可作农药，治棉蚜。种子含油18.1%，供食用或制肥皂。嫩叶与果可食用或作饲料。木材坚硬、有韧性，可供建筑、车辆、农具等用。

榆树为栾川县常见树种，分布广泛，多有人工栽植。对于山区人来说，20世纪60年代的三年困难时期，榆树留给了人们难忘的记忆。由于粮食极度匮乏，人们为了充饥吃光了野菜，就用可食用的树皮充饥。他们把榆树皮剥下来切碎、磨成面粉，做成榆皮馍吃，于是榆树就成了救命树。据说榆皮馍与大蒜相克，如果吃时蘸了蒜汁体积会成倍膨胀，会胀死人的。

榆树的翅果称榆钱，作蒸菜味道鲜美，为人们喜爱的春季野菜。

榆树广泛分布于栾川县各地，现有古树14株，均为国家三级，散生。

芸香科 Rutaceae

本科在栾川县有古树名木1属1种，仅1株。

湖北臭檀　别名：黑蜡子　拉丁名：*Celtis bungeana*

落叶乔木。树皮灰色，平滑；小枝暗紫褐色，幼时有柔毛，后脱落，密生椭圆形的点状皮孔。奇数羽状复叶，小叶5~7（稀9），近革质，卵形至椭圆状卵形，长6~14cm，宽2.6~6.5cm，先端渐尖，基部圆形或宽楔形，全缘，或边缘具不明显的钝锯齿，上面光绿色，下面淡绿色，沿主脉及脉腋有长柔毛，小叶柄极短或几无柄，被毛。顶生伞房花序，宽可达8cm以上，较疏散，花序轴及花梗密生褐色柔毛。果多由4果瓣组成；果瓣尖长1~1.5mm，短喙状。花期6月，果期8~9月。

木材可供家具、农具、器具用；种子榨油，用于油漆工业，与油桐功用近似。

湖北臭檀

编号：豫C2906

坐标：横19555051 纵3737272

在栾川县，湖北臭檀主要分布在海拔1000m以下的山沟、溪旁、林缘及疏林中。现有古树1株，位于城关镇上河南居委会城寺沟。树龄150年，树高6m，胸围100cm，冠幅7.5m。

河南栾川

HENAN LUANCHUAN
GUSHU MINGMU

古树名木

第三章　乡域树韵

城关镇

城关镇是栾川县的政治、经济、文化、金融、信息中心，是栾川县委、县政府驻地，总面积8.4km²，辖5个居委会、3个行政村、63个居民组，常驻人口1.4万余人，城区人口7万余人。

2011年全镇财政收入完成7731万元，城镇居民人均可支配收入达到16638元，综合经济实力位列洛阳市第9位，进入河南省百强。该镇先后荣获"全国三个代表重要思想学习教育活动先进集体"、"全国婚育新风进万家活动先进乡镇"、"全国卫生乡镇"、"全国商业名镇"、"中国最具发展优势乡镇"、"全国环境优美乡镇"、"全国创建文明村镇先进单位"、"全国百佳先进基层党组织"、"河南百强乡镇"、"市级文明单位"、"洛阳市十强乡镇"等数十项殊荣。

伊河从县城穿城而过，在南北两岸的山坡上，建有山城森林公园，包括龙泉山、二龙山、画眉山、伊尹公园等部分，公园内四季常绿、三季有花、两季有果，风景优美，设施完备，夜晚更是灯光斑斓，犹如繁星满天，把山城妆扮得分外美丽。这是全省第一个环县城森林公园，免费供市民休闲、健身、娱乐。

全镇林地面积1935hm²，其中有林地面积1843hm²，疏林地33hm²，森林覆盖率75.99%，活立木蓄积量6.8万m³。共有古树名木8株，其中散生古树5株，古树群3株；二级古树6株，三级古树2株。

怪石丛中三冬青　编号：豫C5227　坐标：横19557824　纵3740252

中文名：冬青　　　拉丁名：*Ilex chinensis*

科属：冬青科（Aquifoliaceae）冬青属（*Ilex*）

　　城关镇东河卫家门后坡，距山脚20m处，一片怪石林立的陡峭山坡上，生长着3棵冬青树。3株树相距5~6m，平均高8m，胸围170cm左右。它们树形非常相似，都是在主干3m左右分叉成两枝，一枝直立，一枝斜伸。其中西侧上下的两棵斜枝向西伸，东侧的一棵斜枝向东伸。3棵冬青树冠连在一起，夏天遮天蔽日，冬天在满目荒凉的山坡上一大片青枝绿叶，独占景色。

　　据考证，早在康熙末年，此树已生，今树龄已300年。

田家沟国槐 编号：豫C2905 坐标：横19557071 纵3737473

中文名：国槐 拉丁名：*Sophora japonica*
科属：豆科（Leguminosae）槐属（*Sophora*）

位于城关镇田家沟，树龄200年。树高7m，胸围215cm，冠幅8.5m，树势较差。

纺车沟栓皮栎　　编号：豫C0989　　坐标：横19557434　纵3740554

中文名：栓皮栎　　　　拉丁名：*Quercus variabilis*

科属：壳斗科（Fagaceae）栎属（*Quercus*）

位于城关镇陈家门村纺车沟。树龄400年，树高25m，胸围370cm，冠幅25m，树势旺盛。

纺车沟槲栎 编号：豫C2904 坐标：横19556179 纵3737235

中文名：槲栎 拉丁名：*Quercus aliena*

科属：壳斗科（Fagaceae）栎属（*Quercus*）

位于城关镇君山路碾盘沟。树龄350年，树高17m，胸围240cm，冠幅12m，树木长势一般。

栾川乡

栾川乡地处栾川县城东西两侧，总面积122.3km²，辖15个行政村，33000余人，2/3的行政村被列入县城规划区。县城建设的日新月异，使栾川乡正逐步成为栾川县新的政治、经济、文化、教育、商贸中心。

栾川乡乡域历史久远，已发现有七里坪东岭旧石器遗址和仰韶文化遗址等。《水经注》载"世人谓伊水为鸾水，故斯川为鸾川也"。后因栾木丛生，改"鸾川"为"栾川"，元人修《宋史》始写栾川。1984年8月与城关镇分设，始称栾川乡。乡境内风景秀丽，气候宜人，拥有5A级景区北国第一洞鸡冠洞、道教圣地老君山，以及全国最佳休闲度假胜地、4A级景区养子沟，已初步形成了以老君山为代表的山水游，以鸡冠洞为代表的溶洞游，以养子沟为代表的农家游组成的旅游景区景观群。洛栾高速、洛栾快速通道、县城南北环线、滨河路、城东路网等构成纵横交织、方便快捷的交通网络，是一处极好的旅游度假休闲胜地。

栾川乡区位优越。县城东扩给乡域发展商贸、房地产、金融、保险等第三产业提供了广阔空间；县城建设的持续推进，使一大批科技、教育、文化、卫生、交通等重点项目落户；城乡一体化建设又使大量外来人口涌入，形成的人流和日趋完善的城市功能给飞速发展的乡域经济插上了腾飞的翅膀。现已初步形成了以工矿采选、服装加工、旅游商贸、交通运输、房地产开发为主的产业格局，经济社会呈现出协调发展的良好态势。先后获得"洛阳市新农村建设先进乡镇"、"新型社区建设先进乡镇"，并获得全国"特色景观旅游名镇"和全省"生态示范乡镇"等荣誉称号。

位于栾川乡南部的道教圣地老君山是伏牛山的主峰、国家级自然保护区、国家5A级风景区。相传东周哲学家老子在函谷关著《道德经》之后归隐这里修道养生，因而被称为老子归隐之地。从北魏开始，已在山顶建庙祭奠。唐太宗李世民曾派人重修庙宇，建成灵官殿、淋醋殿等庙宇群落。明万历帝体弱多病，为保长寿而虔诚道教，封老君山为天下名山，至此老君山名扬天下。数千年来，成为河南、陕西、山西、湖北四省游客朝拜的中心，同时也留下了无数以老子炼丹养生济世救民为中心的神话传说故事，赋予老君山深厚的文化底蕴。明代诗人高出有"峭倚中天蠹，高临五岳尊，巍巍莫秦楚，渺渺接昆仑"的诗句流传。景区内的追梦谷潭瀑相连，有大小瀑布近百个，碧水绿潭无数，形成了仙幻般的北方山水奇观，最大的瀑布落差152m，

舞蝶而下，蔚为壮观。

位于栾川乡西3km双堂村的鸡冠洞是国家5A级景区。景区内山青、水秀、石奇、洞幽。鸡冠洞洞深5600m，上下分5层，落差138m，目前已开发洞长1800m，观赏面积23000m²，共分八大景区。洞内峰回路转，曲径通幽，景观布局疏密有致，钟乳石、石笋、石柱、石蔓、石瀑、石花、石盾、石钟等形态各异，姿态万千。洞中一年四季恒温18℃，严冬季节洞内热浪扑面、暖意融融，盛夏酷热洞中寒气侵袭、凉爽宜人。原新华社社长穆青为鸡冠洞题名"北国第一洞"，中国地质学会洞穴研究会会长朱学稳教授为鸡冠洞作出了"景观壮丽，堪称北国第一洞府；成因独特，正是国内首家龙宫"的权威性评语。2005年11月，占地面积101亩的鸡冠洞高山牡丹园在景区落成，该园共栽植了'魏紫'、'姚黄'、'二乔'、'洛阳红'等18类、180个品种、4.6万株牡丹，成为洛阳牡丹花会的又一亮点。

被誉为河南最美地方的养子沟景区，是伏牛山世界地质公园的组成部分，国家4A级景区。因唐贞观年间巾帼名将樊梨花在此安营扎寨、养子教子而得名。景区景观独特，具有极高的观赏和科研价值。景区内拥有家庭宾馆129家，床位7000余张，家庭宾馆统一按照田园风光化管理，保持淳朴民俗、质朴民风，在这里"吃农家饭、住农家屋、学农家活、享农家乐"，形成了以山水景观、历史文化、生态观光、娱乐休闲为一体的综合性生态旅游区。

全乡林地面积10795hm²，其中有林地9582hm²，其中疏林地346hm²，灌木林地368hm²，未成林造林地86hm²，宜林地380hm²，活立木总蓄积65.5万m³。森林覆盖率达76.27%。

栾川乡共有古树名木32株。其中一级2株，二级5株，三级25株。

井庄古柏　编号：豫C5382　坐标：横19554511　纵3740898

中文名：柏木　　　拉丁名：*Cupressus funebris*

科属：柏科（Cupressaceae）柏木属（*Cupressus*）

　　栾川乡双堂村5组井庄村内张广峰家房子的东侧，有一口水井，井旁紧临村中小路，生长着一株柏木，树龄120年。此树主干向东倾斜，胸围110cm，树高12m。

　　据考证，这口井几百年来一直是井庄全村人唯一的生活水源。约光绪十五年（公元1889年）前后，村中一位名叫张荣奇的村民，在井旁栽下了这棵柏树。由于男人们要干重体力活，从井中打水都由妇女们干。在那个年代，女人都是缠足后的小脚，力气小，提着一桶水下井台很吃力，所以都用手扶着这棵柏树下井台，久而久之，就把柏树弄得向东侧倾斜了，长成了现在这个样子。

石笼沟白皮松　编号：豫C3063　坐标：横19553264　纵3739120

中文名：白皮松　　　　拉丁名：*Pinus bungeana*
科属：松科（Pinaceae）松属（*Pinus*）

　　栾川乡双堂村石笼沟19组关更太家房后，有一株树龄达230余年的白皮松。相传，乾隆四十五年（公元1780年）间，一位姓关的村民因见白皮松树皮非常美丽，便上山挖回一株幼树栽于宅旁。

　　这棵白皮松高18m，胸围104cm，冠幅12m，树冠呈近圆形，远看树干伟岸挺拔，近观灰白色的树干上点缀着片片鱼鳞斑块，极为美丽。在历代村民的精心呵护下，虽历经230年风雨沧桑，仍茂盛健壮，成为当地一景。

罗庄栓皮栎 编号：豫C5386 坐标：横19557828 纵3736942

中文名：栓皮栎　　拉丁名：*Quercus variabilis*
科属：壳斗科（Fagaceae）栎属（*Quercus*）

在20世纪50年代末期，栾川县的森林资源遭到了一次灭绝性的洗劫。因"大跃进"大炼钢铁的需要，漫山遍野的原始森林在较短的时间内被砍伐一空，秀美的栾川到处变成了荒山，生态环境恶化的后果影响了数十年。在那场浩劫中，仅有少量的树木因各种原因幸存了下来，这其中，不乏因"有神仙居住"而幸免于难的古树。栾川乡罗庄村9组邢来泉家就有这样一棵栓皮栎。

这株树龄已150年的栓皮栎位于罗庄村小南沟邢来泉家的老宅房后。据邢来泉回忆，这棵树因年代久远，当地人一直坚信树上居住有各路神仙，大家奉若神明，有事就向它奉香以求保佑。当年大炼钢铁时，上边组织大量人员来砍树，邢来泉的奶奶出来说话了。她说，只要你们不怕遭报应，谁愿砍谁就砍吧。听了这话，谁也不敢去动这棵树。就这样，这株树终于躲过了一劫。

如今，这株栓皮栎枝叶仍十分茂盛。它胸围240cm，高达30m，冠幅20m。更为壮观的是，它有几条粗大的树根裸露在地面上，长达数米，根皮形如树皮，与树干连为一体，好似树干向地面水平方向的延伸，构成了一幅美丽的图画。

朝阳木瓜　编号：豫C3073　坐标：横19560228　纵3741091

中文名：木瓜　　　拉丁名：*Chaenomeles sinensis*

科属：蔷薇科（Rosaceae）木瓜属（*Chaenomeles*）

　　爱绿护树是栾川纯朴民风的重要组成部分。一位名叫常伟的农民出于对树木的挚爱，自觉阻止了一起小孩玩火焚烧树木的事件。他没想到的是，20年后，被他救下的这棵树成了政府挂牌保护的古树。

　　这棵树龄为200年的木瓜，位于栾川乡朝阳村1组常家沟口。据常伟回忆，1992年冬天的一天，他正在这棵树的沟对面30m处盖一间平房，准备开个小商店。临近中午时分，突然发现对面的木瓜树下冒起了浓烟。仔细一看，两个十几岁的小孩子在树下点燃了一堆秸秆，正在边烤火边玩耍，燃烧的火焰直接烧到了树干上。常伟立即喝斥几个小孩灭火，自己同时也掂起水桶向火跑去。很快，火被扑灭了，但这棵木瓜树的基部被烧了个疤，后来逐渐形成了一个近1m长的空洞。

　　从那以后，常伟自觉当起了这棵树的义务护工。只要发现树下堆放有秸秆等杂物，都立即动手清理掉。他说，树被烧了个洞已经够让人心疼了，不能再让它受罪。

百炉三核桃　编号：豫C5390 / 豫C5391 / 豫C5392　坐标：横19559884 纵3742005

中文名：核桃　　　拉丁名：*Juglans regia*

科属：胡桃科（Juglandaceae）胡桃属（*Juglans*）

豫C5391

　　栾川乡百炉村三组有个小自然村，村中的姜氏兄弟各有一棵核桃树，这是祖上在110年前栽下的，传承数代后，如今分属兄弟二人所有。

　　这两棵树相距20m，树形完全不同：一棵树高达25m，胸围210cm，高大挺拔；一株树高仅14m，胸围235cm，枝下高不足2m，但它的4个粗大侧枝向两侧各延伸十多米，形成了独具特色的冠形，且给上树采摘核桃创造了很大方便。两棵树仍在盛果期，成为兄弟二人的摇钱树。

　　在距姜家核桃树40m的村边，紧临河道还有一棵树龄达200年的核桃树。这棵树树形优美，一条侧枝长长地伸向河边，树上到处是曲折有致的"关节"，显示出它饱经风霜，又使它酷似天然的盆景。每到吃饭时、闲暇时，村中人们或手端饭碗，或空手聚于树下，或坐于树下的石碾上，或坐于旁边的石头上，天南海北、边吃边聊。上至国家大事，下到趣闻轶事无所不及，传承着这种千年流传下来的民风。

　　古人栽下的这三棵树，不仅让后代人享受着金钱上的恩惠，更让人体会到了"前人栽树、后人乘凉"的道理。

豫C5392

豫C5390

画眉山青檀　编号：豫C3077　坐标：横19558901　纵3740511

中文名：匙叶栎（别名：青檀、青檀子）　　　拉丁名：*Quercus spathulata*

科属：壳斗科（Fagaceae）栎属（*Quercus*）

　　山城栾川伊河北岸，秀美的画眉山与伏牛三鼎遥相呼应，历来被认为是栾川的风水宝地。传说画眉山因山上鸟语花香、尤以画眉聚集而得名。而画眉的老巢，就是山顶的那棵青檀子树。

　　这是栾川县唯一的一株匙叶栎古树，当地又称其为青檀子。它高8m，胸围200cm，冠幅10m，身姿并不伟岸。但由于它生长在山顶，在直线距离2km外的县城看起来十分醒目，显得鹤立鸡群。登到山顶，在古朴的青檀子树下俯视今日栾川，现代化的山城一览无余，尽收眼底。

寨沟银杏　编号：豫C3067　坐标：横19562266　纵3736339

中文名：银杏　　拉丁名：*Ginkgo biloba*

科属：银杏科（Ginkgoaceae）银杏属（*Ginkgo*）

　　栾川乡寨沟村1组拐把沟张安家老宅西侧30m处，一条狭窄的小山沟中，一株高达33m、胸围380cm的银杏树深藏于深山老林之中。虽然因地形所限它的冠幅只有15m，但高大的雄姿足以使它傲视山林。

　　据传，明永乐初年间，迁居寨沟的人初见此银杏的幼树，推算其年龄为600年。但拐把沟有人居住是在清嘉庆年间，张姓和刘姓始到此居住。在土改"四固定"时，因无法确定此树的权属，他们在树的正中间立一界石，从此这棵树归张、刘二姓共有。目前，共有两姓16户对其共享所有权。前些年刘家曾有人向他人联系出卖此树，但买家因树的权利人太多而未购买。

　　这棵树的主干高3m，有两条大枝。1953年树干基部的树皮曾因一场洪水被石块砸破近一半，但目前已无痕迹，枝叶繁茂，树势旺盛。因附近少有雄银杏树，让它大量结果需到外面采花粉进行人工授粉。经过人工授粉后，可年产白果150kg左右，市场价格好时可卖3000元。与市场上的白果相比，这棵树所产白果没有苦味而香味更浓，因而很受欢迎，多有人上门购买。

　　由于此树位于著名的寨沟风景区内，距沟外的公路虽有1km需要步行，每天仍有不少游人慕名前来参观。

双堂柿树 编号：豫C3061 坐标：横19552753 纵3739126

中文名：柿树　　拉丁名：*Diospyros kaki*

科属：柿树科（Ebenaceae）柿树属（*Diospyros*）

　　位于栾川乡双堂村20组胡国祥房后。树龄200年，树高12m，胸围230cm，冠幅11m。树势旺盛，产量稳定。

双堂柿树　编号：豫C5384　坐标：横19551736　纵3745042

中文名：柿树　　　拉丁名：*Diospyros kaki*

科属：柿树科（Ebenaceae）柿树属（*Diospyros*）

位于栾川乡双堂村6组的一处杂木林内。树龄120年，树高18m，胸围145cm，冠幅10m。

罗庄皂荚　编号：豫C3066　坐标：横19558523 纵3738734

中文名：皂荚　　　拉丁名：*Gleditsia sinensis*
科属：豆科（Leguminosae）皂荚属（*Gleditsia*）

　　位于栾川乡罗庄村小南沟邢之见家门前。树龄350年，高18m，胸围215cm，冠幅15m。此树冠阔荫浓，不仅是邢宅的风水树，也是村里人们休闲纳凉的聚集地。

后坪橿子栎 编号：豫C3065 坐标：横19553961 纵3742110

中文名：橿子栎　　　拉丁名：*Quercus baronii*
科属：壳斗科（Fagaceae）栎属（*Quercus*）

　　位于栾川乡后坪村1组余松旺家对面30m的山坡上，生长地为一陡峭的石壁，立地条件差。树高15m，胸围170m，冠幅14.5m，树龄200年。所结橡子可直接滚落到余家的院边。余家的房子是一个小山沟口的一处独宅，宅旁还有数株柿树，每到秋天，余家人在家门口就可捡拾橡子、采摘鲜红的柿子，过着恬静的山村田园生活。

双堂皂荚 编号：豫C3064 坐标：横19551686 纵3740610

中文名：皂荚 拉丁名：*Gleditsia sinensis*

科属：豆科（Leguminosae）皂荚属（*Gleditsia*）

位于栾川乡双堂村6组王岳门前。树龄200年，高17m，胸围190cm，冠幅13m。

双堂旱柳　编号：豫C5385　坐标：横19552181　纵3743596

中文名：旱柳　　　拉丁名：*Salix matsudana*

科属：杨柳科（Salicaceae）柳属（*Salix*）

位于栾川乡双堂村5组黑小沟的河道内。树龄110年，高15m，胸围270cm，冠幅15m。多条大枝折断，一梢干枯，树干上新萌发大量幼枝，几乎将干遮住。

罗庄核桃　编号：豫C5387　坐标：横19557628 纵3737142

中文名：核桃　　　拉丁名：*Juglans regia*

科属：胡桃科（Juglandaceae）胡桃属（*Juglans*）

位于罗庄村9组上坪小区后沟。树龄200年，高17m，胸围230cm，冠幅18m。树干基部有空洞，树势较弱，核桃产量较低。

七里坪皂荚　编号：豫C5389　坐标：横19559744 纵3739194

中文名：皂荚　　拉丁名：*Gleditsia sinensis*

科属：豆科（Leguminosae）皂荚属（*Gleditsia*）

位于栾川乡七里坪村18组、距县城方皮路100余米的一个小山洼。树龄110年，高15m，胸围160cm，冠幅11m。周围为耕地，立地条件好，树势旺盛。

赤土店镇

赤土店镇位于栾川县城以北，距县城9km。1970年建赤土店人民公社，1984年改社为乡，1999年10月撤乡建镇。东与庙子镇接壤，西连石庙镇山界，南与城关镇毗邻，北与秋扒、狮子庙为依，东西宽14km，南北长17km，境内地貌丰富，地形复杂，峰峦叠嶂，逶迤连绵，山高谷险。熊耳山、鹅羽岭两山交错构成17km长的一条北沟，东西北三面群山环抱，中穿河流像一条银带，素有"三十里沟半里宽，山高沟窄一线天"之称。全镇辖10个行政村，101个居民组，总户数3604户，人口13362人，总面积152km²。

近年来，赤土店镇经济发展迅猛，先后荣获全省"经济社会发展百强乡镇"，"省级五个好基层党组织"、"十佳名镇"；市级"文明乡镇"、"园林绿化先进单位"、"小城镇经营管理先进乡镇"、"计划生育先进乡镇"、"平安建设先进乡镇"等40余项省、市、县级荣誉。

全镇林地面积13373hm²，其中有林地13279hm²，疏林地68hm²，灌木林地17hm²，未成林造林地9hm²，活立木总蓄积69.8万m³，森林覆盖率87.83%。该镇盛产核桃，皮薄、个大、瓤绵、出仁率高，为全县核桃主产区之一。

全镇共有古树名木2301株。其中一级6株，二级56株（其中古树群1个47株），三级2239株（其中古树群3个2187株）。

夫妻银杏　编号：豫C5278 / 豫C5279　坐标：横19550683　纵3747853

中文名：银杏　　　拉丁名：*Ginkgo biloba*

科属：银杏科（Ginkgoaceae）银杏属（*Ginkgo*）

　　银杏为雌雄异株植物。由于过去人工栽培较少，多为单独的一棵，很少见到雌雄两株同时出现在一个地方。而在赤土店镇郭店村正沟组，罕见地发现了并立生长的两棵银杏。它们不仅是夫妻，而且身旁还站着一个孩子呢。

　　正沟组南沟有两间小土房，系过去生产队的旧仓库，该仓库现为一五保老人居住。在房子旁，生长着两株树龄已达300年的古银杏树，两树之间的距离不足30cm，看上去紧紧挨在一起。左边的为雄株，右边的为雌株，酷似一对恩爱的老夫妻。两株树冠合在一起，高20m，胸围雄株227cm，雌株210cm，冠幅8m，可谓举案齐眉、比翼齐飞。更为奇特的是，在雄株的左侧，还生长着一株小银杏，胸围52cm，因未进入生殖期，尚无法准确认定它的性别。

　　这两株银杏目前枝叶繁茂，每年都会结出果实，因当地人们对古树的敬畏，无人直接从树上采摘，只是等待果实老熟落地后前来捡拾一些食用。

南方红豆杉　编号：豫C5263 / 豫C5262　坐标：横19551956 纵3755700　横19554094 纵3751275

中文名：南方红豆杉　　　　拉丁名：*Taxus chinensis* var. *mairei*
科属：红豆杉科（Taxaceae）红豆杉属（*Taxus*）

　　2010年，人们在狮子庙镇长庄村发现了一个南方红豆杉群落，虽遭到不法分子的严重破坏，但也证明了栾川特殊的小地形具备南方红豆杉成片生存的条件，随后在秋扒、潭头、陶湾等乡镇又陆续发现了南方红豆杉植株或群落。2011年12月，林业技术人员在赤土店镇公主坪村没粮店新发现了8株南方红豆杉，其中最大的一株树高8m，胸围90cm，树龄达250年。可惜的是，这棵树的部分枝条已被不法分子盗采，损坏严重。林业部门已立即采取了保护措施。

　　而在赤土店镇郭店村郭沟幢顶海拔1400m处的刘红家老宅，2012年9月又新发现了一株南方红豆杉，树高10m，胸围195cm，冠幅6m，树龄600年，是迄今为止栾川县发现的最大一株南方红豆杉。每到秋天，这棵树的许多枝条上都会挂满了红豆，显得非常美丽壮观。南方红豆杉的不断发现使我们有理由相信，栾川县有大量适宜南方红豆杉生长的小环境，在该树种资源的发现与保护方面，或许今后会有更多的惊喜。

路中皂荚　编号：豫C5274　坐标：横195453046 纵3747666

中文名：皂荚　　　拉丁名：*Gleditsia sinensis*
科属：豆科（Leguminosae）皂荚属（*Gleditsia*）

　　在赤土店镇赤土店村河西组，有一棵树龄250年的古皂荚树，矗立在村中一个丁字路口的正中央，将本就不宽阔的道路分成两半。虽然道路已用水泥硬化，但这棵树还是给过往车辆带来了很大的不便。

　　这棵皂荚树高16m，胸围168cm，冠幅15.5m，是这个村子的地标。2010年，村里要搞户户通工程，把道路硬化，必须从这棵树通过。怎么处理这棵古树呢？组长召集村民开会商量。出人意料的是，全组群众没有一个人同意砍树或者移栽，大家说，咱们祖祖辈辈在树上摘皂荚、在树下纳凉，怎能在咱这代人手上把树弄没了呢？宁肯路让树，不能树让路。可是，这条路又没法改道，于是便形成了路中皂荚的景观。

古树逢春　编号：豫C5249　坐标：横19546451　纵3752277

中文名：核桃　　　拉丁名：*Juglans regia*
科属：胡桃科（Juglandaceae）胡桃属（*Juglans*）

　　赤土店镇刘竹村箭沟组王龙家门前，有一株树龄650年的核桃树。该树高15m，胸围456cm，平均冠幅12.3m。整个树身向西侧倾斜，树干从树基部开始向上有一个长达5.5m高的空洞，洞的胸围260cm，足以容纳3个成年人。洞高3.8m处有一宽25cm的树皮将树干连接，上部的1.7m空洞随树干继续倾斜变平，成一天井，站在树洞中向上观看，可体会到"坐井观天"的奇妙意境。

　　生于1930年的王秀才老人讲述了这棵核桃树的来历。明朝洪武年间，朝廷实施大移民战略，王氏祖人由山西洪洞迁到此地居住。在开荒地时，将这棵核桃树保留了下来，至今树权一直未变，由王氏后人世代继承。70年前，树干开始遭受虫害，先是见到马蜂在树上叮咬做窝，后干内逐渐腐朽、脱落。20多年前，有小孩子玩火时将腐朽的部分点燃，加速了腐朽树干的脱落，形成了如今的空洞。

　　由于树干髓心腐朽，树势曾一度非常衰弱。但15年前，这棵古树又焕发了新的生机：树上开始萌发新芽，现在已长出了七八枝粗约20cm的侧枝，上部的3个老主枝也日渐繁茂，每年能采收100来斤的核桃呢。

百年路标　编号：豫C5280　坐标：横19550688 纵3747844

中文名：橿子栎　　　拉丁名：*Quercus baronii*

科属：壳斗科（Fagaceae）栎属（*Quercus*）

　　在赤土店镇白沙洞村庙根组的一个名叫石嘴上的山头，生长着一棵350年高龄的橿子树。此树树高虽仅7m，胸围也只有150cm，但因生长的位置突出，在附近数公里的山头都能看到它，十分显眼。

　　过去，由于山区没有公路，人们出行全靠步行。白沙洞这个地方是秋扒、潭头、狮子庙等乡镇到栾川一带的交通要道，过往人员很多，但山路崎岖、岔道多，生人容易迷路。由于这棵橿子树在很远的山路上都能看到，人们在告诉别人道路时，会说见橿子树往哪条路上拐，再走多远等等。天长日久，它就成了一个著名的路标，为一代又一代人指引着道路。

地名橿子树　编号：豫C5264　坐标：横19561137 纵3753675

中文名：橿子栎　　　拉丁名：*Quercus baronii*
科属：壳斗科（Fagaceae）栎属（*Quercus*）

　　赤土店镇公主坪村没粮店组宋张记的老宅那个地方叫"橿子树"。这个地名是缘于坡根生长的一棵橿子栎，此树高10m，胸围300cm，树冠占地1亩，树龄已达500年，树形优美，长势旺盛。

竹园白皮松　　编号：豫C5287　　坐标：横19555968 纵3744075

中文名：白皮松　　　拉丁名：*Pinus bungeana*

科属：松科（Pinaceae）松属（*Pinus*）

　　赤土店镇竹园村河北组有3棵白皮松，棵棵挺拔，为山村平添几分景色。

　　编号为豫C5287的白皮松位于赤土店镇竹园村河北组金新油厂的石堰边。树龄150年，树高8m，胸围70cm，冠幅5.5m。

竹园白皮松　编号：豫C5289　坐标：横19556024 纵3744029

中文名：白皮松　　　　拉丁名：*Pinus bungeana*

科属：松科（Pinaceae）松属（*Pinus*）

位于赤土店镇竹园村河北组金家后坡。树龄150年，树高8m，胸围93cm，冠幅6m。

花园秋子梨　编号：豫C5256　坐标：横19551755 纵3755927

中文名：秋子梨（别名：沙梨）　　　拉丁名：*Pyrus ussuriensis*

科属：蔷薇科（Rosaceae）梨属（*Pyrus*）

位于赤土店镇花园村西中组。树龄250年，树高12m，胸围220cm，冠幅9.5m。

花园秋子梨　编号：豫C5257　坐标：横19551745　纵3755967

中文名：秋子梨（别名：沙梨）　　　拉丁名：*Pyrus ussuriensis*

科属：蔷薇科（Rosaceae）梨属（*Pyrus*）

位于赤土店镇花园村西中组董家地边。树龄250年，树高15m，胸围222cm，冠幅10m。

花园椋子树　　编号：豫C2795　　坐标：横19552481　纵3755714

中文名：毛梾木（别名：椋子树）　　　　拉丁名：*Swida walteri*

科属：山茱萸科（Cornaceae）梾木属（*Swida*）

位于赤土店镇花园村梨树嘴。树龄250年，树高18m，胸围200cm，冠幅7m。

庙子镇

庙子镇位于栾川县城东部洛栾快速通道和311国道交汇处，距县城14km。东临合峪镇，西接栾川乡，南靠西峡县，北通潭头镇。1948年建镇，1958年成立公社，1984年建乡，2009年底建镇至今。全镇辖29个行政村，205个村民小组，8476户，30325人，总面积396km²。其中，耕地面积24950亩，山坡面积45万亩，是一个农林大镇。伊河从西北部穿境而过，过境长度30km，另有红洛河、东沟河、通伊河三大支流，流域面积大，水量丰沛。

庙子镇号称"天然药库"，共有野生中药材资源300多种，年收购量90多万干克。共有山茱萸60万株，漆树11万株，连翘3万亩，柴胡1650亩，二花2100亩，药用菌100万穴。该镇是栾川县最大的食用菌基地之一，种植有木耳、猴头、平菇、香菇、蛹虫草等品种，年种植量达500多万袋，产量达50000余吨。

庙子镇交通便利，四通八达，洛栾高速、洛栾快速通道、311国道在此交会，系栾川县的交通枢纽之一。每年分春秋两次物资交流大会，交易额达500多万元以上。镇政府所在地楼房林立，街道宽畅，彩化美观，绿化宜人，被命名为"名星乡镇"，是栾川

大旅游的窗口之一。境内有4A级景区、国家森林公园龙峪湾，有通天峡、白马潭、龙潭沟3个风景旅游区，家庭宾馆150余家，床位1700张。沿4A景区龙峪湾、白马潭、通天峡一线建成了百亩特色林果观光园，建成了集休闲、餐饮、购物参观为一体的旅游专业市场——豫西特产博览中心，每年接待数十万人次旅游观光购物。特色小吃为庙子牛肉，主要有陈家和徐家两个餐馆，自宰自加工，以炒牛肉、烩牛肉为主，在栾川县久负盛名。

庙子镇是林果大镇。林地面积26888hm²，其中有林地25533hm²，疏林地17hm²，灌木林地624hm²，未成林造林地476hm²，宜林地228hm²，活立木总蓄积144.6万m³，森林覆盖率81.59%。全镇拥有板栗80万株，核桃21万株，寿桃、沙梨等2600亩，林果收入占农民总收入的40%左右。

该镇共有古树名木74株。其中一级10株，二级13株，三级51株。

跳八里栓皮栎　　编号：豫C0965　　坐标：横19569176 纵3731722

中文名：栓皮栎　　　　拉丁名：*Quercus variabilis*

科属：壳斗科（Fagaceae）栎属（*Quercus*）

　　庙子镇庄子村红洛河对面的一个山梁后有个自然村叫跳八里，距此数里外有个著名的白马潭。相传古时有人见白马刚还在白马潭溜达，眨眼工夫却到这个自然村吃庄稼，人们说白马一跳就跳了八里，于是便把此处叫作跳八里。

　　跳八里的张金贵家门前，有一株树龄达500年的栓皮栎极为雄伟高大。它高20m，胸围430cm，冠幅达31m，占地750多平方米。主干高5.5m，圆满通直。原有10大主枝，其中2枝因雷击折断了，如今尚有8条大枝，直径都在50cm以上。最下面的一条主枝斜向下伸长，长达19m，梢部接近地面，曲曲折折十分壮观。

　　这棵树不仅树形雄伟，果实产量也很高，人们每年都捡拾其橡壳和橡子出售，张金贵家一般每年从树下捡拾的橡壳橡子能卖400元呢。

上河桧柏　编号：豫C043　坐标：横19571918 纵3745271

中文名：桧柏　　拉丁名：*Sabina chinensis*

科属：柏科（Cupressaceae）圆柏属（*Sabina*）

　　庙子镇上河村委旁，一株高大雄伟的桧柏生长在卢潭路的东侧边沟外。这棵树高15m，胸围182cm，冠幅15m，树干通直，数十条主枝均匀密布于主干四周，塔形的树冠高达12m，浑厚稠密，显得挺拔伟岸。据考证，此树初植于明洪熙年间，至今已600岁。本来村里有两棵这样的古柏，可惜的是1958年另外一棵被砍掉了，现存的这棵还是在支部书记的坚决阻挡下才得以保存下来。

　　清光绪年间，此树的西侧有一凹槽，小孩们在树下玩耍曾在槽中垒有石块。后来，凹槽逐渐长平，1970年时还可看到当年孩子们放在槽中的石头，现在已把石块包严了，凹槽处仅稍低于其他部位，可想象到当年凹槽的形状。

上河古柳　编号：豫C3030　坐标：横19571634 纵3745810

中文名：旱柳　　　　拉丁名：*Salix matsudana*
科属：杨柳科（Salicaceae）柳属（*Salix*）

　　庙子镇上河村张长辊家门前，紧临河道有一株旱柳，生于清嘉庆年间，数年前曾因树高冠阔、树形优美而闻名。2012年岁已200，虽胸围230cm，但顶枯身矮、枝疏叶稀。

　　不过，老迈有老迈的优点，现在展现在人们面前的是另一种形象的"怪柳"，风景更胜当年。它的主干斜向河道方向呈60°倾角，2m处拐为直立，并在拐点生一枝平伸至河道对岸；树干上遍布瘤状凸起，树皮纹粗且向右螺旋，十分好看；河道内，密密麻麻的须根漂在水中，颜色棕褐、根尖嫩白、如发似须，颇耐寻味。

　　这棵树下历来为村中休闲纳凉佳地，它斜斜的树干上被孩童上下玩耍蹭得锃亮便是明证。如此好的景致自然受到村民特别珍惜，2003年有人出价15000元要买走，被众人坚决拒绝。

燕观沟古柳　编号：豫C041　坐标：横19570323　纵3745334

中文名：旱柳　　　拉丁名：*Salix matsudana*

科属：杨柳科（Salicaceae）柳属（*Salix*）

位于庙子镇下河村燕观沟竹园内。树龄300年，树高17m，胸围400cm，冠幅13m。

三栎迎宾　编号：豫C0988 / 豫C3033 / 豫C3034　坐标：横19566514 纵3746333

中文名：槲栎 / 栓皮栎　　　　拉丁名：*Quercus aliena / Quercus variabilis*
科属：壳斗科（Fagaceae）栎属（*Quercus*）

　　庙子镇龙王幢村小窄玉组张姓宅前的一片竹林中，两株栓皮栎、一株槲栎呈三角形分布，相距不过40m，这里是进入该组的咽喉，三棵树恰似迎宾卫士，号称"三栎迎宾"。最前面的是槲栎，高22m，胸围248cm，树冠呈馒头形，先给来宾敬上点心；里面的两棵栓皮栎上下距20m、树冠相连，高均超25m、胸围280cm左右，粗壮高大，临路的那棵最下面的一条主枝长达15m，分2杈5枝伸向路中，像是伸出一只巨手向客人招手示意：欢迎光临小窄玉。

黑石夹栓皮栎　　编号：豫C3056　　坐标：横19568460　纵3750832

中文名：栓皮栎　　　　拉丁名：*Quercus variabilis*

科属：壳斗科（Fagaceae）栎属（*Quercus*）

　　庙子镇新南村黑石夹组下哨的一块耕地边，一株栓皮栎树形奇特。它没有硕大的树枝，从树干1.5m开始，每1.5m左右就有一簇小枝长在树瘤上，粗不过5cm。这些布满全树的瘤状突起皆为大枝断后疤痕愈合而生，形状各异。由于没有大枝，此树虽年已500，树冠却呈窄小的柱状，在空旷的坡耕地中显得瘦小，老态尽显。

　　形成这个样子的原因非常简单。20世纪50年代，陈氏家族的某君因嫌树冠胁地，上树将大枝全部砍了，引得家族众人一片惋惜。黑石夹组多为陈姓，据传他们祖上迁居此地时已有此树，历代视为风水宝树。此树经此劫难后，再无人采其一枝一叶。

古庙黄连木   编号：豫C0977   坐标：横19568616 纵3753109

中文名：黄连木   拉丁名：*Pistacia chinensis*

科属：漆树科（Anacardiaceae）黄连木属（*Pistacia*）

　　庙子镇大清沟街上村南岭关帝庙西南角有棵黄连木，高18m，胸围390cm，主干高2.2m，分生三大主枝斜指西南天空，显得古朴、苍劲。与关帝庙的建筑相映成趣，十分协调。

　　这座历史悠久的关帝庙始建于唐朝，明嘉靖年间重修，那时黄连树已生，故估算树龄约500年。重修的庙宇"雕梁画栋，宏伟壮观"，"前来朝拜者人流如潮"。因年久失修，20纪50年代被毁。2006年在原址重建，供关公于正殿，关平、周仓分侍两侧，"威严肃穆，圣容再现"。新修的庙宇还供奉了财神、药王等各路神仙，方便信徒叩拜敬香。从黄连树上密密麻麻挂的红绳红绫不难看出此庙香火的鼎盛。

马路湾门神　编号：豫C3060　坐标：横19569493 纵3755730

中文名：黄连木　　拉丁名：*Pistacia chinensis*

科属：漆树科（Anacardiaceae）黄连木属（*Pistacia*）

　　庙子镇北乡村马路湾，原称"马鹿洼"，因谐音误叫，逐渐演变为今天的名称。这个自然村的地形似簸箕状，后山的圆岭为簸箕背，村口恰似簸箕口。这里共有20余户人家，以石姓为主，明初迁居至此，已600余年。

　　在村头石建新家对门堰边有一棵树冠巨大的黄连木，高25m，胸围390cm，树干上分生出12条大枝构成了高达20余米的浑厚树冠，占地半亩，枝稠叶密，隔树不视。站在树西北方向的一处山坡上观看此树，酷似一只凤凰，头向南尾向北。由沟外进入时，在沟口因此树的阻挡，看不到村内任何景物。村民认为它在为马路湾守门，尊称其为"门神"。

　　据村内居民相传，此树初生年代应为明朝弘治年间，距今约500年。

墒沟古槐　编号：豫C3059　坐标：横19568484 纵3756123

中文名：国槐　　　　拉丁名：*Sophora japonica*
科属：豆科（Leguminosae）槐属（*Sophora*）

　　庙子镇北乡村墒沟组，大潭公路下侧段克勤家院边，一棵国槐树正对其正门。此树原为居住此处的马姓所有，后段家搬迁于此，树权便由段家所有。这棵树主干高1m，呈开心形生长三大主枝，主枝的1.7m部分十分平缓，坡度约30°，可容七八个小孩同时上树玩耍。虽树形粗犷、景色别致，但此地村民居住分散，基本上由段家独享其利，略显孤独。

　　国槐嫩叶是栾川的一种传统干菜，采收后或鲜用、或晾干贮藏随时取用，放入玉米糁粥中同煮，所做玉米糁汤（饭）是栾川特色美食。干菜有许多种，以国槐、葛兰叶最为常用。在过去的饥荒年代，干菜是人们必备的充饥食物，在糁汤中大量放入，少粮多菜是无奈的做法。所以，段家过去每年都在此树上采槐叶，与其他树上的国槐叶相比，这棵树的嫩叶味道特别好。

　　20世纪90年代，此树主干的空洞中住进了一窝土蜜蜂，段家曾试图将蜂蜜采出来，但因树洞过深，只采到少许。那时，树势极弱、行将干枯，段克勤在树下建牛圈时将树外侧砌堰填土，树势逐渐恢复。如今虽然枝条稀疏，树荫也不够浓，但门前能有这样的古槐为伴，段家人已倍感满足。

银杏三姐妹　　编号：豫C046　　坐标：横19567772 纵3752030

中文名：银杏　　　拉丁名：*Ginkgo biloba*
科属：银杏科（Ginkgoaceae）银杏属（*Ginkgo*）

　　庙子镇磨湾村下村组李天来家门前的"一株"银杏树，高22m，胸围367cm，冠幅17m。远处审视，雄伟挺拔、枝繁叶茂、树冠浑圆，是这个山村独特的一处风景。

　　此树在栾川早已闻名，主要原因是人们认为它是由两株树合长在一起的，并且说它"恰似一对男女青年拥抱热恋，窃窃私语"，称其为"连理银杏树"。其实，它不是两株合长，而是三株；也不宜称"连理"，因为它们是同性，都是雌树。这三棵树的基部连在一起，西侧的两棵从基部开始至4m高处完全黏连在一起，以上部分又分开，所以很像原是一株，这也是原来认为两株的原因，但其中间有一凹痕明显可辨，它们原来是两棵树合长在了一起。东侧的那株个头稍小，与中间株0~1.2m处黏合在一起；1.2~2m处分开，中间有一缝可透视；2~4m处又黏合在一起，以上再次分开。这几连几分，彰显了大自然的奇妙。由于它们都是雌株，又亲密无间不可分割，所以我们称其为"三姐妹"。

　　此树生长旺盛，原来东株与中株只有1.2m以下长在了一起，1975年以后上面的部分才逐渐黏连的。当年小孩子们曾在下面的树杈上放上石头玩耍，现在那些石块都被包在了树干里。1983年以前，这棵树的树冠枝叶稠密，天降四指深墒的雨时，冠下的地还是干的，是纳凉避雨的绝佳之地。后来由于银杏果涨价，为获取经济利益，树的主人常从外地采来花粉为其人工授粉，产量大增，1995年产量曾达550kg。但同时也由于枝条承受不了过重的负担而大量折断，使现在的树冠变窄，枝叶变稀，再无避四指墒之雨的能力了。

八蟒腾舞　编号：豫C044　坐标：横19574746　纵3742194

中文名：国槐　　拉丁名：*Sophora japonica*
科属：豆科（Leguminosae）槐属（*Sophora*）

　　庙子镇龙潭村南岭组的一棵国槐号称"八蟒腾舞"。因其主干上分生四大主枝、又分八大侧枝，有直立、有斜生，弯弯曲曲，如同八条巨蟒空中飞舞，甚为壮观。它的树下，大片的树根裸露，盘根错节，形态多姿，小的像蛇，大者如蟒，爬的像鳄，卧的像狮，蹲的像猴。奇异的裸根与树冠合在一起，就是一幅大自然精心制作的艺术绝品。

龙潭核桃　编号：豫C3053　坐标：横19575021　纵3742468

中文名：核桃　　　拉丁名：*Juglans regia*

科属：胡桃科（Juglandaceae）胡桃属（*Juglans*）

　　庙子镇龙潭村后坪组是一个自然村落，村中路边一棵200余年树龄的古核桃树形状别致，与"八蟒腾舞"的国槐一起，并称为龙潭二景。

　　这棵树主干高1.2m，上生三枝呈开心形伸长。东北角的主枝上生一侧枝，先是下垂接近地面，2.5m后又折向上方伸长，孩子们从枝的梢部上树，顺枝爬上主枝分叉处玩耍，曾是村里人孩童时期都抹不去的记忆。

　　我们曾发现多株古树的树皮纹理呈螺旋状，与多数的右旋不同，这棵核桃的树皮呈左螺旋状，显得与众不同。其主干为一大空槽，树形奇特，枝条曲折，活像一株经过人工精心培育的、古色古香的盆景。如今这棵老迈的核桃树雄风不再，结出的少量果实多半未成熟先发黑，失去食用价值。不过，它带给村里人的精神享受，似乎更受人们看重。

古柳树下欢笑声　　编号：豫C3021　　坐标：横19568874 纵3732093

中文名：旱柳　　　　拉丁名：*Salix matsudana*

科属：杨柳科（Salicaceae）柳属（*Salix*）

　　庙子镇庄子村跳八里张新营家房前公路外的河滩上，一棵150年树龄的旱柳本来并不起眼，不过它与周围的淡竹、小河融合在一起，则构成了一处十分雅致的美景。特别是近年来，随着人们生活水平的不断提高，有人在树下的河滩旁摆了6个水泥小桌，这里便成为人们野炊的绝佳去处。炎炎夏日，亲朋好友相聚，买来食材，自驾来到树下，自己动手做饭，河水嬉戏打闹，欢声笑语，热闹非凡，忘掉心中烦恼，尽情释放胸怀，畅享美景，其乐融融。

蒿坪核桃　编号：豫C3057　坐标：横19565109　纵3731588

中文名：核桃　　　拉丁名：*Juglans regia*

科属：胡桃科（Juglandaceae）胡桃属（*Juglans*）

庙子镇蒿坪村竹园旁有棵核桃树，系席家祖上于清顺治年间栽种，至今已350年。此树从基部开始就分成了两大枝呈东西向排列，从北侧看是两棵树，从南侧看，基部1.2m高的树干黏合在了一起。两枝树冠交叉相连，枝曲折，冠幅大，形成了非常好的绿荫。

20世纪60年代至70年代，当地人因为贫穷，常采来漆树籽，将其放入笼上蒸后，采用人力压榨的方法，将漆蜡挤出来食用，还可代替食用油。由于挤漆蜡需要强大的压力，村民们就利用杠杆原理，在此核桃树东侧那一枝的基部挖了个大孔，找来一根细长而又能够承受足够压力的木材，把木材穿进孔内，用作杠杆的原点。由于这里场地较大，许多家都在这里挤过漆蜡。如今，挤漆蜡用的那个大孔仍是那么大。

进入21世纪，栾川如雨后春笋般出现了众多诸如鱼庄之类的野外饭店。这棵核桃树由于树冠大、枝形美，地面上虬根裸露，景色优雅，加上紧邻一个竹园和河道，便有人租下此地开了一家鱼庄，每日顾客盈门，生意火爆。应该说，现在它带给人们的生态环境价值，已经远远超过了它结果实的价值。

花盆里长大的桧柏　编号：豫C0996　坐标：横19574896　纵3732440

中文名：桧柏　　　拉丁名：*Sabina chinensis*
科属：柏科（Cupressaceae）圆柏属（*Sabina*）

　　庙子镇桃园村河东张冬生家宅旁的一棵桧柏高14m，树冠呈长圆形，枝繁叶茂，虬根裸露，是这个小山村的一棵风水宝树。

　　这块地方古时为张家宅院。清顺治年间，张家的祖上在一花盆里栽了一株小桧柏，放于地上。因疏于管理，花盆因树根渐大而被撑破，树自然扎根于地，渐成大树。树长大之后，人们曾在树下建一神庙，香火旺盛，后于"文革"中拆除；旧时，这棵树还是一个骡马桩，人们在树上钉了多个铁钉用于拴骡马，致使树干上至今还留有多个瘤子。过去，曾有多人想买此树，均因见树上有钉而未买。如今树的主人已识其价值，那就是，此树无价，不卖。

山茱萸王　编号：豫C045　坐标：横19575581　纵3731850

中文名：山茱萸（别名：山萸肉、枣皮树）　　　拉丁名：*Cornus officinalis*
科属：山茱萸科（Cornaceae）山茱萸属（*Cornus*）

　　栾川县20世纪80年代后开始大量发展山茱萸种植，目前已成为国内重要的山茱萸基地。但天然生长的山茱萸非常少见。

　　庙子镇桃园村对臼沟东坑的一块耕地边坡上有一株天然生长的山茱萸，高8m，胸围221cm，主干呈开心形分生3大主枝，又分成大小7枝，粗者直径达30cm，冠幅巨大。此树树龄300年，被称为栾川的"山茱萸王"。

　　此地野生山茱萸众多，但过去人们并不知它叫什么，有什么用处。所以，在大集体的年代里，这棵古山茱萸因为胁地，枝条经常被砍，不然的话，它如今的树冠恐怕要占地亩余。20世纪70年代中期，庙子设立了医药收购站，以每市斤3元的价格收购山茱萸，这时人们才知道这种树叫什么，并且能够卖钱。当时的驻队干部号召人们发展山茱萸，所以在实行土地联产承包责任制3年之前，桃园村就开始发展山茱萸了。这也使桃园村成为栾川县人工发展山茱萸最早的村之一。

　　与人工栽培的山茱萸相比，这里的野生山茱萸果更大、肉更厚、品质更优。这棵山茱萸王一般年产商品山茱萸100余斤，价格最高的年份，年产值达1万多元。

河南皂荚　编号：豫C0962　坐标：横19569430 纵3737750

中文名：皂荚　　　拉丁名：*Gleditsia sinensis*

科属：豆科（Leguminosae）皂荚属（*Gleditsia*）

　　庙子镇河南村，人口密集，村容整洁。村内的一处休闲广场上，一株古老皂荚与人们世代为邻，备受人们呵护。据考证，这棵树已有600年的树龄。

　　这棵树目前共有3条大枝，其顶部均已干枯。树干腐朽严重，腹洞内径达1m。裸露的树根呈带状或块茎状，上面布满了小瘤。南侧的一粗根上有块直径80cm的大石头，70年前石头尚低平，因裸根的生长，它也逐渐被抬高，今上半部分已被树根包住。村里的孩童从根部的孔洞中来回穿越玩耍，在这块石头上用石块锻着玩，久而久之，大石头出现了数个小圆坑，每每见此，都会勾起好几代人的美好童年记忆。这棵树极少结荚，据说哪年如果结了，也是极少的几个。

　　河南村的人们对这棵树感情很深，他们在树四周建了水泥围栏。几年前，还有人在树洞中栽了一棵粗约10cm的小皂荚树，想人工造出一个树中生树的景观来，可惜没有成功。前几年因修建自来水管道把一条树根挖断了，导致西南侧的一枝干枯，村中人至今提起仍耿耿于怀。

凤凰柏 编号：豫C0963 坐标：横19567457 纵3737769

中文名：桧柏 拉丁名：*Sabina chinensis*
科属：柏科（Cupressaceae）圆柏属（*Sabina*）

　　庙子镇河南村任留见家门前有一株600年的桧柏，与距此不远的古皂荚同为河南村的宝贝。此树高12m，胸围235cm，主干高7m，中间粗两头细呈纺锤形。现有两枝，一枝直立，一枝平伸稍下垂，形似凤凰，故称凤凰柏。

　　传此树所生之地下面为一水潭，潭中有鱼，因而风水极好。明永乐初年，初迁此地的慎家在此处建一全神庙，并在庙前栽下了这棵桧柏。小庙几经重修，1965年最终拆除。在这棵树两枝交会的平台上，曾生长过一棵桐树，长至碗口粗，70年代因大风被刮断。

桃园栓皮栎　编号：豫C0994 / 豫C0995　坐标：横19574619 纵3732662

中文名：栓皮栎　　　拉丁名：*Quercus variabilis*
科属：壳斗科（Fagaceae）栎属（*Quercus*）

　　庙子镇桃园村河西的一个条岭前端的平台，叫大树嘴，因有两株高大的栓皮栎而得名。这两棵树相距20m，但树冠相连，远望可感高大雄伟。此树所生长的条岭，被称为是一条龙，这两棵树位于龙脖前面的龙头之上，所以人们将其视为风水树，逢年过节，常有人于树下焚香祈祷，偶尔也有人来此焚香求药。

庄子旱柳　编号：豫C3022　坐标：横19569732　纵3733581

中文名：旱柳　　　拉丁名：*Salix matsudana*

科属：杨柳科（Salicaceae）柳属（*Salix*）

位于庙子镇庄子村3组小北沟口。树龄200年，树高16m，胸围300cm，冠幅19m。

灰菜沟栓皮栎 编号：豫C3023 坐标：横19570102 纵3733731

中文名：栓皮栎　　　拉丁名：*Quercus variabilis*
科属：壳斗科（Fagaceae）栎属（*Quercus*）

位于庙子镇庄子村8组灰菜沟北沟。树龄500年，树高28m，胸围410cm，冠幅24.5m。

庄子短柄枹树　编号：豫C3019 / 豫C3020　坐标：横19568912 纵3731909

中文名：短柄枹树（别名：小叶青冈）　　　拉丁名：*Quercus glandulifera* var. *brevipetiolata*

科属：壳斗科（Fagaceae）栎属（*Quercus*）

　　位于庙子镇庄子村5组陈根有家房后，距龙峪湾景区公路上坡20m，并排生长两株短柄枹树，树龄均为200年。两树相距2.5m，树冠相连，树下散生小竹子和大量短柄枹树的幼树。由于这两株树紧邻旅游公路，行车中可见其在杂林中鹤立鸡群的雄姿。

上沟短柄枹树　编号：豫C3003　坐标：横19578164　纵3733649

中文名：短柄枹树（别名：小叶青冈）　　　拉丁名：*Quercus glandulifera* var. *brevipetiolata*

科属：壳斗科（Fagaceae）栎属（*Quercus*）

位于庙子镇上沟村3组郭季娃家门前。树龄300年，树高18m，胸围352cm，冠幅18.7m。

合峪镇

合峪镇素有"栾川东大门"之称。总面积306km²，辖21个行政村，158个居民组，2.1万人。311国道和洛栾快速通道穿境而过，明白河穿流其间，交通便利，环境优美，被省建设厅授予"中州名镇"。

历史文化悠久。镇内西南曾发掘仰韶文化遗址；民间文化资源丰富，有流传久远、闻名遐迩、吉庆有余的正月十九滚缸会；有振聋发聩、激昂铿锵的古铜器；有激越奔放、旋律悠长的地方戏剧，同各类节庆活动一起，形成了合峪镇古今结合、丰富多彩的地方文化特色。

资源特色鲜明。合峪镇名优特产板栗、核桃、食用菌产量大、品质高。板栗年产量达3000吨以上，食用菌年产4000吨左右，尤其黑木耳，膨胀率创全国之最，为食用菌中之珍品。以桃为主的水果种植面积达1150余亩，以板栗、核桃为主的干果达7万余亩，沿洛栾快速通道形成了以板栗、桃、杏等为特色的林果走廊，享誉豫西，成为当地农民重要的经济收入来源。

全镇林地面积26954hm²，其中有林地25840hm²，疏林地15hm²，灌木林212hm²，未成林造林地758hm²，宜林地99hm²，活立木总蓄积129万m³，森林覆盖率83.82%。

共有古树名木31株。其中国家一级4株，二级9株，三级18株。

枣与栎　编号：豫C2896 / 豫C2895　坐标：横19575737　纵3755481

中文名：枣树 / 栓皮栎　　　拉丁名：*Ziziphus jujuba / Quercus variabilis*

科属：鼠李科（Rhamnaceae）枣属（*Ziziphus*）/ 壳斗科（Fagaceae）栎属（*Quercus*）

　　合峪镇杨长沟村李红军家房前的西南侧一株枣树，系李红军的曾祖母于咸丰十年前后所栽，至今150余年；房后的西北侧一株栓皮栎，树龄则达350年。枣树树干向宅院呈弓形，皮扭曲，干多孔，树势弱，老态显；栎树干通直，高达25m，仅树冠厚度即达20.5m，树势旺、冠浑厚，十分伟岸。两树的树冠都伸到了房顶之内，护佑着这户人家，当地人们都羡慕李家宅子的风水好。

关帝庙侧柏 编号：豫C2897 坐标：横19580468 纵3754021

中文名：侧柏 拉丁名：*Platycladus orientalis*
科属：柏科（Cupressaceae）侧柏属（*Platycladus*）

合峪镇庙湾村关帝庙院内，一株侧柏傲然屹立，至今已陪伴这座古庙度过了风雨沧桑的400年。

这座关帝庙始建于清朝初期，嘉庆二十五年、咸丰五年分别重修。据同治六年所立碑文记载：此地"自西而东二十余里为往来之便径，历久以来逾越多艰"，故咸丰五年捐资、募资重建庙宇，以求百姓平安。2011年，此庙再次修建，现庙内供奉有关帝、药王、老君、财神、龙王、送子奶奶等神像，香火旺盛。

由扁变圆的皂荚　编号：豫C0979　坐标：横19584400 纵3748213

中文名：皂荚　　　拉丁名：*Gleditsia sinensis*

科属：豆科（Leguminosae）皂荚属（*Gleditsia*）

　　400年前明清换代之际，已在合峪镇三里桥村丁庄居住的解氏在一口水井西3m处栽下了一棵皂荚树。不知是否因为东侧有水源所以树干生长快，它的树干基部1.6m左右的部分一直呈东西宽南北窄的扁形，直到1960年以后，南北向的树干又逐渐长厚了起来，如今基本成圆形了。

　　这棵树主干向南倾斜成70°，干高2.5m，上分出2大主枝，向上再各分2杈，顶部有7枝出现了枯梢现象。说起20世纪60年代前的树干，北面有数个小凹坑，孩童可轻松借助这些小坑上到树杈上玩耍；南面为一个约50cm宽的凹槽，加上倾斜的树干可供2个孩子在此避雨。1960年以后，树干的南北侧径向生长迅速，南侧凹槽现已比两边更突起，形成了一个"川"字；北侧则长成瘤状的突起，高出周围约30cm。不过这个瘤并非病态，而是由于人们不断采掉它上面生长的刺、年复一年逐渐长成的。这棵树极少结果，近80年来只有一年结了几个皂荚，不过人们经常在树上采刺、皮药用，树干北侧的一个长60cm、宽30cm的伤疤就是人们为治小孩的"疟腮"（腮腺炎）而削树皮造成的。

　　几百年来，除了用其刺、皮入药，这棵皂荚树更是村中人们休闲、纳凉的地方，虽然现在树冠没有过去那么大了，但它仍是村中最耀眼的风景和村民乐意聚集的地方。

三子拜寿　编号：豫C2898　坐标：横19582378 纵3743647

中文名：皂荚　　　拉丁名：*Gleditsia sinensis*

科属：豆科（Leguminosae）皂荚属（*Gleditsia*）

合峪镇孤山村香房休闲区内，一棵树龄500年、干形奇特的古皂荚，与其东面由它的树根萌发而成的3棵胸径30cm左右的小皂荚树面相对、冠相连，好似三子为老父拜寿。

古皂荚树高12m，胸围达400cm。它露出地面的部分，1m以下为根部，向上2m的部分是主干，主干上分为两大主枝，两条主枝的5.5m处以下部分、连同主干、根部全部中空并相连，仅靠10cm厚的树皮支撑树体。主枝上是一个长长的大槽，主干上是一足形孔。根部呈丛状向两侧延伸达6m，三条粗壮的大根黏连成一根，形成宽1.6m的瀑布状根。从其东面看，整棵树孔、槽遍布，形状奇特，老态龙钟，似根雕、似盆景。20世纪60年代，主干下面的根瀑上有两个大孔，里面的树洞内径达1m，孩童们常钻进去玩耍。后来两个孔渐渐因树皮生长而变小，今只剩下两条缝，人无法钻进去了。

清光绪年间，树干尚未腐朽，皮光滑，冠阔。今虽显老态，但更成村中宝贝，因为人们不仅从树上采摘皂荚、皂刺等用于治病，更享受着它们父子四树共同构建的美景和荫凉。前些年有人想买走临河边的那棵"子树"，全体村民聚在树下苦阻。如今，除非是为了治病，村民们决不允许任何人为经济利益到树上采刺、采果，他们要为后代人留住这千古难求的无价财富。

砚台巨毫　编号：豫C2891　坐标：横19584580　纵3742980

中文名：旱柳　　　拉丁名：*Salix matsudana*
科属：杨柳科（Salicaceae）柳属（*Salix*）

合峪镇砚台村李建奇家老宅前的一棵旱柳，胸围达630cm，堪称栾川柳树之王。在树前观察，主干高1.6m，原分生6大主枝，1964年折断了两枝被用于制作水轮，现存三枝呈三足鼎立斜向上生长。断掉的三枝在主干上形成了3个人可钻入的大孔。树干已中空，从基部的孔洞可测量出树洞内径达1.4m。整棵树皮粗糙、纹理乱，尽显古老沧桑之感。

放眼整个砚台村，这棵古柳恰似一支巨形的狼毫笔，主干为杆，树冠为毫。因为砚台村所在地环山起伏，形似墨砚，故名砚台。而这棵古柳正处"砚台"中央的低洼河边，与整个村浑然一体，就像毛笔倚在砚台之中，"生砚有毫、生毫有砚"。因此，砚台村人"视古柳为仙，视景为次"。而这棵古柳树的名气也闻名遐迩，十里八乡村民"非分四季携老扶幼步涉百里，至此上香吊红绫叩拜"。

2000年冬，因树旁焚杂物失火曾引燃树洞，村民奋力扑救，仍燃一夜，翌春却安然无恙、准时吐绿，村民喜形于色，更视古柳为神树，动议为树立碑，"一彰民众爱树之德，二励后人鉴之"。

月湾青檀　编号：豫C0975　坐标：横19580966　纵3748149

中文名：岩栎（别：名青檀）　　　　拉丁名：*Quercus acrodonta*

科属：壳斗科（Fagaceae）栎属（*Quercus*）

位于合峪镇庙湾村月湾组。树龄300年，树高18m，胸围216cm，冠幅27.5m，树势旺盛。

潭头镇

潭头镇古称"潭州"，早在仰韶时期已有人类聚居，明朝至清末民初建县辖镇，建国初期建潭头公社，1984年废社建乡，1993年撤乡建镇至今，素有"千年古镇"之称。该镇位于栾川县东北部，东依嵩县，北毗洛宁县，西与秋扒乡、南与赤土店镇和庙子镇为邻，总面积277km²，辖26个行政村，223个村民组，3.4万人，耕地面积2.5万亩。

镇境南为伏牛山，北依熊耳山，主要山峰有九龙山、玉阳山、狮子岭、干涧岭、凤凰台等。境内大小河流77条，主流伊河从庙子镇北乡村入境，由南向北至汤营村入嵩县境，出境处为栾川海拔最低点，在本镇流程30km。较大支流有小河、潭峪河、垢峪河、井峪河等。该镇交通便利，洛栾高速公路穿镇而过，距镇政府6km处有收费站；旧祖路、卢潭路横穿全境，距洛栾快速通道仅12km。该镇土地肥沃，灌溉条件良好，素有"栾川粮仓"之称。特产主要有农耕村酒、红薯粉条、柿子醋等。

旅游资源丰富。古有"白云观日"、"古城晓月"、"石门春晓"、"文笔插天"、"伊水秋声"、"娃娃虹桥"、"水湖观鱼"、"神水温泉"等八大景观，今有九龙山温泉疗养院、"北国水乡"国家4A级景区重渡沟闻名遐迩。重渡沟位于潭头镇西南部12km处，由金鸡河、滴翠河、水帘仙宫等景区组成，大小景点200余个，游览面积30km²，有星级家庭宾馆238个，四星级大酒店1家，被命名为河南省十佳景区，是集观光、休闲、购物为一体的自然风景区。九龙山温泉度假村位于潭头镇以东九龙山中，自然环境幽雅，四季景色怡人，亭阁楼榭，小桥流水，

绿树成荫，空气清新。温泉泉水四季恒温69.5 ℃，水中富含钾、镁、钙、锂、氟等27种矿物质及惰性气体氡，是珍贵的偏硅酸–锂–氟复合型医疗热矿水。常沐温泉，既有振奋精神之功，又有爽肤养颜之效。千百年来，因其对风湿病、神经性骨痛、心脑血管病后遗症及妇科、皮肤科常见病的浴疗效果显著，被广大浴客和游客赞誉为"九龙神泉"。水上乐园项目在充分保持潭头镇现有自然田园风光的基础上，辅之以高科技娱乐手段，使自然山水和现代水上娱乐项目融为一体，既能让人沉醉于湖光山色之间流连忘返，又能让人感受现代高科技水上项目的惊险刺激。

1939年5月，因日寇大举进犯中原，河南大学（简称"河大"）被迫迁往潭头镇，从此，河南大学的师生们在栾川县潭头镇的潭头村、党村、张村、古城村、石门村、大王庙村、汤营村度过了5年不平凡的岁月，在此地播撒了先进文明的种子，使潭头成为栾川县文化底蕴最为厚重的地区。1944年5月16日，日军进犯潭头，未及转移的部分河南大学师生有5人遭枪击身亡，一些教师及家属惨死于日军刺刀之下，两名大学生被日军用铁丝串在一起，投入秋林村西一口水井；3人不甘受辱，共投一井自尽。日军共屠杀残伤无辜群众100余人，奸污妇女40余人，烧、炸房屋100余间，抢粮4万余斤，宰杀牛马600余头、猪羊近千只，毁麦田2000余亩，史称"潭头惨案"。

潭头镇是栾川县的森林资源大镇。林地面积19004hm^2，其中有林地17374hm^2，疏林地85hm^2，灌木林地1327hm^2，未成林造林地85hm^2，宜林地132hm^2，活立木总蓄积95万m^3，森林覆盖率71.67%。

共有古树名木319株，其中一级16株，二级41株，三级253株（其中古树群2个48株）。

古寺翠柏 编号：豫C2844 坐标：横19568932 纵3762803

中文名：刺柏 拉丁名：*Juniperus formosana*（*J.taxifolia*）

科属：柏科（Cupressaceae）刺柏属（*Juniperus*）

　　但凡寺庙，无不被苍松翠柏所掩映。潭头镇九龙山温泉疗养院内的静安寺内，同样也生长着两株刺柏。这两棵树的树龄为200年，而此庙始建于唐朝神龙乙巳年，距今已1300多年。这是何故？原来，静安寺虽曾于明万历四年重修，但历经沧桑和战火破坏，脆弱的树木难以幸存。然此寺久负盛名，香客众多，所以在清嘉庆年间，僧众在院内栽下了这两棵刺柏。1997年，静安寺得以重修，如今的大雄宝殿前，两株古柏与寺院内建筑相映成辉，把寺院衬托得更加宁静、庄重。

全福宫古柏　　编号：豫C2843　　坐标：横19570803 纵3761603

中文名：刺柏　　　　拉丁名：*Juniperus formosana*（*J.taxifolia*）

科属：柏科（Cupressaceae）刺柏属（*Juniperus*）

　　潭头镇石门村的全福宫院内，有一株树龄500年的刺柏。该树高7.5m，胸围205cm，冠幅7m。虽然树形并不十分伟岸，树势也不太茂盛，但树形独特，枝条曲折，极具欣赏价值。而它饱经沧桑的树容树貌，告诉人们它历经的风风雨雨，见证了数百年来全福宫作为当地百姓祈福免灾圣地的历史。

　　明武宗正德年间，潭头石门的百姓为免受干旱、洪水和疾病的威胁，祈求人寿年丰，需要一个敬神拜佛的地方。于是乡绅率民众在此建造了这座祠庙，时称全福宫，庙内供奉着神农、龙王、火神等神灵，并在院内植下这棵刺柏树。从此百姓有了个焚香敬神的地方，各路神仙也算在石门有了"家"，并在此安坐接受供奉数百年。清乾隆五十二年，此庙由乡绅民众进行了复修，并更名为"五福宫"。"文革"期间此庙停用，但建筑尚未遭到大的破坏。改革开放后，五福宫再次启用，又复名"全福宫"，现殿内供有神农、马王、龙王、火神、老子、药王、财神等众多神位。

　　无论祠庙如何变迁，这棵刺柏一直顽强地生长祠院中，昭示百姓幸福、万古长青！

皂搂柏 编号：豫C2842 坐标：横19571601 纵3762693

中文名：皂荚　　　拉丁名：*Gleditsia sinensis*
科属：豆科（Leguminosae）皂荚属（*Gleditsia*）

　　赵庄村阳坡组焦立娃老宅旁的村道外侧，有一株皂荚。远看它并无特别之处，但走近树旁，却是一幅奇特的"皂搂柏"奇观。

　　此皂荚树高12m，胸围240cm，冠幅18m。在皂荚树干的南侧，一株柏木与其紧密相连，柏木从距地面0.8m处共分生为3大主枝，其中一枝被皂荚的树干所包裹并已枯死、折断，只有皂荚主干内留下柏木的枯枝。这枝干枯的主枝与柏木主干之间像被人用外力撕裂一样，呈现出十多厘米的裂口。由于柏木胸围仅26cm，树冠较小，整棵树木完全被皂荚巨大的树冠所包围。

　　一部正式出版的读物对此"皂搂柏"是这样描述的："皂搂柏，即一棵皂角树和一棵柏树紧紧搂在一起，距今已有千年历史。传说此树栽植于南宋年间，一美丽女子栽植后细心呵护，用其女性柔美感化着树木。后该女子嫁给了当朝皇帝"。

　　而据我们考证，此树系周姓人家在清嘉庆年间栽植，树龄约200年。80多年前，皂荚与柏木相距虽近但尚未黏连，后因皂荚的生长速度快于柏木，柏木的那条主枝逐渐被皂荚主干所包裹并最终干枯掉了，并形成了"皂搂柏"奇观。

下坪黄连树 旧时休闲区　编号：豫C2868　坐标：横19570675 纵3763539

中文名：黄连木　　　拉丁名：*Pistacia chinensis*

科属：漆树科（Anacardiaceae）黄连木属（*Pistacia*）

　　潭头镇赵庄村下坪组李学家的老宅旁，生长着一株黄连树。与其他许多古树不同的是，这棵树没有稀奇古怪的迷信传说，非常"静"，因而也多有磨难。20世纪60年代，东侧的一条巨大树枝生长到了李学家的瓦房顶，为防止把房子损坏，李学把该树枝砍掉了；2006年前后，架电力线路时通过这里，嫌树枝影响线路，又被砍掉了部分枝条。所以，如今树冠看上去并不大。

　　这棵树是清嘉庆年间由居住此地的李氏家族先辈栽植，所有权延续至今，由李氏家族的4支后裔（4户）所共有。100多年前，此树已成大树，树下为一块平地，摆放着一些石凳，因而成为村里的"休闲区"。闲暇时，人们在树下"摆龙门阵"，男人抽烟闲谈，女人做针线活，孩子们或玩耍、或围在老人身边听"瞎话"；吃饭时，众人端着碗聚集在树下，或站或坐或蹲，边吃边聊，过着朴实而与世无争、祥和宁静的生活。所以，这棵树在村民眼中格外重要，为防止有人偷砍，李家人在树上钉了些铁钉，有的钉没有完全钉进树干，便成为男人们吃饭时挂烟袋的好地方。至今这些故事常为李家人所津津乐道。

巨型盆景——青檀　编号：豫C052　坐标：横19570131　纵3768274

中文名：岩栎（别名：青檀）　　　拉丁名：*Quercus acrodonta*

科属：壳斗科（Fagaceae）栎属（*Quercus*）

　　潭头镇纸房村胡坪自然村外侧，有一个巨大的"盆景"：20m²有余的长方形水泥池"花盆"深约2m，一株青檀傲立盆内，3条粗大的主枝曲折有致，因腐朽而形成的凹槽、因断枝而形成的骨节遍布全树，使这棵树就像一株人工精心培育出的精美盆景。

　　这棵青檀已300年树龄，在十里八乡早有名气。20世纪90年代，胡坪地区有大量的人员从事氰化堆淋选金，导致土壤大面积污染，此树叶子枯萎、几近死亡。村里及时加以保护，在树周围填充没有污染的土壤，树遂逐渐恢复生机。2012年，改造硬化村道时，又在树旁建了这么个大花盆，以防止两侧水泥路面上的有害污水浸泡危害古树，在保护古青檀的同时，也造就了一个新的美景。

古潭神柏　编号：豫C0971　坐标：横19569045　纵3762869

中文名：桧柏　　　拉丁名：*Sabina chinensis*
科属：柏科（Cupressaceae）圆柏属（*Sabina*）

　　潭头村下街有一株树龄约300年的桧柏，没有人准确知道它是什么时候开始长在这里的，但这是潭头街上唯一的一株古柏树，被人们奉为神柏。说起它的"神"，村民举例最多的有3件事。

　　一是神圣不可侵犯。20世纪60年代，街上要用铁丝架设电话线，此树东侧的一条大主枝妨碍施工，但无人愿动手将这棵古树的树枝砍掉，惟有西街的一个姓土的年轻人说，这有什么不敢砍的！便上树把这条大枝砍掉了。不料次日即大病卧床，不久过世。至今，此树树冠西阔东窄，便是这段离奇故事的见证。

　　二是叶子会变色。多数情况下，它的叶色较浅，但说不定哪一阵子，叶色看上去会变成浓浓的绿色。叶色变浓的情况很少，既看不出与气候变化有关，也找不到其他原因，没有任何规律。所以人们认为它叶子变绿肯定是吉祥征兆，潭头街上要么要出"官"，要么有人要发财，并可举出多例事件来佐证。

　　第三件事是开花。它曾经多次开过一种橘红色、形状类似爆玉米花的"花"，每次时间很短，最多持续一两天便会消失。

　　因传说树上居住仙家众多，认此树做干爹者不计其数。如今树下建有一小庙，每逢传统节日或家中有什么事情，人们便会在这里焚香祭祀，或求子、或祈福，总之万事皆求于它。

大王庙皂荚　编号：豫C2859　坐标：横19569841 纵3764298

中文名：皂荚　　　拉丁名：*Gleditsia sinensis*

科属：豆科（Leguminosae）皂荚属（*Gleditsia*）

　　潭头镇大王庙村孙根有家门前的路边，有一株皂荚树，树龄180年，高12m，胸围220cm，冠幅14.5m。主干高2m处分生出3大主枝，另有两个短柄状疤痕。3条主枝上又生11条侧枝，长长的枝条甚至垂到路外堰下的房顶上，构成了近200m²巨大树冠，树下放置一碾盘和数个石凳。很明显，这里早已是村里人们遮荫乘凉、憩息休闲、议事闲谈的最佳去处。

　　这棵皂荚树由村中孙成立的祖上初植于清道光十年前后。1958年大炼钢铁时被人从树高2m处全部砍掉，现有的三大主枝是1958年后新生长出来的，那两个疤痕就是因当时被砍掉的树枝没再发新枝而留下的。

　　前些年此树树势一度衰弱，近年改造村中道路时，对树根砌堰保护，树势又逐渐茂盛，成为村中天然的休闲区。

御史沟皂荚　编号：豫C2869　坐标：横19571338 纵3764725

中文名：皂荚　　　拉丁名：*Gleditsia sinensis*

科属：豆科（Leguminosae）皂荚属（*Gleditsia*）

位于潭头镇东山村御史沟。树龄400年，高13m，胸围310cm，冠幅18m。

黄连树与旱柳　编号：豫C2879 / 豫C2880　坐标：横19565518　纵3771234

中文名：黄连木 / 旱柳　　　拉丁名：*Pistacia chinensis* / *Salix matsudana*

科属：漆树科（Anacardiaceae）黄连木属（*Pistacia*）/ 杨柳科（Salicaceae）柳属（*Salix*）

　　潭头镇阳庄村老虎沟，有两棵相距50m的古树。旱柳长在小河沟的北岸，树龄约200年；黄连木长在对岸的山坡上，树龄100年。黄连木年轻，树势旺盛；而旱柳则显得古朴苍老。这棵柳树胸围达460cm，树干已经中空，但树冠巨大，形状奇特美观，树枝仿佛在空中飞舞，极具阴柔之美；树干曲折，骨节众多，又显示出它的威武。某正式出版物这样形容它：恬静而不乏秀美，威武更具雄浑气魄。

古井皂荚　编号：豫C0967　坐标：横19568289　纵3763330

中文名：皂荚　　拉丁名：*Gleditsia sinensis*

科属：豆科（Leguminosae）皂荚属（*Gleditsia*）

　　潭头镇党村的村中央，一株皂荚长于一口古井旁，相映成趣的景致远近闻名。

　　古井所建年代无从考证，但从用石头锻造的辘轳支架、雕刻有精美图案的铺地石板看，要早于皂荚树的200年树龄。

　　这棵古皂荚树高15m，胸围233cm，平均冠幅16.5m，树势茂盛，掩映着日新月异的社会主义新农村。古井的水仍为村民所青睐，每日里人来人往，或劳作路过，或聚集休闲，成就了一幅活生生的和谐农村画卷。

两树合一　编号：豫C2861　坐标：横19567991 纵3762950

中文名：皂荚　　　拉丁名：*Gleditsia sinensis*
科属：豆科（Leguminosae）皂荚属（*Gleditsia*）

　　潭头镇党村后营组，有一株百年皂荚树。远看并无特别之处，走近仔细观察，却发现它的主干仅3.5m高，然后分为3个主枝，往上再无主干。它的根部裸露出地面，呈圆盘状，盘根错节，形状十分美观。与当地人闲聊，却发现了一个奇迹，原来这是两棵树长在了一起，现在变成真正的一棵树了！

　　此树是村中一个名叫杨文忠的老先生所栽。光绪二十五年前后，童年的杨先生将两棵皂荚幼树一起栽在了这里。或许他是以玩耍的心态栽下的，或者是幼年学习劳动，总之没人这么栽树的。由于这两棵树栽得实在太近了，生长过程中逐渐长在了一起，并最终合成了一棵。村中上年纪的人还记得两棵树没合成一棵时的样子，不过现在很难再看出来了，只能从三个主枝中看出，那稍高一点的两根主枝是过去的一株，那稍低点的主枝，就是当年的另一棵。

蛮营古柏　编号：豫C2864 / 豫C2865　坐标：横19567862　纵3762389

中文名：刺柏　　　拉丁名：*Juniperus formosana*（*J.taxifolia*）

科属：柏科（Cupressaceae）刺柏属（*Juniperus*）

　　潭头镇蛮营村下地有两棵刺柏，树龄达500年，树势雄伟、苍劲，为蛮营村的地标。

　　据传，明弘治年间，外迁来此的蛮营村祖人，为祈求平安，在此建了一座火神庙，并在庙的前后各植一株常青柏树。现在，人们在庙的四周修建了铁栅栏以保护古柏，庙内供奉着"火圣君"，两棵古柏也被认下了不计其数的"干儿"。

四根抱石大栎树　编号：豫C054　坐标：横19564602 纵3763144

中文名：栓皮栎　　　　拉丁名：*Quercus variabilis*

科属：壳斗科（Fagaceae）栎属（*Quercus*）

　　潭头镇何村黄里庙沟里沟组下院的曹东娃家宅旁50m处，在一大片石砾中，一株巨大的栓皮栎高高耸立，树冠阔圆，枝繁叶茂。这棵树高25m，胸围455cm，冠幅达31.6m，号称"栓皮栎王"，闻名全县。在主干2.8m处原生长着2条直径达50cm的主枝，其中东侧一枝1962年被风折断，现仅存西侧的一枝；干高6m处主干消失，分生出10大主枝，它们共同构成了巨大的树冠，因冠幅大、侧枝低，一些枝条甚至接近了地面。它的侧根裸露于地面，形成虬形的裸根，四向延伸，长达十余米，如龙似蛇，盘根吞石，形成"四根抱石"奇观。历年来，此树果实累累，年产橡子200kg，高产时达吨余。

　　据传，在洪武年间山西大移民时期，这棵树已经存在，距今有600年，所以，这样的树王不可避免地会被传说居住着神仙。1944年5月日本侵略军进犯潭头、血洗河南大学时，国民党十三军闻风而逃，逃至黄里庙沟时见此树奇特，便在树下拴马、休息，军官率兵士对树磕头叩拜，无人敢侵其一枝一叶。

郭家村三景	编号：豫C2870 / 豫C2871 / 豫C2872	坐标：横19564551 纵3761324

中文名：黄连木 / 橿子栎 / 侧柏　　　　拉丁名：*Pistacia chinensis / Quercus baronii / Platycladus orientalis*

科属：漆树科（Anacardiaceae）黄连木属（*Pistacia*）/ 壳斗科（Fagaceae）栎属（*Quercus*）/ 柏科（Cupressaceae）侧柏属（*Platycladus*）

　　潭头镇断滩村有个居住着20多户人家的自然村落——郭家村，依山傍水，风景秀丽。村子里生长着3棵不同树种的古树，呈三角形分布在村子里。

　　黄连木位于村子北侧临小河的公路旁，树龄250年。树形高大，主干3m处向上分生出两大主枝，树干上有多处断枝的疤痕，衬托出几分年轮的沧桑。橿子栎位于村子西侧山坡上村道外沿，树龄300年，树干向外倾斜，冠形浑圆，姿态优美。侧柏位于村中余小旺家门前，树龄400年，冠形较小，树干高大但斜生，呈弯弓状，十分别致。三棵古树，一树一景，给山村增添了几分古朴。

人不敢动天敢动　　编号：豫C2873　　坐标：横19563232 纵3757272

中文名：栓皮栎　　　　拉丁名：*Quercus variabilis*

科属：壳斗科（Fagaceae）栎属（*Quercus*）

　　潭头镇柏枝崖村小学对面、村民梁军家老宅房后的一个山嘴上，一株350年树龄的栓皮栎曾是该村著名的风景树。本来它姿态优美、雄伟高大，高达20m，胸围344cm，冠幅达24.5m，但现在树冠偏向里侧，外侧的树冠少了一半。原来，2012年7月的一场暴风雨，硕大的树枝被风刮断了。

　　本来，风刮断树枝没什么奇怪的。但这棵树在当地是"神仙居住的树"，人们对它敬畏有加，无人敢动。这次被风刮断后有人就说："人不敢动天敢动啊"。

重渡沟旱柳 编号：豫C047 坐标：横19563422 纵3754862

中文名：旱柳　　拉丁名：*Salix matsudana*
科属：杨柳科（Salicaceae）柳属（*Salix*）

　　重渡沟景区七叶树对面的一片淡竹林里，掩藏着一棵旱柳。该树已200年树龄，主枝全部枯死并脱落，树皮大面积脱落，树势非常衰弱。近年来，树干上又生出了许多新枝，与胸围达330cm的粗大树干一起在竹林内若隐若现，使清翠的竹林显得古朴、雅致，为景区景色锦上添花。

焦园国槐 编号：豫C0982 坐标：横19563580 纵3776962

中文名：国槐 拉丁名：*Sophora japonica*

科属：豆科（Leguminosae）槐属（*Sophora*）

　　潭头镇大坪村焦园组乔改样家宅旁，一株500年树龄的国槐傲然耸立。此树高达30m，胸围410cm，冠幅20m。在主干高2.5m处分生为3大主枝，树形古朴沧桑，远望去，在浓密的树林中仍显得鹤立鸡群。

　　焦园距潭头镇约25km山路，步行需要至少6个小时的路程，用大都市人的话说，这里是世外桃源；用本地人的话说，这里就是原始社会。在旧时兵荒马乱的年代，这里是人们躲避战火、安身立命的好地方；在现代文明社会，这里却显得愚昧落后，没有发展前途和空间。明弘治年间，时兴寻找远离世外的安静居所，乔家祖上便由外地上山迁来此地居住，伐木开荒、刀耕火种、男耕女织、自给自足，并在此期间栽下了这棵国槐树。数百年来，他们一直过着这种与世无争的生活。春天从树上采摘槐米用作药用，夏天在树下乘凉，还常用槐叶染布、采槐叶作干菜，乔家尽情体验前人栽树后人乘凉的幸福感觉。进入21世纪，焦园地处深山、交通不便的劣势尽显，几乎与世隔绝的生活使这里变得越来越不适宜居住。于是，村里多数人家迁到了山外，乔家也不例外，举家搬到了潭头镇。如今，人走屋空，院子里荒草过人，惟有这棵古槐可以告诉人们，这里曾经人丁兴旺、炊烟袅袅。

西坡古柏　编号：豫C0968　坐标：横19567037 纵3763414

中文名：柏木　　　　拉丁名：*Cupressus funebris*
科属：柏科（Cupressaceae）柏木属（*Cupressus*）

　　潭头镇西坡村有个地名叫柏树嘴，因山嘴上有一棵500年树龄的柏木而得名。此处地势突出，可看到西坡村的全景，所以在大集体的年代里，大队干部常用手持喇叭站在树下向全大队喊话，向各生产队安排部署生产、学习、开会等事项。

　　此树高20m，胸围350cm，冠幅27.5m。主干高3m，上有11条主枝，树冠呈圆形，树形优美。其中一枝中间折断，系被一精神病人砍断，这种古树，正常人是没人敢冒犯的。

东西黄连树　　编号：豫C2876　　坐标：横19569449　纵3757199

中文名：黄连木　　　　拉丁名：*Pistacia chinensis*

科属：漆树科（Anacardiaceae）黄连木属（*Pistacia*）

　　潭头镇王坪村西组刘永福房后有棵黄连树，而这个地方叫"西头黄连树"，就是以这棵树命名的。而东边还有一棵黄连树，当地人把那个地方叫"东头黄连树"。

张村侧柏　编号：豫C2866　坐标：横19567656 纵3764806

中文名：侧柏　　　拉丁名：*Platycladus orientalis*

科属：柏科（Cupressaceae）侧柏属（*Platycladus*）

位于潭头镇张村张景立家门前。树龄600年，树高15m，胸围210cm，冠幅4.5m。

郎沟岩栎　　编号：豫C2854 / 豫C2857　　坐标：横19570091　纵3771380 / 横19570357　纵3771339

中文名：岩栎（别名：青檀）　　　　　拉丁名：*Quercus acrodonta*

科属：壳斗科（Fagaceae）栎属（*Quercus*）

　　潭头镇大坪村的三十里潭峪沟，是一条狭长的山沟，两侧的山坡陡峻，悬崖峭壁林立，立地条件很差。这里生长着大面积的檀子栎和岩栎。在郎沟，相距200多米就有两棵树龄达500年的岩栎。

　　位于潭头镇大坪村郎沟。树龄500年，高10m，胸围287cm，冠幅14.5m。

　　位于潭头镇大坪村郎沟。树龄500年，高14m，胸围293cm，冠幅14m。

张村冬青 编号：豫C2863 坐标：横19567406 纵3764032

中文名：冬青 拉丁名：*Ilex chinensis*

科属：冬青科（Aquifoliaceae）冬青属（*Ilex*）

位于潭头镇张村后岭。树龄300年，树高8m，胸围172cm，冠幅13m。

重渡兴山榆　编号：豫C0991　坐标：横19561007 纵3755114

中文名：兴山榆（别名：抱榆）　　　拉丁名：*Ulmus bergmanniana*

科属：榆科（Ulmaceae）榆属（*Ulmus*）

位于潭头镇重渡沟村西沟石灰窑顶。树龄400年，树高20m，胸围380cm，冠幅15m。

郎沟兴山榆 编号：豫C2858 坐标：横19570276 纵3771341

中文名：兴山榆（别名：抱榆） 拉丁名：*Ulmus bergmanniana*

科属：榆科（Ulmaceae）榆属（*Ulmus*）

位于潭头镇大坪村郎沟。树龄300年，树高14m，胸围270cm，冠幅11.5m。

郎沟国槐　编号：豫C2855　坐标：横19570068 纵3771416

中文名：国槐　　　拉丁名：*Sophora japonica*

科属：豆科（Leguminosae）槐属（*Sophora*）

位于潭头镇大坪村郎沟。树龄350年，树高15m，胸围317cm，冠幅16m。

胡家村皂荚　编号：豫C2848　坐标：横19572371 纵3764586

中文名：皂荚　　　拉丁名：*Gleditsia sinensis*

科属：豆科（Leguminosae）皂荚属（*Gleditsia*）

位于潭头镇胡家村赵文正房前。树龄350年，树高14m，胸围320cm，冠幅16m。

安沟栓皮栎　　编号：豫C2881　　坐标：横19562490 纵3772514

中文名：栓皮栎　　　　拉丁名：*Quercus variabilis*

科属：壳斗科（Fagaceae）栎属（*Quercus*）

位于潭头镇秋林村安沟圪塔。树龄350年，树高16m，胸围270cm，冠幅16m。

西坡柏木　编号：豫C5542　坐标：横19566431 纵3763459

中文名：柏木　　　拉丁名：*Cupressus funebris*

科属：柏科（Cupressaceae）柏木属（*Cupressus*）

位于潭头镇西坡村四组。树龄140年，树高9m，胸围167cm，冠幅7.5m。

西坡黄连木　　编号：豫C5546　　坐标：横19566484　纵3763417

中文名：黄连木　　　　拉丁名：*Pistacia chinensis*

科属：漆树科（Anacardiaceae）黄连木属（*Pistacia*）

位于潭头镇西坡村四组。树龄200年，树高23m，胸围160cm，冠幅8.5m，树高冠窄，长势旺盛。

西坡皂荚 编号：豫C5550 坐标：横19567251 纵3762968

中文名：皂荚 拉丁名：*Gleditsia sinensis*

科属：豆科（Leguminosae）皂荚属（*Gleditsia*）

位于潭头镇西坡村一组一处废弃民房院外侧。树龄200年，树高20m，胸围380cm，冠幅23m。主干高2.8m，上分5大主枝，枝叶稍稀疏，但生长旺盛。

王坪黄连木　编号：豫C5551　坐标：横19572078　纵3756587

中文名：黄连木　　　拉丁名：*Pistacia chinensis*

科属：漆树科（Anacardiaceae）黄连木属（*Pistacia*）

位于潭头镇王坪村四组。树龄200年，树高10m，胸围480cm，冠幅13.5m，主干高仅1m，分生4大侧枝，干粗枝稠，树势旺盛。

王坪桧柏 编号：豫C5554 坐标：横19571980 纵3795642

中文名：桧柏 拉丁名：*Sabina chinensis*
科属：柏科（Cupressaceae）圆柏属（*Sabina*）

位于潭头镇王坪村四组。树龄200年，树高8m，胸围130cm，冠幅6.5m，树势旺盛。

阳庄槲栎　　编号：豫C5687　　坐标：横19563700 纵3773250

中文名：槲栎　　　　拉丁名：*Quercus aliena*

科属：壳斗科（Fagaceae）栎属（*Quercus*）

位于潭头镇阳庄村四组。树龄350年，树高17m，胸围300cm，冠幅18.5m。主干高4.5m，上分生出8条主枝，树冠浑圆，长势旺盛。

秋林槲栎　　编号：豫C5718　　坐标：横19563647　纵3769407

中文名：槲栎　　　　拉丁名：*Quercus aliena*
科属：壳斗科（Fagaceae）栎属（*Quercus*）

　　位于潭头镇秋林村老包坡。树龄300年，树高24m，胸围150cm，冠幅16m。主干歪斜，整个树冠向下方倾斜生长，系经雪压、风刮所致，形成一种畸形老态。

马窑黄连木　　编号：豫C5711　　坐标：横19566790 纵3766316

中文名：黄连木　　　　拉丁名：*Pistacia chinensis*

科属：漆树科（Anacardiaceae）黄连木属（*Pistacia*）

位于潭头镇马窑村三组。树龄280年，树高18m，胸围312cm，冠幅16m，长势旺盛。

谢洼黄连木　编号：豫C5714　坐标：横19566956 纵3764775

中文名：黄连木　　　拉丁名：*Pistacia chinensis*

科属：漆树科（Anacardiaceae）黄连木属（*Pistacia*）

位于潭头镇张村六组的谢洼。树龄150年，树高15m，胸围210cm，冠幅9m，长势旺盛。

秋扒乡

秋扒乡位于栾川县城北50km处的熊耳山下。这里风景秀丽、花果飘香、奇石遍布、古文化遗址众多。该乡辖9个行政村，86个居民小组，2466户，10721人，总面积159km²。

秋扒乡风景秀丽，奇峰、异洞、山泉、瀑布、峡谷、怪树、奇石、渊潭、秀竹，景观遍布，形成了秀美靓丽的秋扒风光：石门寨险奇峻拔；鸭石沟飞瀑迭岩，气势恢宏，蔚为壮观……

这是一片古老的土地，亿万年前，恐龙在这里休养生息，留下了大量的化石；万余年前，先民在这里生活，留下了珍贵的仰韶文化遗址；2000年前的春秋战国时期的墓葬和古战场遗址显示了这里历来是兵家必争之地……悠久而厚重的历史文化积淀造就了这里勤劳淳朴的民风。

特色小吃"秋扒烧饼"。据史书考证，烧饼是汉代班超出使西域时传来的。《续汉书》记载："灵帝好胡饼。"胡饼就是最早的烧饼。秋扒烧饼的制作工具颇具特色，即秋扒炉鏊。其上下为炉，中间为鏊，在鏊内放入制作的饼在适宜的时间内烧烤而成。其历史悠久，千百年来在豫西嵩县、栾川、卢氏一带久有名气。时至今日，秋扒乡有张书敏、张爱琴、李长恩等十几位制饼行家，从事地方烧饼行业数十年，潜心研究，探索总结出成套的制作工艺流程，刻以旋转刀纹，在烧饼盖上撒上芝麻，抹以优质蜂蜜，使之黄、焦、软、色、香、味、型俱佳，享誉豫西。

全乡林地面积13594hm²，其中有林地12902hm²，疏林地219hm²，灌木林地444hm²，宜林地29hm²，活立木蓄积量47万m³，森林覆盖率83.12%。共有经济林32种，主要是仁用杏、核桃、板栗、山萸肉、油桐、柿子等。其中，仁用杏、沙梨、山萸肉基本形成规模，黑沙梨年产量达1000吨。

秋扒乡共有古树名木261株。其中一级10株，二级18株，三级233株（其中古树群103株）。

牤牛岭冬青 编号：豫C0998 坐标：横19562721 纵3769085

中文名：冬青 拉丁名：*Ilex chinensis*

科属：冬青科（Aquifoliaceae）冬青属（*Ilex*）

  秋扒乡蒿坪村陈家岭（牤牛岭）昌栓明家门前的路外侧山坡上，有一株远近闻名的冬青。相对于其他地方来说，牤牛岭上植被较差，大树较少，所以，这株极其优美的冬青古树，是这个只有十多户居民的山村引以为骄傲的风景。

  这棵树龄500年的冬青树高15m，胸围222cm，平均冠幅27.5m，占地面积近1亩。它树冠呈圆形，枝稠密而曲折有致，地面上虬根毕露，整株树似人工修剪过一般，十分优美雅致。

  过去十里八乡的民间盛传这棵冬青树上居住着神仙大家族，常可听到树上敲锣打鼓、唱戏等声音。事实上，传说中的现象并非此冬青树，而是距它约300m的一株古栓皮栎。可惜的是，那棵栓皮栎在1958年大炼钢铁时已经被砍伐掉了。不过，村民们仍把这棵冬青奉若神明，他们说，如果没有这棵冬青树，我们这个山村风景会逊色一大半。

石门寨橿子栎　　编号：豫C5450　　坐标：横19562312　纵3763812

中文名：橿子栎　　　　拉丁名：*Quercus baronii*

科属：壳斗科（Fagaceae）栎属（*Quercus*）

　　秋扒乡小河村纸房组张旦家宅旁，著名的石门寨下，一棵300年树龄的橿子栎在茂密的森林中看上去并不起眼，但它陪伴这里的几户人家数百年，历经风雨，见证沧桑变迁。早在200多年前的清嘉庆年间，张氏家族由山下（平原地区）上山（来到熊耳山区）在此安居时，这棵橿子栎已经成材并结实。在树旁，人们建起了房屋，开荒种地，饲养耕织，橿子栎所产橡实，供家畜作饲料，改善生活、补充温饱，人们与树和谐相处，对其十分敬仰和爱护，这也是这棵树能躲过历次被砍伐的厄运而生长至今的原因。如今，这棵树每年仍盛产橡子，当地群众每年可捡拾百千克以上。

韩长沟口三树一景　编号：豫C5449等　坐标：横19562300　纵3763795

中文名：橿子栎 / 青檀 / 黄连木

拉丁名：*Quercus baronii* / *Pteroceltis tatarinowii* / *Pistacia chinensis*

科属：壳斗科（Fagaceae）栎属（*Quercus*）/ 榆科（Ulmaceae）青檀属（*Pteroceltis*）/ 漆树科（Anacardiaceae）黄连木属（*Pistacia*）

　　秋扒乡小河村韩长沟口徐铁娃家北侧40m处有一石质小山嘴，呈三角形分布着3棵古树，树形各异，构成一景。

　　在正山梁的最下端是橿子栎，生长于一小石嘴上，树冠巨大，树形优美；距其10m的上方正山梁上，一株黄连木枝繁叶茂、挺拔俊秀；最奇特的是东南角的一株青檀，距橿子栎10m、黄连木5m，树干凸凹别致，裸露的虬根沿地上的石片向下伸长达2.5m，形如瀑布，与树干连为一体，看上去就像是树干的延伸，形成极为罕见的景观。由于此株青檀独特的景致，许多人意图购买移走，但树木所有人徐铁娃拒绝出卖。当然，2012年林业部门将这3棵树列为古树挂牌保护，今后它将不会被采挖，永驻此处。

关坪青檀　编号：豫C5526　坐标：横19560959　纵3768079

中文名：岩栎（别名：青檀）　　　拉丁名：*Quercus acrodonta*

科属：壳斗科（Fagaceae）栎属（*Quercus*）

　　秋扒乡秋扒村关坪东侧一处土堰边，有6株岩栎，当地人叫它青檀子。北侧的1株主干高3m，距其5m处为一丛3株，再往南侧2m处的一丛共2株。这6棵树的树冠合在一起，构成了一个面积达450m²的巨大树冠，系该村数百年来延续下来的天然休闲、避荫胜地，关坪檀子树也在十里八乡负有盛名。进入21世纪，建设和谐社会成为时代主题，拥有青檀古树群的关坪人，自然把这里作为村里休闲区的不二选择，一年四季，树下的人气相当旺。

　　这个古树群本来有7株，整体树冠有一亩，可惜最南侧的一株2011年因滑坡倒掉了，剩下的这6棵也面临同样的危险，关坪人对此非常忧心，他们害怕失去这片古老的绿荫。当然，政府在挂牌保护的同时，也正在考虑对堰体采取加固措施，以确保古树万古长青。

关帝庙古柏　编号：豫C2990 / 豫C2991 / 豫C2992 / 豫C2993　坐标：横19560132 纵3766953

中文名：柏木　　　拉丁名：*Cupressus funebris*

科属：柏科（Cupressaceae）柏木属（*Cupressus*）

　　秋扒乡秋扒村小学院内，有4株柏木，两株一排，两大两小，因历史悠久，为镇校之宝。该校旧时为一关帝庙，1927年用庙舍做校舍建立小学，新中国成立后拆除关帝庙，逐步建设成为一所现代化的完全小学。无论历史怎样变迁，4株柏树一直被完整地保存下来。在旧社会，为防止柏树被人偷砍，当地群众曾在树干中钉下了大量的铁钉，这些铁钉目前仍在树干中。

　　关于柏树的年龄，由于4株大小不一，是否同时所栽不得而知，无法准确界定。此庙建于明初，至清朝时香客渐少，庙宇破旧。清嘉庆初年，有一外来和尚多方化缘重修庙宇，在原来庙的柱子下发现有九根柏树根盘在一起，于是有了"九龙戏一柱"之说，庙建成后香火日盛。为纪念重修庙宇而刻的碑文记载：修庙时，"柏伟岸，枝繁叶茂，在其间正建关帝庙一处"，由此推断，在200年前重修建关帝庙时，柏树已"伟岸"，且至少两棵，树龄当在数百年。所以，假如当时的"伟岸"柏木只有两棵，今两棵大柏树的年龄应至少在600年。

下村皂荚　编号：豫C2986　坐标：横19560064 纵3765509

中文名：皂荚　　拉丁名：*Gleditsia sinensis*
科属：豆科（Leguminosae）皂荚属（*Gleditsia*）

秋扒乡下村有一株200年树龄的皂荚树，位于村内一片空地上，历来为村民休闲、聚集的场所。这里过去是打麦场，如今经过硬化、美化，建成了漂亮的休闲区，这棵古皂荚是休闲区乃至全村最重要的风景。

此树的主干2.8m处分生成两大主枝，其中一条主枝已腐朽，只留下1m长的枯桩，顺这个枯桩往下，一侧的树干也腐朽严重。而另一主枝上，分生出了5大侧枝，形成硕大的树冠，长势旺盛，使整棵树的树冠偏斜，重心严重偏移。久而久之，主干1.6m以下的部分出现了一条裂缝，使整棵树面临随时倒掉的危险。

为了保住这棵树，政府和村民探讨了多种抢救方案，包括主干打箍、拉牵引钢丝、用钢架支撑等，而最合理的方案倾向于钢架支撑法抢救。或许这一方案很快将实施，古树的难题将会迎刃而解。

上村皂荚　编号：豫C2989　坐标：横19560041　纵3767681

中文名：皂荚　　　拉丁名：*Gleditsia sinensis*

科属：豆科（Leguminosae）皂荚属（*Gleditsia*）

　　秋扒村上村刘吉照家门前有一株皂荚，树型高大，植于乾隆十年前后，距今250年。它高12m，胸围349cm，主干高2m处分成三大主枝，其中一枝腐朽成一长达3m的空槽，中间有一段尚有树皮相连，从而形成了2个圆孔，站在树下可从2个圆孔中看到天空。据了解，过去这棵树下曾为牛晾棚，因牛粪热造成根部受损，导致树势衰弱乃致主枝腐朽。这些年没了牛棚，树势才稍有恢复，那条尚未完全死亡的朽枝的顶部还生长了一些新枝。前几年在空槽的最下端因积有尘土，便长出了一株核桃树，2011年因天旱枯死了。树的基部，树根裸露于地面面积达7m^2，巨大的虬形根凸凹有致、盘根错节，十分好看。

　　此树紧挨着刘家院墙，冠幅面积近200m^2，虽在院外的遮阴面积并不大，不过足以吸引人们在炎热的夏天聚集树下，聊天，做手工活，休闲纳凉，其乐融融。

上庙白皮松 编号：豫C055 坐标：横19560204 纵3767877

中文名：白皮松　　　拉丁名：*Pinus bungeana*
科属：松科（Pinaceae）松属（*Pinus*）

秋扒村上庙基督教堂院内，一株著名的白皮松，又被人称作美人松。此树高达26m，胸围320cm，冠幅16.3m。原有6大主枝，前些年干枯2枝，现仅存4枝，其上分生7条大侧枝。此树树势较好，枝叶健康，最耀眼处在于它高大伟岸的树形，以及全株灰白色的枝干、鳞片状剥落的树皮，视之闪烁有光，格外斑斓，无比美丽壮观。

据考证，此树栽于明正德初年，距今500年。这里原是一座古庙，称上庙，过去在秋扒下村也有一座古庙，与"上庙"对应称"下庙"。上庙建于明正德初年，至清末时已荒废，所以20世纪50年代这里算是荒郊。后政府在此处建一小学，供秋扒后坑、下坑等生产队的孩子上学。20世纪80年代中期，学校合并停办，校舍被基督教占用作为秋扒乡的中心教堂至今。现在树基部东侧有一片疤痕，就是当年学生们玩耍用刀削的。为保护此树，1983年县林业局投资用钢筋制作了栅栏将树围了起来，基督教的人士及时将干枯的两条主枝锯下，对树呵护有加。如今，古庙院内，基督教信徒甚众；白皮松下，游人慕名拜谒，络绎不绝。

长短皂荚　　编号：豫C3000　　坐标：横19559376 纵3776502

中文名：皂荚　　　拉丁名：*Gleditsia sinensis*

科属：豆科（Leguminosae）皂荚属（*Gleditsia*）

　　皂荚所结的荚果有长有短，一般与某棵树的特性有关。即使同一棵树不同年份因气候、大小年等原因所结荚果大小不一样，一般也不会相差过大。像秋扒乡北沟村椋子树嘴的这棵皂荚就有点特殊。这棵树年龄已300年，树势旺盛，年年结果。据树的主人赵松如讲，它的荚果长度有的年份可达30~50cm，有的年份仅3~5cm，相差十分巨大。因与多数皂荚树不同，人们称其为长短皂荚。

北沟白皮松　编号：豫C3001　坐标：横19559355 纵3776414

中文名：白皮松　　　拉丁名：*Pinus bungeana*

科属：松科（Pinaceae）松属（*Pinus*）

　　在栾川县过去白皮松人工栽植较少，所以每一株大树都是当地的风景。秋扒乡北沟村七组椋子树下的一棵白皮松同样也因其树干挺拔、肤色亮白美丽而远近闻名。这棵树栽植于清康熙年间，系赵氏家族为纪念先辈而在坟地里种植的常青树，距今已300年。此树高20m，胸围135cm，冠幅5m。

221

华栎树下　编号：豫C0990　坐标：横19558446 纵3773386

中文名：栓皮栎（别名：华栎树）　　　拉丁名：*Quercus variabilis*

科属：壳斗科（Fagaceae）栎属（*Quercus*）

　　秋扒乡北沟村的后半沟分为东沟和西沟，又称东、西黄沟。在东、西沟交汇处的三岔西沟口一侧的一处平台上，一株高大雄伟的栓皮栎十分醒目，它高25m，胸围310cm，平均冠幅15m，主干3m处分生为两大主枝，主枝又分别分生出两大侧枝，构成了浑厚的树冠，是一处秀丽的风景。而围绕这棵树的故事，在当地广为流传。

　　半个多世纪前，这里是秋扒、潭头一带民间通往洛宁县的交通要道。清朝康熙年间此树始生，至嘉庆年间有人在树下建一草庙，这里便成为来往行人的驿站，或在此休息，或在庙中过夜，草庙曾一度声名远扬。解放后草庙被拆除，此处又成了北沟村集会的重要场所。由于这里地处北沟的中心地带，在路途上可以照顾到全村的平衡，加之场面较宽阔，大队开群众大会、逢年过节搭台唱戏，都在华栎树下进行。在树下，出现过无数次群情振奋的集会，也上演过无数场群众喜闻乐见的大戏，给人们留下了无尽的回忆。

　　这里原来还有一株栓皮栎，与现在保留的这棵年龄相当但树势较弱。20世纪70年代，不知什么原因那棵树起了火，燃烧数天后树木死亡。留下的这棵如今树势旺盛，每年都会结出稠密的果实。

盆景国槐　编号：豫C2996　坐标：横19557537　纵3777533

中文名：国槐　　　拉丁名：*Sophora japonica*

科属：豆科（Leguminosae）槐属（*Sophora*）

　　秋扒乡北沟村二组上岔彭立家老宅旁有一株国槐，高20m，胸围381cm，冠幅28m，是当地较有名气的一株古树。站在树下10m处的公路上，看不出它的特别，就是一棵古树而已。但如果走上这段10m高的山坡到树的北侧，一幅令人震撼的图画就呈现在眼前：这棵树的树身向坡外侧倾斜，主干高仅1.6m，上面分生两条直立向上的主枝，在主枝1.5m高处又各分生为两条大枝。其叶呈短簇状分布，露出曲、折相间的枝、干，酷似人工精心修剪、整形而成的一株巨大盆景。树皮的纹理呈右旋，更把整棵树衬托得古朴典雅，令人赏心悦目。

　　此树由彭家祖上栽植于明正德初年，历经五百年风雨沧桑。如今彭家已迁居山外，老宅荒废多年，院内杂草丛生，略显荒凉，但树势仍然健壮。由于国槐的叶可做野菜，花蕾、果实可做药用，每年都有人上树采籽，在采籽的同时，往往把一些小枝弄断，无意间也为创造这棵"盆景"做出了贡献。

北沟皂荚　　编号：豫C2994　　坐标：横19559144　纵3772475

中文名：皂荚　　　　拉丁名：*Gleditsia sinensis*

科属：豆科（Leguminosae）皂荚属（*Gleditsia*）

　　秋扒乡北沟村五组陆建锋家门前是北沟村新建的休闲广场，广场上花木葱郁，景色宜人，而其点睛之处，则是西北角的一棵古皂荚树。

　　这棵皂荚树龄200年，高10m，胸围236cm，冠幅10m，枝叶尚还繁茂。但在树干的东侧0.5m处，树干腐朽形成了一个长60cm、宽40cm的疤，疤内成一空穴，穴下侧位置刚好适合人坐在上面。于是，有人在其下部铺了一层水泥，做成一自然凳子。炎炎夏日，人们在树下或坐于石凳，或坐于树凳，纳凉休闲、玩耍娱乐，好不惬意。

第三章 乡域树韵

嶂峭断柳 编号：豫C2975 坐标：横19554554 纵3772470

中文名：旱柳 拉丁名：*Salix matsudana*
科属：杨柳科（Salicaceae）柳属（*Salix*）

秋扒乡嶂峭村寨沟门何狗旦家门前的场边，一株树龄350年的旱柳干腐枝断，似乎向人们展示岁月的沧桑和衰老的孤独与无奈。

这棵树高6m，胸围494cm，仅5m的冠幅绝不可能是它当年的英姿。它主干2.7m处原分生了5大主枝，现仅余3枝，其余2枝已因腐朽而折断，看上去树冠歪斜向一侧。主干已全部中空，露出宽达1m的一个大槽，应该说"瘦得只剩下一张皮了"。尽管人们对它精心呵护，但岁月的无情或许无法阻止它继续走向衰老。

雁坎古柏　编号：豫C2982　坐标：横19558282　纵3765957

中文名：柏木　　　拉丁名：*Cupressus funebris*

科属：柏科（Cupressaceae）柏木属（*Cupressus*）

　　秋扒乡雁坎村小学院外的一株600年古柏树干2m处，可以清晰地看到一根外露约5cm的铁耙齿，这是20世纪20年代，当地村民崔海运、徐明等人为保此树不被砍伐而钉进去的，当时钉的还有铁钉等物，许多已包进了树干内。

　　这棵柏木初植于明永乐年间，几百年来一直被认为是此地的风脉，过去曾在树下建有山神庙，村民皆予敬畏呵护。民国初年，有地方豪绅欲将此树买下伐掉，村民得知后恐风水被破坏但又无力阻止，于是便想出了树上钉钉阻止砍树的办法。

　　这棵树主干高3m，主干上有一半没有树皮，露出的木质干枯但腐朽尚不严重，从树干基部可见干内腐朽的小空洞，树势显得较弱。原有三大主枝，其中东侧的一枝前些年断落，在断茬上长出了一株刺槐树，看其长势，或许将来可能成为一棵大树与柏树共存。

黄岭古柏　　编号：豫C2978　　坐标：横19555226 纵3769158

中文名：柏木　　　　拉丁名：*Cupressus funebris*

科属：柏科（Cupressaceae）柏木属（*Cupressus*）

　　秋扒乡黄岭村林家村新建的休闲区东侧的一株柏木树冠浑厚醒目，系黄岭村的一个地标。据传，此树系明永乐年间初迁此地时，一老太所栽。当时，为了防止树苗根系失水，老太太将苗根部用湿泥包住放在绣鞋内，连鞋一起将树苗栽在了这里。至于树苗从何处带来，或许是从千里之外的山西呢。

　　这棵柏木原来主干高2m，因人们逐年在树旁倾倒杂物，后又修建休闲区，将主干埋得只露出地面0.5m，在此分成了两大主枝，树枝稠密，粗大的树枝曲折有致，小枝条则下垂如垂柳，最低处距地面仅0.6m。整棵树的树皮纹理均右旋，与多彩的树冠共同构成美景。虽然这棵古柏周围已修建成漂亮的休闲区，但人们并不在树下纳凉，因为传说树上所居神仙众多，这棵树的细小枝条也不可轻动。林家村林木茂盛，不缺乏纳凉的地方，人们对古柏宁可只观其景、不纳其凉。

林家村古榆　　编号：豫C2979　　坐标：横19555178　纵3769156

中文名：榆树　　　　拉丁名：*Ulmus pumila*

科属：榆科（Ulmaceae）榆属（*Ulmus*）

秋扒乡黄岭村林家村休闲区西侧马学立家门前的一株榆树，树龄虽只有150年，但却是村里人的宝贝。

民国初年，人们在树上采榆钱时，把树顶弄断了，导致此树主干高仅3m，从此处分生出了4大主枝。1961年正值三年困难时期，人们为剥榆皮充饥，把3/4的树干全剥了皮。好在树势旺盛，树皮又逐渐长了出来，目前剥皮的痕迹基本消失，仅可见一条20cm宽的疤痕。

如今，这棵榆树已长成参天大树，高达15m，胸围233cm，冠幅10m，与休闲区另一侧50m处的古柏相映成辉，平添几分景致。因柏树下无人乘凉，榆树就成了纳凉休闲的绝好地方。由于树冠厚而稠密，如果天下二指墒的雨量，树下仍不会见雨点，在此闲坐，怎不惬意！

上庄七叶树　　编号：豫C2984　　坐标：横19560020　纵3759133

中文名：七叶树　　　　拉丁名：*Aesculus chinensis*

科属：七叶树科（Hippocastanaceae）七叶树属（*Aesculus*）

　　秋扒乡鸭石村上庄郑红周的房前，一片淡竹林郁郁葱葱，四周绿树成荫，景色迷人。绿树翠竹掩映中，一棵高大的七叶树让这里变得更加秀丽、雅致。

　　这棵七叶树树龄150年。它高达30m，胸围210cm，冠幅19m，覆盖面积近半亩。其主干高5.5m，呈丛状分生为5大主枝，再生9大侧枝，枝稠叶密，冠厚而阔，冠形圆，树干直，整齐大气，挺拔伟岸，把小山村衬托得如世外桃源。

北沟橿子树　编号：豫C2995　坐标：横19557511　纵3778043

中文名：橿子栎　　　拉丁名：*Quercus baronii*

科属：壳斗科（Fagaceae）栎属（*Quercus*）

　　秋扒乡北沟村十组龙卧沟口的一处山嘴，人称橿子树嘴。远望去，一株橿子栎似鹤立鸡群，这棵橿子栎树龄400年，高15m，胸围223cm，冠幅12m。

　　由于这里地广人稀、交通不便，而这棵橿子树非常显眼，所以它便成了地标，此处的地名也由它而得。

鸭石黄连树 编号：豫C5525 坐标：横19558020 纵3762911

中文名：黄连木 拉丁名：*Pistacia chinensis*

科属：漆树科（Anacardiaceae）黄连木属（*Pistacia*）

　　秋扒乡鸭石村二组杨树沟有一地名叫"黄连树嘴"，因这个小山嘴有一株150年树龄的黄连木而得名。

　　此树距毛家房屋100m。清光绪初年时，此树有20年树龄，已初出林梢，因此处无地名，这里又是一个接近沟底的小山嘴，便以黄连树加"嘴"命名之，延续100余年至今。

蒿坪国槐　　编号：豫C5504　　坐标：横19562100 纵3769422

中文名：国槐　　　拉丁名：*Sophora japonica*

科属：豆科（Leguminosae）槐属（*Sophora*）

位于秋扒乡蒿坪村后岭。树龄150年，树高10m，胸围250cm，冠幅8m。

嶂峭槲栎　　编号：豫C2974　　坐标：横19553992 纵3771303

中文名：槲栎　　　拉丁名：*Quercus aliena*

科属：壳斗科（Fagaceae）栎属（*Quercus*）

位于秋扒乡嶂峭村三道岭坡根。树龄150年，树高10m，胸围194cm，冠幅6m。

黄岭槲栎	编号：豫C2980	坐标：横19555128 纵3768589

中文名：槲栎　　　拉丁名：*Quercus aliena*

科属：壳斗科（Fagaceae）栎属（*Quercus*）

　　位于秋扒乡黄岭村林家村下庄科。树龄400年，树高12m，胸围345cm，冠幅18m。此树生于一片杂林中，主干高2.6m，上生10条大枝，四向伸长，枝条稠密，树冠浑厚，树形优美。虽地处偏僻、交通不便，仍闻名十里八乡。

北沟槲栎　　编号：豫C2997　　坐标：横19560787　纵3778063

中文名：槲栎　　　　拉丁名：*Quercus aliena*

科属：壳斗科（Fagaceae）栎属（*Quercus*）

位于秋扒乡北沟村六只角门。树龄500年，树高25m，胸围386cm，冠幅16m。

嶂峭黄连木 编号：豫C2973 坐标：横19553938 纵3771715

中文名：黄连木　　　拉丁名：*Pistacia chinensis*

科属：漆树科（Anacardiaceae）黄连木属（*Pistacia*）

位于秋扒乡嶂峭村三道岭。树龄500年，树高20m，胸围400cm，冠幅13m。

狮子庙镇

狮子庙镇位于栾川县北部，东与秋扒乡接壤，南与赤土店镇相连，西接白土镇，北与洛宁县隔岭毗邻。镇域南北最长22.6km，东西最宽17.5km，总面积为276km²。因曾有雄狮在此出没而得名。下辖21个行政村，180个居民组，总人口21000人，耕地面积15770余亩。

狮子庙镇清末时属嵩县都御里，民国十九年属嵩县第四区，1947年置栾川县第三区，又称白狮区，1958年9月建立白狮公社。1970年将白土从白狮公社析出，单设狮子庙公社，1984年废社改乡，2011年撤乡建镇。

狮子庙镇属深山区，境内山峦叠嶂，纵横交错。北有熊耳山、南为遏遇岭，中间构成一道自西向东的河川，伊河支流小河由此穿过。熊耳山脉主峰——李岗寨，海拔1975m，为狮子庙的北部最高屏障，又是与洛宁县的分水岭。狮子庙地处中纬度暖温带，属大陆性季风气候，冬长夏短，四季分明。辖区内山水相依，绿树成荫。夏无酷暑，冬无严寒，乡风淳朴，资源丰富。

该镇森林资源丰富，林业用地24364hm²，其中有林地23018hm²，灌木林地1290hm²，未成林造林地21hm²，宜林地34hm²，活立木总蓄积88万m³，森林覆盖率87.76%。用材林以阔叶林为主，主要树种有以栎类和阔杂类为主的天然林和以欧美杨、毛白杨、楸树、刺槐等为主的人工林。经济林主要有核桃、柿子、山漆、板栗、黄连木、苹果、桃、梨、杏、杜仲、山楂等。经济林年均产量可观，其中柿子533吨，核桃210吨，苹果116吨，梨132吨，桃98吨，板栗21吨。

该镇共有古树名木64株。其中一级10株，二级24株（散生15株中，古树群9株），三级30株（散生26株，古树群4株）。

三官庙三侍卫　编号：豫C2944 / 豫C2945 / 豫C2946　坐标：横19550942　纵3773720

中文名：兴山榆 / 橿子栎　　　拉丁名：*Ulmus bergmanniana / Quercus baronii*

科属：榆科（Ulmaceae）榆属（*Ulmus*）/ 壳斗科（Fagaceae）栎属（*Quercus*）

　　狮子庙镇三官庙村的三官庙是一座久负盛名的古庙。庙的前后共有3株古树，并称"三侍卫"。庙前的院边有一棵兴山榆，当地又叫抱榆，正对庙门，它的主干高3m，上面对称生长两大主枝，枝繁叶茂，干、冠对称，高大威武，就像是在站标准的"军姿"；庙后各距山墙1/6的位置分别生长一棵橿子栎，高低、粗细、树冠大小及形状基本相同，与兴山榆相比个低冠瘦，似二位侍女。

　　这座三官庙建于清同治十三年三月，距今138年。当时由张良玉、孙陵道二人捐30串割地一处建庙，王发科等人割地供"社火"，贺进法等23人捐钱45600文、官方支付22489文共计68089文建成此庙，庙成时由贺全顺捐钱200文为建庙者立功德碑。庙内供奉的是天、地、水"三官"，当地百姓视供神为精神寄托，焚香许愿者络绎不绝，闻名四方，此地也改名为三官庙。

　　关于"三侍卫"的来历现无法考证，但从其分别为300年和350年的树龄推算，应在建庙之前就已经有树了。不过，不论先有庙还是先有树并不重要，重要的是3棵树如此恰到好处地生长在庙宇前后，即便是无意的巧合，也实属难得。

猪头沟白皮松　编号：豫C5379　坐标：横19549846 纵3773981

中文名：白皮松　　　拉丁名：*Pinus bungeana*
科属：松科（Pinaceae）松属（*Pinus*）

　　狮子庙镇三官庙村猪头沟组南坡杨春怀家院边的一棵白皮松，因树形优美而成为远近闻名的风景树。它高15m，胸围215cm，冠幅15m，树干6m以上生12条主枝，均匀伸向四周，构成了伞形树冠，整棵树就像是一把巨伞，阳光下白色伞柄熠熠闪光。地面上裸根四向延伸，长达8m，有的相互交叉，有的黏连在一起呈木板状，像是告诉人们它曾经经过历代人的坐、踩磨砺。

　　此树是陈姓的祖先于明嘉靖末年栽下的，距今约450年。因为历代居民都把它视为村中的宝贝，为防止有人砍伐，树中被钉进了不少于50斤的铁钉。如今，这个偏僻山村的人大多迁往山外，原有的12户只剩下1户在坚守。虽显孤独，但绿树掩映中有这么一棵美人松相伴，也不失为生活在远离都市喧嚣的世外桃源之中了。

永恒的路标　编号：豫C1002　坐标：横19553652　纵3768764

中文名：栓皮栎　　　　拉丁名：*Quercus variabilis*
科属：壳斗科（Fagaceae）栎属（*Quercus*）

　　狮子庙镇孤山村嶂峭沟口有一株孤立的栓皮栎，它高20m，胸围350cm，冠幅20m，共有3大主枝及7条直径30cm以上的大侧枝，其中一枝延伸到三邓公路上。树龄虽已250年，但无病虫害，长势旺盛，近圆形的树冠阔而厚，显得既朴实无华，又高大雄伟。从古至今，它一直是嶂峭沟口的醒目路标。

　　在旧时代，秋扒乡的嶂峭沟和狮子庙镇的龙王幢沟都是民间交通要道，但山高路远、道路崎岖。民间曾有民谣道："嶂峭沟，刘皮崖（嶂峭沟内一地名，'崖'方言音ye），一来一去一对鞋"，以此形容四十里嶂峭沟的路途遥远和难行。而嶂峭沟是从龙王幢沟半沟内向东岔道的，外来人多有找不到路口的情况，所以自从这棵栓皮栎成形后，便成了一个路标，人们都会用"到大华栎树进沟"之类的话告诉他人怎么走。久而久之，这里也成为行人必然休息的一个露天驿站。

　　时至今日，不仅省道、县道四通八达，就连嶂峭沟内的村道也铺成了水泥路面，去嶂峭沟再也不用"一来一去一对鞋"了。沟口的公路上也安装了一个路标牌，可开车的司机仍时常会跑过了路口。于是，"到大华栎树拐弯"也就继续在沿用。尽管它的路标作用正日益淡化，但"大华栎树"在当地人们的心中将是永恒的路标。

王府沟抱榆　编号：豫C2970　坐标：横19550257　纵3764791

中文名：兴山榆（别名：抱榆）　　　拉丁名：*Ulmus bergmanniana*
科属：榆科（Ulmaceae）榆属（*Ulmus*）

　　狮子庙镇王府沟村薛保山家对门的条岭上的一棵兴山榆，本来是非常漂亮的风景树，因为蛇仙的传说让人们对它敬而远之。

　　这棵高16m、胸围达385cm、树龄500年的古树拥有5条粗达数十厘米的大根裸露在地面上，似5条巨大的爪子紧紧地抓住山脊，树皮呈鳞状斑驳脱落，很久以前的时候就传说此树是蛇仙变的。20世纪60年代有一次下雷雨，雷电将此树的两条粗达数十厘米的大枝击断甩出数十米，周围的数棵树木都被击中。由于从没见过威力这么大的雷击，人们便认为是天上的龙来抓蛇精的，现在的树干南侧，有一个宽60cm、长150cm的大疤，就是当年雷击时"龙爪"留下的痕迹。80年代初，树上有个喜鹊巢，几个小学生上到树上想掏喜鹊蛋，不料巢中伸出一条大蛇，孩子们吓跑回家后，大人们就更坚信树上仍住着蛇精。正因为这些缘故，70年代树干的空洞中曾住进一窝蜜蜂，虽有人想去试着采收蜂蜜，但终无人敢动。

子孙栓皮栎　编号：豫C2967　坐标：横19550061　纵3761714

中文名：栓皮栎　　　　拉丁名：*Quercus variabilis*

科属：壳斗科（Fagaceae）栎属（*Quercus*）

　　狮子庙镇王府沟村庙台组竹园孙建军家的房后，一棵树龄500年的栓皮栎树下，左右两侧各长一棵栓皮栎，它们同在古栎的庇荫下，人们把它们称为子孙树，稍大点的那棵为子，稍小的那棵为孙。

　　这棵古栓皮栎生长于一块巨石之上，主干3.5m处分生为3大枝，各枝每隔3~5m再分生2~3枝，极具骨感。由于树旁还有一竹园，古树、民居相映成趣，使此树成为当地不可或缺的风景树。

镇龟龙白芽　编号：豫C2960　坐标：横19545626 纵3771774

中文名：流苏（别名：牛筋子、龙白芽）　　　拉丁名：*Chionanthus retusus*
科属：木犀科（Oleaceae）流苏树属（*Chionanthus*）

　　狮子庙镇西阳道村王庄组原小学房前，紧临河道有一块巨石，形状极像一只千年龟。传说古时这只石龟成了精，蠢蠢欲动。明武宗正德年间，为防止石龟害及苍生，经高人指点，当地选100名壮汉从山上挖来一棵流苏树，共同栽于龟背之上，并由这100壮汉连续浇水100天确保了树的成活。树成活后，人们给它取名"龙白芽"。500年来，石龟再无动过，西阳道四时平安。过去人们还在树旁建有山神庙，新中国成立后被拆掉了。

　　这棵流苏树如今仍生长在石龟背上，由于龟背无土，它的根深深地扎在石缝中汲取营养。其树冠巨大，从远处看，树冠把西阳道的整个沟遮得严严实实，加上关于石龟的传说，村民历代把它当做风水树。2011年，村、组干部曾与外地人商定好价钱准备把此树卖掉，全体村民坚决阻拦，树得以保存。

　　流苏树的花有的为雌雄异株，有的为两性花。这棵每年春天开满白花，非常美丽，但从未结实，应为雄株。

独臂核桃 编号：豫C2962   坐标：横19545523 纵3772170

中文名：核桃   拉丁名：*Juglans regia*

科属：胡桃科（Juglandaceae）胡桃属（*Juglans*）

　　狮子庙镇西阳道村王庄仓房前，一棵250年树龄的核桃树仅有一枝，号称"独臂"核桃。此树主干高5m，上面原有4条大枝，其中的3枝以及顶部皆因年老腐朽而断掉了，只剩下西侧的一枝孤零零地伸在空中，整棵树形显出古朴、苍老之美。不过，由于这条独臂也患"骨质疏松"，人们在树下经常可以听到"嘎吱"声，似乎它随时都会断掉。

　　当地人说，西阳道核桃树多，应该归功于祖先们勤种核桃。当年从山西大槐树下迁来的赵、蔡等姓祖先初到此地时，"山不开，无人烟，晚有狼，用锛打"，凭着一代又一代人的艰辛劳作，在这里繁衍生息、扎下了根。祖先们种植了大量的核桃树，证明这里非常适合核桃生长，栽培技术也代代相传，核桃逐渐成为这里的传统优势产业，而这株独臂核桃就是明证。

山东台标　编号：豫C2961　坐标：横19544939 纵3774819

中文名：白皮松　　　拉丁名：*Pinus bungeana*
科属：松科（Pinaceae）松属（*Pinus*）

　　山东卫视的台标是一个"S"形，这恐怕无人不晓。狮子庙镇西阳道村后门河对岸的一棵白皮松，其树干形状酷似山东台标，着实稀奇。

　　这棵白皮松生长在后门河对岸的一处悬崖峭壁上，基部在崖顶生出，稍向上后弯向崖下4m，然后又拐弯向上生长，整个主干构成了山东台标"S"。在"S"形主干以上部分，枝条稠密，远看呈一团白色。在阳光的照耀下，"S"形台标熠熠生辉。

　　此树的奇特干形传开后，山东曾有人专程来考察，希望将树移走，但一因难以挖掘，二因当地坚决不同意，终无果。

栾川白皮松王　　编号：豫C5662　　坐标：横19542995　纵3767320

中文名：白皮松　　　拉丁名：*Pinus bungeana*

科属：松科（Pinaceae）松属（*Pinus*）

　　狮子庙镇南沟门村松树岭，生长有一株白皮松，树龄达800年。此树高20m，胸围340cm，冠幅15m，在栾川县众多的白皮松中独占鳌头，堪称栾川的白皮松王。

　　这棵树在主干2m处分为4大枝2小枝，树形圆满，枝干稠密，远看一片白色熠熠生辉，极为壮观。此树过去十分旺盛，但20世纪五六十年代，当地群众常在树下挖土、砍下树枝用作扎彩门，导致树势逐渐衰退，到2007年以后便不再结实了。据当地村民张世民讲，传说此树是卢氏县大户刘吉家的风脉树，树影常可倒映在刘吉家的水缸里，因而旧时刘家每年都要到此对树进行祭拜。

黄栌材树嘴　　编号：豫C2949　　坐标：横19555614　纵3764842

中文名：黄栌（别名：黄栌材）　　　　拉丁名：*Cotinus coggygria*

科属：漆树科（Anacardiaceae）黄栌属（*Cotinus*）

　　狮子庙镇朱家坪村翁峪沟门的东条岭上有个地名叫黄栌材树嘴。相传古时，洛宁县有一陈姓人家，连续数日在家中水缸见一黄栌树的影像，树上还挂着一根鞭子。陈某认为这是自家的吉相，便潜心寻找此树。一日在翁峪沟门的岭上见到这棵树，觉得与水缸中所见一模一样，只是少了鞭子。刚好见一放牛者，问之，牛馆答：我平时放牛到山上时将鞭子挂于树上，赶牛时取下。于是便确认了此树就是缸中所见。陈某反复叮咛不可砍伐此树，并建议将此处叫做黄栌材树嘴。

　　这棵300年树龄、高8m、胸围221cm的古黄栌如今已老态尽现，树干2.6m以上部分全部干枯，仅在下面的树干上萌生出了一些细小的枝条。尽管如此，它干枯的树顶依然斜插天空，以孔洞遍布、满目疮痍的身躯，坚守着自己的岗位，宣示着黄栌材树嘴的存在。

孤山兴山榆　　编号：豫C1004　　坐标：横19550923　纵3771826

中文名：兴山榆（别名：抱榆）　　　　拉丁名：*Ulmus bergmanniana*

科属：榆科（Ulmaceae）榆属（*Ulmus*）

位于狮子庙镇孤山村西坡组。树龄300年，树高25m，胸围240cm，冠幅22.5m。树势高大，生长旺盛。紧邻此树还生长一株兴山榆，向一侧倾倒。

孤山兴山榆　编号：豫C2940　坐标：横19550925 纵3771816

中文名：兴山榆（别名：抱榆）　　　拉丁名：*Ulmus bergmanniana*

科属：榆科（Ulmaceae）榆属（*Ulmus*）

在狮子庙镇孤山村王沟门还有一株兴山榆。树龄150年，树高20m，胸围160cm，冠幅7m。

孤山黄连木	编号：豫C1005	坐标：横19551245 纵3771599

中文名：黄连木　　　　拉丁名：*Pistacia chinensis*

科属：漆树科（Anacardiaceae）黄连木属（*Pistacia*）

　　位于狮子庙镇孤山村西坡组。树龄150年，树高20m，胸围290cm，冠幅10m。主干高1.6m，上分生为4大主枝，稍向外拐后向上生长，形似4条叉子托起硕大的树冠，4条主枝的中央构成一小平台，行人路过此处歇息，可将行李物品平稳放置在上面。

孤山栓皮栎 编号：豫C2938 坐标：横19554263 纵3767656

中文名：栓皮栎 拉丁名：*Quercus variabilis*

科属：壳斗科（Fagaceae）栎属（*Quercus*）

位于狮子庙镇孤山村菜沟门斜对面。树龄200年，树高22m，胸围220cm，冠幅10m，整个树干呈弧形弯曲并向坡下侧倾斜，长势旺盛。

253

坡前兴山榆　　编号：豫C2941　　坐标：横19551316 纵3775245

中文名：兴山榆（别名：抱榆）　　　　拉丁名：*Ulmus bergmanniana*
科属：榆科（Ulmaceae）榆属（*Ulmus*）

位于狮子庙镇坡前村基督教会院后。树龄350年，树高20m，胸围252cm，冠幅21m。

坡前旱柳 编号：豫C2942 坐标：横19551764 纵3776146

中文名：旱柳 拉丁名：*Salix matsudana*

科属：杨柳科（Salicaceae）柳属（*Salix*）

位于狮子庙镇坡前村坡前街的休闲区。树龄150年，树高15m，胸围232cm，冠幅8.5m。主干高2m，上分两大主枝呈一"V"字，在分叉下侧有一空洞贯穿主干，可从树的一侧通过树干看到另一侧。树干基部有一硕大树瘤，树皮多蛀孔和疤痕。由于树形奇特美观，为坡前街的一处主要景观。

张岭栓皮栎　　编号：豫C2959　坐标：横19550174 纵3771050

中文名：栓皮栎　　　　拉丁名：*Quercus variabilis*

科属：壳斗科（Fagaceae）栎属（*Quercus*）

　　位于狮子庙镇张岭村张岭。树龄300年，树高9m，胸围297cm，冠幅14m，树干粗壮、通直、圆满，树冠顶部一侧的主枝折断，看上去顶端树冠偏斜，但在缺失冠顶的一侧下部有三条大主枝平衡了树体，反倒使整个树形更加美观。

王府沟刺柏　编号：豫C5378　坐标：横19549587　纵3760726

中文名：刺柏　　　拉丁名：*Juniperus formosana*（*J.taxifolia*）

科属：柏科（Cupressaceae）刺柏属（*Juniperus*）

位于狮子庙镇王府沟村幢根组水泉洼。此树植于乾隆五十五年前后，树龄220年，树高16m，胸围220cm，冠幅10m。

白土镇

白土镇地处栾川县西北部，西接卢氏，北依洛宁，东南分别与三川镇、冷水镇、狮子庙镇相邻，全镇总面积123km²，辖12个行政村、123个居民组、14000多人。

白土镇山清水秀，四季分明，冬无严寒，夏无酷暑，独特的地理环境和土壤条件，孕育了无核柿子、优质核桃等名优林果品种。该镇为栾川县核桃主产区之一，产量大、品质优；境内的柿子全部为无核，全县仅在此镇境内有无核柿子，堪称一绝；连翘量大质优而远近闻名。先后获得国家工商局WTO无核柿及其制品和伏牛山连翘及其制品原产地标记认证，成为全国唯一拥有两个产业化品牌原产地保护的乡镇。

主要土特产有白土无核柿子、无核柿饼、无核柿子醋、核桃、连翘等。

矿产资源丰富，主要矿藏有金、银、铅、铁、钼、汉白玉等，储量大、品位高，开发潜力巨大，为工矿兴镇创造了有利条件。

该镇林地面积12663hm²，其中有林地面积7324hm²，灌木林地3846hm²，未成林造林地184hm²，宜林地1310hm²，活立木蓄积量30万m³，森林覆盖率71.03%，

共有古树名木107株。其中一级1株，二级5株，三级101株。

断臂华山松　编号：豫C2937　坐标：横19541848　纵3773166

中文名：华山松　　　拉丁名：*Pinus armandii*
科属：松科（Pinaceae）松属（*Pinus*）

　　在白土镇王梁沟村孤山的两户居民房后，一棵200年树龄的华山松原本左右两大主枝呈"V"字形对称生长，树形优美。但它靠西侧的那枝在2011年春因大雪和冻雨的双重作用，整枝断掉了。现在看起来，就像是两条手臂断了一枝。

　　尽管这棵树断了一臂，但剩下的一枝斜指东方天空，像是一株迎客松，枝叶依然繁茂，意志更加坚强。与原来的形象相比，正以另一种美景笑报人间。

蔺沟三景　编号：豫C2932 / 豫C2933　坐标：横19541212　纵3769435

中文名：侧柏 / 栓皮栎　　　拉丁名：*Platycladus orientalis / Quercus variabilis*

科属：柏科（Cupressaceae）侧柏属（*Platycladus*）/ 壳斗科（Fagaceae）栎属（*Quercus*）

　　白土镇蔺沟村是一个宁静的山区小自然村。村子的东西两侧各有一条山岭，都因土壤的颜色而分别叫做东、西红土岭，也简称东岭、西岭。这个小村子东西岭上对称部位各有一棵侧柏，东红土岭坡根还有一株300年树龄的栓皮栎，并称为蔺沟三景。

　　生于东岭坡根的栓皮栎是自然生长的。这里原本有两株，靠上的那株1958年被领导强令砍掉了，只因传树上有仙，无人敢动锯，下面的这株才保存了下来。这棵树现在顶部因虫害而死，干高6.5m，生有7条大主枝，粗达50cm，各枝平伸，冠幅达28m，构成了巨大的树冠。这棵位于熊家房后的古树冠阔荫浓，本应是纳凉休闲的好地方，却因迷信传说过多，人在下面感觉阴森森的，所以从没有人在树下乘凉。它只是风景树、风水树而已。

　　西岭上的侧柏主干高仅1m，上面生出12条主枝，呈伞形排列伸长，形状奇特，树冠圆形，在没有大树的蔺沟看起来十分醒目。20世纪70年代，蔺沟人为了绿化荒山，同时也为了美化家园，在东岭上与此柏对应的位置炸石挖穴，在穴内填肥土、施羊粪，栽下了另一棵侧柏，挑水浇灌月余，如今已经成景，与对面岭上的古柏遥相呼应，加上那棵栎树，都是蔺沟人的骄傲。

侧柏见证变化　编号：豫C2935　坐标：横19542525　纵3769553

中文名：侧柏　　　拉丁名：*Platycladus orientalis*

科属：柏科（Cupressaceae）侧柏属（*Platycladus*）

左图拍摄于2009年，右图拍摄于2012年

　　白土镇王梁沟村的糖古嘴，有一株侧柏，无法考证它的由来，估测树龄为400年。其树干2m以下部分向北侧倾斜，然后拐向直立生长，高12m，冠幅仅5m，树冠呈尖塔形，看上去像个小老头。本来它默默无闻地在此生长了数百年，没有任何特色，但近年的新农村建设让这棵古柏找到了位置。村里在树旁开辟了休闲区，树前立一块"地名石"，树旁建一座红色的亭子，休闲区内安装了各种健身器材。走近休闲区，这棵侧柏特别占景，它不再是昔日的小老头，而是一棵古色古香的藏品一般，让休闲区环境增色、档次提升、生机尽现。

"五指擎天" 　编号：豫C5400 　坐标：横19542495 纵3770171

中文名：核桃　　　拉丁名：*Juglans regia*

科属：胡桃科（Juglandaceae）胡桃属（*Juglans*）

　　白土镇是栾川县的核桃主产区之一，王梁沟村的核桃树更可以用"五步一树"来形容。如此规模的核桃种植，既是现代人勤奋的结果，也离不开古人的功劳，因为种植核桃是一种传统。在王梁沟村沙沟门的村道东侧，一株300年的古核桃就是古人的功劳，它独特的树形，也为绿树成荫的村村通道路增添了色彩。

　　此树高14m，冠幅16m，胸围336cm。干高1m处，分生5大主枝，开心形生长，西侧的两枝平直伸过公路直至西侧的耕地。各枝粗均达50cm以上，似五指撑起了树冠，故称"五指擎天"。树皮均呈左旋，其中4枝皮纹深纵裂，仅南侧的一枝特殊，呈片状、块状浅裂。裸根粗逾40cm，紧缠树干基部，似虬如蛇，十分好看。

　　这棵树原由李氏族人于清康熙末年栽植，树权传至土改时收归集体，20世纪80年代又分给了司宝军、王麦生、王富成三家共有。今虽显老态龙钟，仍可年产核桃百余斤。

铁岭槲栎　　编号：豫C2930　坐标：横19533910 纵3764994

中文名：槲栎　　　　拉丁名：*Quercus aliena*

科属：壳斗科（Fagaceae）栎属（*Quercus*）

位于白土镇铁岭村张家沟。树龄200年，树高18m，胸围266cm，冠幅6.5m。

椴树村榆树　编号：豫C2931　坐标：横19536534 纵3767210

中文名：榆树　　　拉丁名：*Ulmus pumila*
科属：榆科（Ulmaceae）榆属（*Ulmus*）

　　位于白土镇椴树村庙沟口的一块耕地内。树龄120年，树高25m，胸围286cm，冠幅12.5m。立地条件良好，树木生长旺盛，树形浑厚圆满，气势雄伟。

均地沟华山松　　编号：豫C2934　　坐标：横19540625　纵3772209

中文名：华山松　　　　拉丁名：*Pinus armandii*

科属：松科（Pinaceae）松属（*Pinus*）

位于白土镇均地沟村庙疙瘩，树下建有一小庙。树龄200年，树高15m，胸围160cm，冠幅11m，生长旺盛。

王梁沟皂荚 编号：豫C2936 坐标：横19542299 纵3770805

中文名：皂荚　　拉丁名：*Gleditsia sinensis*

科属：豆科（Leguminosae）皂荚属（*Gleditsia*）

　　位于白土镇王梁沟后岭上。树龄300年，树高25m，胸围360cm，冠幅11.5m。树势尚旺盛，但树干基部中空，有一菱形空洞，树干稍向一侧倾斜生长。

一株三品种　　编号：豫C5900　　坐标：横19542586 纵3769492

中文名：柿树　　　拉丁名：*Diospyros kaki*

科属：柿树科（Ebenaceae）柿属（*Diospyros*）

　　位于白土镇王梁沟村前村组春生家门前。树龄190年，树高14m，胸围186cm，冠幅9m。长势旺盛。此树的特异之处在于一树结3个品种的柿子，分别是'面胡栾'、'牛心'和'小柿'。从树干的嫁接痕迹看，当初只嫁接了一个接穗，为何树冠上分化成3个品种，原因不得而知。

王梁沟柿树 编号：豫C5901 坐标：横19542568 纵3769429

中文名：柿树　　拉丁名：*Diospyros kaki*

科属：柿树科（Ebenaceae）柿属（*Diospyros*）

位于白土镇王梁沟村前村组老虎房后。树龄200年，树高11m，胸围150cm，冠幅9m。长势旺盛。品种为'水葫芦'。

三川镇

三川镇位于栾川县西部，是历史悠久的商贸重镇。民国时期为三川镇，属卢氏县第一区。1947年属栾川县陶湾区。1948年8月置三川区。1956年1月撤区建三川中心乡，同年11月又恢复三川区，1958年建三川公社，1984年2月废社建乡，1995年12月9日撤乡建镇。总面积91km²，辖11个行政村，138个居民组，2.6万人。

三川镇地处豫西高寒山区，主要农作物有玉米、小麦、大豆、土豆等，一年一熟。因生长期长，三川的玉米糁、土豆以量大、质优驰名河南。

三川镇中药材品种多、贮量大，主要有党参、二花、猪苓、桔梗、柴胡、山萸肉；名贵山珍有鹿茸（菌类）、猴头、蘑菇、天麻；干鲜果主要有苹果、白桃、核桃、杏等。皮麻是该镇的特种经济作物，色白纤长，耐拉耐磨，驰名遐迩。

三川镇峰峦叠嶂、地势险要，主要景点有抱犊寨、望牛岭、白云山、金斗山。抱犊寨为豫西名寨，海拔1800m，以牧童抱犊上山食灵芝成"抱犊真人"的神话得名，山势险峻。四周悬崖，顶成盆地，跨越面积约6.25km²。

三川镇的特色小吃以三川豆腐最为著名。作为栾川豆腐的代表，以酸浆为卤，具有蓬松、筋道、色白、耐炖、味美的特点，享誉河南。

该镇是南水北调中线工程丹江水源所在地。林地面积7875hm²，其中有林地7787hm²，灌木林地87hm²，活立木总蓄积36万m³，森林覆盖率为81.17%。该镇1979年开始开展飞播造林，历经20余年解决了荒山绿化问题，目前飞播林面积占有林地面积的72.6%，已成为河南省著名的飞播林基地。境内建有"飞播造林纪念碑"。

该镇共有古树名木9株。其中一级3株，二级4株，三级2株。

新庄地标油松 编号：豫C5750 坐标：横19537783 纵3755322

中文名：油松　　拉丁名：*Pinus tabulaeformis*
科属：松科（Pinaceae）松属（*Pinus*）

　　走到三川镇新庄村附近，远远可见淯河对面条岭的石嘴上一棵挺拔的油松，在茫茫林海中显得格外醒目。据传，此树在明初大移民时已成大树，距今已700年，因其树干不够通直，历代砍伐均未被选中，故得以生存至今。数百年来，它一直是新庄的风景树，更是新庄的地标。

　　近树观察，这棵树长于一块巨石上，土层仅5cm。树干基部北侧有一50cm直径的不规则圆形凹坑，深35cm，从痕迹可看出坑中原是一块石头包在树干中，因石头风化脱落后而留下的。树的主干共有6道弯，生出了15大主枝，多数枝条平行或下垂，最低处垂至地面；主干2m处有一主枝断掉后留下的疤痕，基部南侧有一宽40cm、长110cm的伤疤没有树皮，系旧时被人割木片做松明而致；树冠中的枝条层层叠叠、扭扭曲曲，整个树形古朴、苍老，极为美观。

常家村槲栎　编号：豫C2915　坐标：横19533044 纵3760729

中文名：槲栎　　拉丁名：*Quercus aliena*

科属：壳斗科（Fagaceae）栎属（*Quercus*）

位于三川镇祖师庙村常家村。树龄300年，树高12m，胸围276cm，冠幅16.2m，长势一般。

大红油松　编号：豫C2916　坐标：横19532056 纵3752939

中文名：油松　　　拉丁名：*Pinus tabulaeformis*
科属：松科（Pinaceae）松属（*Pinus*）

位于三川镇大红村后坪组卢峪沟。树龄100年，树高6.5m，胸围138cm，冠幅8m。

火神庙油松　编号：豫C2917　坐标：横19530274 纵3758264

中文名：油松　　　拉丁名：*Pinus tabulaeformis*
科属：松科（Pinaceae）松属（*Pinus*）

位于三川镇火神庙村2组碾道沟。树龄220年，树高5.1m，胸围157cm，冠幅5.7m。

火神庙核桃　编号：豫C5748　坐标：横19529200　纵3757416

中文名：核桃　　拉丁名：*Juglans regia*

科属：胡桃科（Juglandaceae）胡桃属（*Juglans*）

　　位于三川镇火神庙村北沟口刘命家门前。树龄500年，树高16m，胸围382cm，冠幅17.5m。此树植于明武宗正德年间，为当地王家祖传。树干7m以下原有3条大枝，最上一枝于1959年因腐朽断掉，下面的两枝于2010年断掉，今尚留一枯枝桩。100年前，树干基部中空，其空洞可容人钻进去，孩童常钻进洞中玩耍，但后来树干又逐渐愈合，现在空洞已很难看出来了。如今此树仍结实，但因树高，无法再上到树上打核桃。

火神庙栓皮栎　　编号：豫C5749　　坐标：横19529150 纵3758361

中文名：栓皮栎　　　　拉丁名：*Quercus variabilis*

科属：壳斗科（Fagaceae）栎属（*Quercus*）

　　位于三川镇火神庙村北沟居民费万财家房后。树龄400年，高16m，胸围270cm，冠幅18m。生于立地条件恶劣的石质山坡上，但长势旺盛，树干通直，树冠圆满。1958年，当地人王摇曾将树上主要大枝全部砍下，现在的树枝都是此后新萌发的。

冷水镇

冷水镇位于栾川县西部。东与赤土店镇接壤，西与三川镇毗邻，南与陶湾镇、石庙镇搭界，北与白土、狮子庙两镇为邻。东西长8.7km，南北宽6km，总面积52.2km²。全镇辖7个行政村，107个居民组，总人口15800人。

冷水镇地处高寒山区。俗语云："春水不饮牛，夏水不能游，秋水不洗衣，冬水冰下流"，故名"冷水"。冷水周围群山环抱，中间为沟川平地。主要山脉为熊耳山支脉遏遇岭。全境海拔均在1300m以上。主要河流是淯河，又名鬶河、汾江，发源于遏遇岭西麓的南泥湖村，由东向西流入三川境内，南折经叫河、卢氏老鹳河入汉水汇长江，与三川、叫河两镇同属长江流域。境内群山叠翠，水源

充沛，风景秀丽，冬暖夏凉，是河南省的天然避暑胜地之一。由于气候寒冷，农作物一年一熟，主要有玉米、土豆和大豆。

冷水镇是一个典型的矿产资源型乡镇，以钼为主，铅、锌、硫、铁、钨、锰、铝、铜等资源均很丰富，已探明的钼金属储量146万吨，居世界第三，亚洲第一，钨57万吨，铁2800万吨，铅锌12万吨，素有"钼都"之称。

该镇林地面积3851hm²，其中有林地面积3848hm²，活立木总蓄积32万m³，森林覆盖率72.39%。该镇是重点飞播林区之一，有飞播林2356hm²，占有林地面积的61.2%。有古树名木6株。其中二级2株，三级4株。

老椴爷　编号：豫C2908　坐标：横19539895　纵3760547

中文名：少脉椴　　　拉丁名：*Tilia paucicostata*
科属：椴树科（Tiliaceae）椴树属（*Tilia*）

　　冷水镇西增河村天生墓杜社会家对面的一个山嘴上，有一棵著名的椴树，树旁的一处山洼因树而得名为"椴树洼"，当地人又把此树称作"老椴爷"。

　　这棵树生长得十分奇特：其主干原来十分高大，树冠大且圆如伞状，但2001年折断了，现留下一4m高的枯桩。在主干基部，萌生有6条大枝，其中5枝直立向上，1枝向西南方低垂伸出长达10m，由于年代久远，这条低垂的大枝断后再生，反反复复，致形状曲曲折折、骨节遍布，显得老态龙钟，与直立生长的母体相映成趣，站在沟口看，像是一只凤凰展翅空中。

盘根核桃　编号：豫C2912　坐标：横19541583 纵3758082

中文名：核桃　　　拉丁名：*Juglans regia*

科属：胡桃科（Juglandaceae）胡桃属（*Juglans*）

冷水镇东增河村下门张栓家门前的一棵核桃树，系张氏祖辈于清康熙末年间种植，祖传至今已十余代子孙，目前为张根弟兄4人所共同拥有。此树高达25m，胸围400cm，冠幅遮地450m²，树形挺拔雄伟。它的南侧露出了粗四五十厘米的大根，根上又分叉成6条侧根，这些根有的悬于空中近1m，层叠、交叉相互盘在一起，似虬似蛇，其中一条贴地平伸到张栓的门前，很是壮观。由于树冠厚而阔，树下是休闲庇荫的好地方，而这些盘根正好成了天然的凳子，带给树下纳凉、休闲的人们极大方便。

因这棵树的主干高近4m，树上各枝之间距离很大，人很难上到树上击打成熟的核桃。所以虽正常结果，多年来除了站在树下能打到的以外，已无人再采收树上的核桃。

叫河镇

叫河镇地处栾川县西部，是洛阳、南阳、三门峡三市通衢之地。南与西峡相邻，西与卢氏接壤，东、北分别与陶湾、三川相接。总面积164km²，其中耕地1.2万亩。辖15个行政村，125个居民组，人口2.02万，除汉族外，还有蒙、回、满、藏等7个少数民族290余人。

境内峰峦叠嶂，山青水秀，南有老界岭，北有抱犊山，地势东高西低，清河自东向西贯穿全境，至新政村前龙脖入卢氏县老鹳河，向东南注入汉水，属长江流域。镇政府所在地海拔1086m，年均气温10.2℃，年均降雨量1109.1mm，独特的自然条件造就了叫河丰富的自然资源优势。

中药材资源丰富。全镇已普查出的中药材有1402种，是辐射洛阳、三门峡和南阳三市的中药材集散地。天然和人工种植的中药材主要有山茱肉、连翘、天麻、猪苓、茯苓等，现已发展山茱肉、杜仲80万株，天麻、猪苓、茯苓总量达65万穴，种植党参、丹参、桔梗2100亩，建成天麻高效种植示范村3个。其中山茱肉年产干品160余吨，居全县之首。

土特产资源主要有拳菜、猴头、香菇、木耳、板栗、山漆、蜂蜜、鹿茸（菌类）、银杏等，年平均采集量近万吨。

旅游资源丰富。有古建筑犁水桥、张庄汉墓及石磕山景点，尤以倒回沟自然风景区闻名遐迩。倒回沟景区是由"静、凉、奇、雅"的秀丽自然景观造就的

一个集生态观光、森林探险、休闲度假、避暑疗养为一体的省级森林公园，其因王莽撵刘秀的神奇传说而得名，又喻"倒回人生、至善至美"、"回归自然、返老还童"之美意。景区内地貌奇特、山势雄伟、植被茂密、溪水清幽、潭瀑相连，奇石、雄山、秀水、幽林，构成了一幅绝美的山水画卷，是避暑、休闲、疗养的绝佳胜地。海拔1950m的擎天柱和海拔2133m的最高峰大鹏展翅是景区内的标志性景观。2006年被中国旅游营销年会组织评选为"中国最佳旅游景区"。

该镇是栾川县重点飞播林区之一。林地面积15876hm²，其中有林地15137hm²，灌木林地739hm²，活立木总蓄积73万m³，森林覆盖率89.00%。飞播林面积5203hm²，占有林地面积的34.4%。各类经济林木品种繁多，以山茱肉、核桃最为著名，核桃年产量220吨。

该镇共有古树名木53株。其中一级5株，二级7株，三级41株。

叫河柳王　编号：豫C5303　坐标：横19525634 纵3751407

中文名：旱柳　　　拉丁名：*Salix matsudana*

科属：杨柳科（Salicaceae）柳属（*Salix*）

叫河镇六中村河西组的瓦窑沟口有一株树龄为350年、闻名十里八乡的巨大旱柳，被称为叫河"柳王"。

该树位于瓦窑沟口休闲广场旁的堰边，树高22m，胸围410cm，平均冠幅20m。树干2.6m以下的部分中间为空洞，空洞有两个开口，一个较宽可容人站进去，一个较窄、但上部渐宽形成一60cm×120cm的大洞。树洞的两条开口把树主干分为两部分。较宽的部分上部又有一个60cm×80cm的小洞，站于洞中可从小洞看到天空。据考证，树干中的空洞已形成至少120年。

数年前，此树出现了叶子发黄的现象。2010年，村里在这里搞了一个休闲广场，把树的一侧砌了河坝，并在树周围填了深约2m的土，使此树重又焕发了生机。奇特优美的树形与环境整洁的休闲广场相映成趣，新农村的面貌在这里得到极好的展现。

"救命树"见证难忘的年代　编号：豫C5295　坐标：横19528409 纵3748127

中文名：榆树　　　拉丁名：*Ulmus pumila*

科属：榆科（Ulmaceae）榆属（*Ulmus*）

　　叫河镇东坡村碾道组后庄科淯河滩上，有一株有180年树龄的榆树。此树高15m，胸围310cm，冠幅7m。其根部因洪水侵蚀而裸露，两大主枝伸向南侧的河边，将树形修饰得古朴苍劲，非常优美壮观。

　　在树干基部的东侧，有一长1.8m的伤疤没有树皮，里面的木质部并未腐朽。关于它的成因，当地有两种说法。一种说法是传说："王莽赶刘秀"的故事中，刘秀途经此地时，在此树上拴过一夜马，树皮被马蹭破了，当然这个传说有点不太靠谱。比较真实的说法是，20世纪60年代初期，正值三年自然灾害和大食堂阶段的后期，当时人们吃石头粉、野菜根充饥的事在全国都极为普遍，山里人把能吃的树皮都吃了，榆树皮还算比较好的食物了。这棵榆树树干上这个疤，就是那时人们剥树皮吃而留下的，包括现在树的北侧没有大树枝，也是因为那时为剥树皮而砍掉了。所以说，这棵树也算是当地人的救命树，而此树在60年代被剥过树皮还能保留下来实属难得，它就是那个难忘年代的见证。

　　历年来，当地群众每年都有在此树上采摘榆钱食用的习惯，这自然对树会造成一定的损害。近年来，当地人民逐渐认识到这棵树是他们的宝贝，于是一致决议，2012年后，任何人不得再到此树上采榆钱了，人们期待这棵榆树越来越繁茂，陪伴大家走向幸福的明天。

东新科皂荚　编号：豫C5319　坐标：横19524360　纵3748089

中文名：皂荚　　　拉丁名：*Gleditsia sinensis*
科属：豆科（Leguminosae）皂荚属（*Gleditsia*）

　　叫河镇东新科村窑上组张路家的门前，有一株树龄100年的皂荚树。该树高25m，胸围160cm，冠幅12m。虽不算古老，但百年树龄在该组是难得的古树。多少年来，本组群众乃至十里八乡的人们多到此树上采皂荚、树刺治疗疾病，被群众视为珍宝。所以，在确定林权时，全体村民一致同意把这棵树留为集体所有，它因此也成为全村唯一没有分给个人的树。

百年核桃根为基　编号：豫C5324　坐标：横19530672 纵3751369

中文名：核桃　　　拉丁名：*Juglans regia*
科属：胡桃科（Juglandaceae）胡桃属（*Juglans*）

　　叫河镇上牛栾村胡家庄组杨小见家的院边，有一株树龄200年的核桃树，高16m，胸围达410cm，平均冠幅11.5m。它的奇特之处在于5条裸露在外的粗大树根。其中，3条根在树干基部，呈"三足鼎立"状；另两条树根则在1.6m处向侧方平伸，然后弯曲扎入地下，好似把树干支撑得坚不可摧。这种奇特的造型使整棵树显得十分雄伟壮观。

　　为什么会出现这种奇观呢？据考证分析，主要是由于山体的水土流失，导致树根逐渐裸露，年代久远之后，逐渐形成了目前的状况。

古松钟声　编号：豫C5312 / 豫C5313　坐标：横19520389 纵3748817

中文名：油松　　　拉丁名：*Pinus tabulaeformis*
科属：松科（Pinaceae）松属（*Pinus*）

叫河镇牛栾村村头组的山坡上，有两株并排生长的油松树，树龄120年，高16m。二树相距2m，树虽然不大，但在村中仅此两棵，很显眼。

这两棵树曾是该组的"钟楼"。在大集体的年代里，生产队在两棵油松树中间拉根铁丝，挂了个大钟，每到该上工的时候，队长都到树下拉响钟声，人们的作息全听钟声的指挥。如今，钟早已不知去向，但人们仍不时怀念起钟声。于是，组里组织群众在两棵树的四周砌起了围堰，将其保护起来。

牛栾皂荚　编号：豫C037　坐标：横19531364 纵3749082

中文名：皂荚　　拉丁名：*Gleditsia sinensis*

科属：豆科（Leguminosae）皂荚属（*Gleditsia*）

　　叫河镇牛栾村仓房组北沟，有一株树龄300年的皂荚树。树下有一枝巨大的干枝，已经有5年了，依然放在那里，没有一个人去把它弄走。原来，这是因为树上居住神仙的传说，连它脱落的树枝也没人敢动。

瓦石白皮松　　编号：豫C0957　　坐标：横19521725 纵3755325

中文名：白皮松　　　　拉丁名：*Pinus bungeana*

科属：松科（Pinaceae）松属（*Pinus*）

位于叫河镇瓦石岩村小学后山顶。树龄500年，树高20m，胸围230cm，冠幅10m，生长旺盛。

胡家庄核桃　编号：豫C2920　坐标：横19530528　纵3751027

中文名：核桃　　　拉丁名：*Juglans regia*

科属：胡桃科（Juglandaceae）胡桃属（*Juglans*）

位于叫河镇上牛栾村胡家庄。树龄180年，树高10m，胸围215cm，冠幅12.5m，生长旺盛。

李家坟油松　　编号：豫C2927　坐标：横19552074　纵3749043

中文名：油松　　　　拉丁名：*Pinus tabulaeformis*

科属：松科（Pinaceae）松属（*Pinus*）

　　位于叫河镇东新科村李家坟。树龄200年，树高8m，胸围160cm，冠幅8m，长势一般。

犁水桥兴山榆　编号：豫C036　坐标：横19528636 纵3747939

中文名：兴山榆（别名：抱榆）　　　　拉丁名：*Ulmus bergmanniana*

科属：榆科（Ulmaceae）榆属（*Ulmus*）

位于叫河镇叫河村著名的古桥——犁水桥边。树龄200年，树高15m，胸围182cm，冠幅8m。虽长于石壁上，立地条件较差，但枝繁叶茂，长势旺盛。

马沟油松　编号：豫C0958　坐标：横19528332　纵3747752

中文名：油松　　　拉丁名：*Pinus tabulaeformis*
科属：松科（Pinaceae）松属（*Pinus*）

位于叫河镇叫河村马沟口。树龄500年，树高20m，胸围216cm，冠幅9.5m。长势旺盛。

叫河七叶树 编号：豫C0959 坐标：横19528621 纵3747975

中文名：七叶树　　拉丁名：*Aesculus chinensis*

科属：七叶树科（Hippocastanaceae）七叶树属（*Aesculus*）

位于叫河镇中学院内。树龄300年，树高15m，胸围256cm，冠幅6m。树干基部中空，外露有一洞孔，大枝多折断，致树冠狭窄，长势一般。

黎明银杏　　编号：豫C0972 / C2788　　坐标：横19547682 纵3743598

中文名：银杏　　　拉丁名：*Ginkgo biloba*

科属：银杏科（Ginkgoaceae）银杏属（*Ginkgo*）

　　叫河镇黎明村王留其家房后，并排生长着两株古银杏，树龄均为500年，在当地负有盛名。其中一株高30m，胸围440cm；另一株高28m，胸围320cm。两树树冠相连，冠幅20m，长势旺盛。

西新科油松 编号：豫C2928 坐标：横19522148 纵3748266

中文名：油松 拉丁名：*Pinus tabulaeformis*

科属：松科（Pinaceae）松属（*Pinus*）

位于叫河镇西新科村南泥湖崔实在家房后。树龄260年，树高9m，胸围310cm，冠幅7m，树干从基部分叉，两枝呈"V"字形向上生长，干曲枝折，树形美观，长势一般。

前庄皂荚　编号：豫C2929　坐标：横19521753 纵3749494

中文名：皂荚　　　拉丁名：*Gleditsia sinensis*

科属：豆科（Leguminosae）皂荚属（*Gleditsia*）

河　位于叫河镇西新科村前庄高留性家房后。树龄260年，树高15m，胸围310cm，冠幅14m，长势一般。

陶湾镇

陶湾镇位于栾川县城西18km，地处伊河源头、栾川县中西部，东与石庙为邻，西与叫河毗连，南依伏牛山脉与西峡县接壤，北邻三川、冷水两镇，东西长15km，南北宽20km，总面积231km²，辖19个行政村，209个居民组，3.2万人。洛卢公路与陶冷公路在这里交汇，交通便利。该镇是洛阳市民营经济发展重点镇，栾川县的区域大镇和人口大镇，洛阳市文明乡镇和河南省小城镇建设重点镇。综合经济实力位居栾川前列。2003年7月，被河南省建设厅授予"中州名镇"。

陶湾镇古称陶家湾，因陶姓居多而得名。因历史悠久，又是伊河的发源地，又有人称"伊源古镇"。据陶家湾立集碑记载，清乾隆三十七年（1772年）陶家湾立集，改名陶湾。当时陶湾街是沟通伊河上游与县内石庙、赤土店、栾川、庙子以及西峡县毗邻乡镇贸易往来的重要集镇。1949年建陶湾区，1958年改公社，1984年改乡，1995年建镇。

该镇森林资源丰富。林地面积16880hm²，其中有林地16833hm²，灌木林地47hm²，活立木总蓄积67万m³，森林覆盖率86.09%。有古树名木44株。其中一级5株，二级9株，三级30株。

河南七叶树王　　编号：豫C038　　坐标：横19544909 纵3743917

中文名：七叶树　　　　拉丁名：*Aesculus chinensis*

科属：七叶树科（Hippocastanaceae）七叶树属（*Aesculus*）

　　陶湾镇常湾村一组孙天成家房后的西南角有一株七叶树，相传北魏永平初年一云游高僧行至此地时，为广结佛缘、普度众生，特意种下了这棵"菩提树"，距今已1500年了。

　　此树高18m，胸围526cm，冠幅占地297m²。它主干高7m，已经腐朽中空，树洞内径达1.2m，能围坐5人玩耍。树冠共有7大主枝，直径均在60cm左右，直立向上，枝叶繁茂，层层叠叠，俨如伞盖。其叶掌状平展，浓绿、无病、少虫，秋叶红艳、经久不落。花呈白色，塔形花序，果大如桃，棕紫光泽。由于这种树适宜庭院绿化，深受群众喜爱，近年被广为栽种。1963年河南省农学院苌哲新教授曾到栾川实地考察，称"此树是河南省最大的一棵七叶树"，从此它便有了"河南七叶树王"的美名。

娘娘庙翠柏　编号：豫C5373 / 豫C5374 / 豫C5375　坐标：横19540488　纵3740085

中文名：柏木　　　拉丁名：*Cupressus funebris*
科属：柏科（Cupressaceae）柏木属（*Cupressus*）

　　陶湾镇红庙村小学院内，3株翠柏使校园显得古朴典雅，颇具书斋气息。

　　这所小学的前身是一座菩萨堂，建于清乾隆四十四年（1779年），建庙时种下了2棵油松。光绪三年（1878年），因大旱灾荒，逃荒至此的人们见庙中荒凉空虚，几尊雕像布满尘土，便以娘娘之礼敬奉膜拜、祈求平安度灾，并在此地安家，将菩萨堂改称为娘娘庙，此地地名从此也叫做娘娘庙。1899年，当地开明人士在庙中建私塾，1910年时一位教书先生率学生在院内栽下了4棵柏木，新中国成立后私塾改为小学，至今这所学校已经历了110年风雨历程。

　　小学院内曾有2松4柏共6棵常绿树，其中两棵油松已成参天大树，高数十米，需两人合抱，树冠层层如伞，枝条下垂数丈，气势恢弘。可惜1958年11月因建陶湾大礼堂需大梁砍掉了一棵，另一棵1999年干枯而死。而4棵柏木也于数年前枯死一株，现在能见到的只有3棵了。

奇特的栓皮栎　　编号：豫C2817　　坐标：横19538918　纵3741232

中文名：栓皮栎　　　拉丁名：*Quercus variabilis*

科属：壳斗科（Fagaceae）栎属（*Quercus*）

　　陶湾镇红庙村龙潭沟邢家房后的一片密林中，一株高大雄伟的500年生栓皮栎傲然耸立。它的9大主枝构成了一个巨大的树冠，让人感到它的伟岸；两条裸露的大根间，几块方形石块被包裹了一半，让人感到树龄的古老和植物生命力的强大；而更奇特的则是它躯干上长出的巨大"瘤子"。

　　在树干基部北侧，有一个高达1.6m的球形大瘤，形状酷似大脖子病人的瘿，使树干基部畸形。它的胸围有520cm，长瘤的部位树围则达720cm。与树干相对平滑、颜色浅灰不同，这个大瘤表面非常粗糙，栓皮呈硕大的黑色颗粒状，或方或长或不规则，厚达10cm，有的行将脱落，显得斑驳陆离。它的下方，足可供4人避雨。在树干的西侧，还有两个上下相距1m、直径30cm的小瘤，从其栓皮的新鲜裂纹看应是在快速生长当中，或许不久的将来，它们也会长成同样巨大的瘤。

断柳 编号：豫C2816 坐标：横19540054 纵3741595

中文名：旱柳 拉丁名：*Salix matsudana*
科属：杨柳科（Salicaceae）柳属（*Salix*）

　　陶湾镇红庙村王家庄的竹园边，紧临河道有一棵300年树龄的旱柳。它原本有16m高、11.5m阔的树冠，树形优美，树干呈明显的右旋状，是当地一景，可惜的是2009年8月15日一场大风将它刮断了，只剩下了4m高的一个树桩。

　　就在人们都认为这棵古柳树将会死掉时，树桩上又生出了许多小枝条，它又顽强地活了下来。如今，虽然只是一个树桩，新生的枝条还细小，但它与附近的一座公路桥、竹园的翠竹和清澈的流水相映成趣，构成了另一番小桥、流水、翠竹、人家的景致。我们也完全有理由相信，若干年后，它还会长成一株参天大树。

路让树 编号：豫C2835 坐标：横19538969 纵3750180

中文名：核桃 拉丁名：*Juglans regia*
科属：胡桃科（Juglandaceae）胡桃属（*Juglans*）

陶湾镇磨沟村马家庄组穆跳门家房后，村公路在此拐了一个半径很小的110°的弯，弯道内侧是一棵树龄170年的核桃树。车辆在此经过时需要精确的方向，否则很难一次性通过。本来这里的地形完全可以把弯道半径修得大一点，但这棵古核桃树占了位置，所以，为了保住这棵古树，村里修路时充分听取群众意见，这才有了这么令司机难受的公路。

现住马家庄组的胡安，祖上居住于陶湾镇松树台村，因在磨沟的马家庄买了地，便于清道光二十年前后种下这棵核桃树，树权传至解放前一直未变。土地改革时，此树收归集体，林业"三定"时，又分给了该组胡、马二姓共3户所共有。目前树高23m、胸围230cm、冠幅21m，主干高2.8m，上分为3大枝，还有两个1m长的枯桩，树干上有多处枝条枯死或折断后形成的疤痕，显示它所经历的风雨沧桑。虽然它大枝较少，但树冠仍显得枝叶稠密，树形非常美观。在磨沟村现有的6株古核桃树中，算是最雄伟美观的一棵。

玉瓶柳　编号：豫C3011　坐标：横19539303 纵3750797

中文名： 旱柳　　　　**拉丁名：** *Salix matsudana*

科属： 杨柳科（Salicaceae）柳属（*Salix*）

陶湾镇新立村前村组下门的一棵树龄约300年的旱柳颇具特色。此树原来冠大形美，可惜2011年树顶被风折断了，现干高仅8m，大枝稀疏且梢部多断，只有主干上新生的小枝成为绿色的主体。它的特色突出在三个方面。

一是树干酷似玉瓶。其主干3.8m以下部分粗壮，胸围达465cm，往上渐细，形状极像观世音菩萨手中的玉净瓶，故名玉瓶柳。

二是自愈力极强。早在50年前它的树干已经中空，基部两侧各有一大孔，小孩子常从孔中穿树而过玩耍，并可沿树中空洞从树高3m处的另一孔中钻出，但基部的大孔逐渐因生长而封闭，2000年以后人不能穿树而过了，如今个子小点的孩子勉强可以从南侧的孔中钻入，但北侧的孔已基本闭合。一般的树出现孔洞后都是越来越大，像这样逐渐自愈的情况则比较少见。

三是树干多瘤。共长有两大两小4个树瘤，最大的一个像蘑菇一样由多个小瘤集聚在一起，整个树干凸凹有致，十分好看。

这棵柳树既是这里的地标，也是村民引为骄傲的风景树和风脉树。

五指抓石栓皮栎 编号：豫C0978 坐标：横19537604 纵3747348

中文名：栓皮栎 拉丁名：*Quercus variabilis*
科属：壳斗科（Fagaceae）栎属（*Quercus*）

　　陶湾镇前锋村菜地沟组里沟的大仙爷地，一个石嘴上生长着一株高大雄伟的栓皮栎。它露出地面的5条粗达30~60cm的巨根，像五根手指紧紧地抓住树下的巨石，其力量之大，竟将这块巨石捏碎成5块，令人震撼。由五指支撑的，是由14条25cm以上的大枝所组成的高20m、胸围324cm、冠幅24m的巨大树冠，在树旁的竹园和幼林的衬托下，更突显出它的伟岸。

　　过去因传说此树上有神仙居住，人们不仅在树下建了小庙，还把这个地方叫做"大仙爷地"。不过给予菜地沟人最大恩惠的则是树下的一汪山泉。这眼山泉千百年来从未干涸过，是这条沟的唯一水源，养育了一代又一代菜地沟人。

磨坪南方红豆杉　编号：豫C3007　坐标：横19534150 纵3749037

中文名：南方红豆杉　　　拉丁名：*Taxus chinensis* var. *mairei*

科属：红豆杉科（Taxaceae）红豆杉属（*Taxus*）

　　2012年8月开展古树名木调查时，在陶湾镇磨坪村东坡根组的鬼阴沟、后寨沟、西坡根、上坪一带发现了罕见的南方红豆杉分布区，共有200余株，其中胸径5cm以上的约100株，它们都生长在沿沟底30m以内的区域。这是栾川县野生植物保护工作的又一重大发现。

　　其中最大的一株位于上场刘同新家宅旁一处土壤瘠薄的石质山地，海拔1117m，距村公路仅40m。这棵南方红豆杉高9m，胸围89cm，冠幅6m。其主干高3m，上分生5条主枝，干形通直，树形优美。经估测，树龄为200年。

仓房核桃 编号：豫C040 坐标：横19536122 纵3752135

中文名：核桃　　　拉丁名：*Juglans regia*

科属：胡桃科（Juglandaceae）胡桃属（*Juglans*）

位于陶湾镇仓房组路边。树龄200年，树高18m，胸围298cm，冠幅24.7m，长势旺盛。

鱼库槲栎　编号：豫C0993　坐标：横19546073 纵3746748

中文名：槲栎　　　拉丁名：*Quercus aliena*

科属：壳斗科（Fagaceae）栎属（*Quercus*）

位于陶湾镇鱼库村庵上。树龄250年，树高20m，胸围285cm，冠幅20m，长势一般。

协心核桃　　编号：豫C2818　　坐标：横19541036　纵3742552

中文名：核桃　　　　拉丁名：*Juglans regia*

科属：胡桃科（Juglandaceae）胡桃属（*Juglans*）

位于陶湾镇协心村朋良店。树龄110年，树高15m，胸围226cm，冠幅17m，长势旺盛。

三合核桃 编号：豫C2819 坐标：横19536511 纵3751427

中文名：核桃 拉丁名：*Juglans regia*

科属：胡桃科（Juglandaceae）胡桃属（*Juglans*）

位于陶湾镇三合村刘树民家门前。树龄180年，树高28m，胸围282cm，冠幅11.3m，长势旺盛。

三合核桃　编号：豫C2820　坐标：横19535653 纵3751921

中文名：核桃　　　拉丁名：*Juglans regia*

科属：胡桃科（Juglandaceae）胡桃属（*Juglans*）

位于陶湾镇三合村永红组路边。树龄180年，树高18m，胸围250cm，冠幅18.5m，长势旺盛。

磨坪核桃 编号：豫C2821 坐标：横19534023 纵3748338

中文名：核桃 拉丁名：*Juglans regia*

科属：胡桃科（Juglandaceae）胡桃属（*Juglans*）

位于陶湾镇磨坪村杨中门前。树龄180年，树高20m，胸围285cm，冠幅18.5m，长势旺盛。

秋林核桃　　编号：豫C2826　　坐标：横19535975 纵3746343

中文名：核桃　　　拉丁名：*Juglans regia*

科属：胡桃科（Juglandaceae）胡桃属（*Juglans*）

位于陶湾镇秋林村委院外。树龄120年，树高12m，胸围230cm，冠幅14.4m，长势一般。

秋林柿树 编号：豫C2827 坐标：横19536086 纵3746364

中文名：柿树 拉丁名：*Diospyros kaki*

科属：柿树科（Ebenaceae）柿树属（*Diospyros*）

位于陶湾镇秋林村邢忠武山墙外。树龄110年，树高13m，胸围180cm，冠幅9m，长势旺盛。

下地柿树　编号：豫C2829　坐标：横19535815　纵3745911

中文名：柿树　　　拉丁名：*Diospyros kaki*

科属：柿树科（Ebenaceae）柿树属（*Diospyros*）

位于陶湾镇秋林村下地刘武家门前。树龄120年，树高16m，胸围170cm，冠幅10m，长势旺盛。

陶湾街银杏　编号：豫C2831　坐标：横19542630 纵3744472

中文名：银杏　　　拉丁名：*Ginkgo biloba*

科属：银杏科（Ginkgoaceae）银杏属（*Ginkgo*）

位于陶湾镇陶湾村冯振波家院外。树龄600年，树高17m，胸围271cm，冠幅10m，长势差。

南凹柿树 编号：豫C2834 坐标：横19538749 纵3750245

中文名：柿树 拉丁名：*Diospyros kaki*

科属：柿树科（Ebenaceae）柿树属（*Diospyros*）

位于陶湾镇磨沟村南凹口。树龄170年，树高12m，胸围190cm，冠幅9.5m，长势一般。

磨沟湖柿树 编号：豫C2837 坐标：横19541178 纵3749188

中文名：柿树　　拉丁名：*Diospyros kaki*

科属：柿树科（Ebenaceae）柿树属（*Diospyros*）

位于陶湾镇磨沟村磨沟湖。树龄120年，树高13m，胸围187cm，冠幅13m，长势一般。

南坡柿树　　编号：豫C2839　　坐标：横19539174　纵3749727

中文名：柿树　　　　拉丁名：*Diospyros kaki*

科属：柿树科（Ebenaceae）柿树属（*Diospyros*）

位于陶湾镇磨沟村南坡。树龄180年，树高20m，胸围200cm，冠幅6m，长势一般。

石庙镇

石庙镇位于栾川县城西8km，总面积96km²，因境内有一清朝石凿庙宇而得名。1978年成立石庙人民公社，1984年改为石庙乡，2009年2月撤乡建镇。现辖10个行政村，125个自然村，113个居民组。其自然地貌为东西一道川（伊河川），南北两条沟（七姑沟、石宝沟）。区域内矿产资源丰富，有铁、铅、锌、钼等十余种。

境内有洛阳伏牛山滑雪度假乐园和蟠桃山风景区。洛阳伏牛山滑雪度假乐园位于杨树坪村，海拔1800m，占地面积6km²，是一家集户外滑雪、室内滑雪、滑冰、高山观光、休闲度假为一体的四季旅游胜地。度假乐园主要由四季滑雪馆、室外滑雪区、湖滨观光区、高山观光区和冰雪文化生态园区构成。滑雪场在中原地区规模最大、设施最先进、雪道种类最齐全、娱乐项目最丰富、管理服务最完善，被誉为中原第一滑雪场。

蟠桃山风景区位于观星村，游览面积达26.7 km²。景区集栾川风光之大成，瀑、潭、溪、涧、峰、崖、谷兼而有之；高、险、峻、奇、秀、美、幽无所不精。有"中国第一天然石桃"，以四季交相辉映的奇花异木为铺垫，以飞泉吊瀑、碧渊深潭为衬托；以峭峰、怪石、深谷、峡谷为背景，配以优美的神话传说及具有丰富内涵的人文景观，令游人叹为观止，流连忘返。

石庙镇林地面积7725hm²，其中有林地7442hm²，疏林地24hm²，灌木林地154hm²，未成林造林地105hm²，活立木总蓄积45万m³，森林覆盖率82.71%。有古树名木13株，其中一级2株，二级4株，三级7株。

栾川杏王　编号：豫C0974　坐标：横19545341　纵3739235

中文名：杏　　　拉丁名：*Armeniaca vulgrais*
科属：蔷薇科（Rosaceae）杏属（*Armeniaca*）

　　石庙镇观星村土门坡，通往伏牛山滑雪度假区的旅游公路里侧、高云娃家宅旁，一株杏树冠阔形圆、似金鸡独立。这棵树的胸围达250cm，树龄达200年，堪称栾川的杏树之王。

　　此树系高云娃家的祖上于清嘉庆年间所育，一直由高家所有。如今树势旺盛，年年结果。

栗坪核桃 编号：豫C5245 坐标：横19549110 纵3739309

中文名：核桃 拉丁名：*Juglans regia*
科属：胡桃科（Juglandaceae）胡桃属（*Juglans*）

　　石庙镇观星村栗坪组村外侧地边的一棵核桃树，以皮薄瓤绵远近闻名。此树由当地的陶姓祖上于清嘉庆十五年种植，传至当代，陶氏后人成了五保户，树被刘东仁买下，今陶氏已经过世。

　　此树高12m，冠幅15.5m，主干高2.8m，共有9大主枝，虽基部已因腐朽而产生了空洞，但枝稠叶密、树势旺盛，年产核桃干果百余斤。

白石崖白皮松　　编号：豫C2789 / 豫C2790　　坐标：横19546180 纵3742881

中文名：白皮松　　　拉丁名：*Pinus bungeana*
科属：松科（Pinaceae）松属（*Pinus*）

　　驱车沿328省道由西向东行驶，将近石庙镇常门村的干江沟口时，在一处悬崖的上方，一片绿色的密林中，一棵棵白色的树干映入眼帘，在阳光下熠熠生辉，格外耀眼。这便是著名的干江沟口白石崖白皮松。这片白皮松群落共有白皮松20株，其中2株是树龄350年的古树。由于这里距公路不远，路过此地的人们都会忍不住停车驻足，欣赏这天然的美景。

庄科兴山榆　编号：豫C2782　坐标：横19549117 纵3749073

中文名：兴山榆（别名：抱榆）　　　拉丁名：*Ulmus bergmanniana*
科属：榆科（Ulmaceae）榆属（*Ulmus*）

位于石庙镇庄科村青叶沟。树龄120年，树高15m，胸围180cm，冠幅15m，长势旺盛。

庄科核桃　编号：豫C2784　坐标：横19547882 纵3748562

中文名：核桃　　　拉丁名：*Juglans regia*
科属：胡桃科（Juglandaceae）胡桃属（*Juglans*）

位于石庙镇庄科村冯家沟口。树龄170年，树高20m，胸围310cm，冠幅21.5m，长势旺盛。

杨树坪核桃 编号：豫C2785 坐标：横19544343 纵3737126

中文名：核桃 拉丁名：*Juglans regia*

科属：胡桃科（Juglandaceae）胡桃属（*Juglans*）

位于石庙镇杨树坪村对角窝组。树龄120年，树高13m，胸围210cm，冠幅11.5m，长势一般。

上园核桃　编号：豫C2786 / 豫C2787　坐标：横19546925 纵3743496 / 横19546930 纵3743451

中文名：核桃　　　拉丁名：*Juglans regia*

科属：胡桃科（Juglandaceae）胡桃属（*Juglans*）

石庙镇上园村有2棵古核桃树，分属于5组、6组两个村民小组。

位于上园村5组。树龄100年，树高15m，胸围190cm，冠幅10m，长势旺盛。

位于上园村6组。树龄100年，树高12m，胸围180cm，冠幅5m，长势旺盛。

国有林场

栾川县共有大坪、龙峪湾、老君山3个国有林场，经营面积占全县国土面积的4.2%，是全县森林资源的集中分布区、生态建设的核心区，新中国成立以来，在林业建设中发挥着骨干、示范、带动的重要作用。3个国有林场古树资源丰富，已调查古树名木共10822株，其中国家一级7株，散生；二级古树群2个1007株；三级9808株，其中古树群6个9768株。

大坪林场始建于1958年，位于栾川县北部熊耳山南坡，与嵩县、洛宁县接壤。经营总面积4057hm²，林地面积4052hm²，有林地面积4050hm²，活立木总蓄积38万m³。森林覆盖率99.84%。森林以阔叶天然次生林为主，人工林以日本落叶松、油松为主，2000年列入黄河中上游天然林保护工程。2004年划入熊耳山省级自然保护区。

龙峪湾林场位于伏牛山北坡，经营总面积3916hm²，其中林地面积3916hm²，有林地面积3618hm²，灌木林282hm²，活立木总蓄积36万m³，森林覆盖率92.39%。1994年12月被批准为国家级森林公园，1997年被整体纳入河南伏牛山国家级自然保护区，2001年6月被国家林业局授予"全国文明森林公园"的称号，2002年8月被国家旅游局批准命名为"国家AAAA级生态旅游景区"，目前已开发12个景区218个景点。龙峪湾，古为蛟龙淋浴之地。境内山巍、水澈、峰奇、石怪、洞幽、瀑壮泉清，

森林茂密、植被原始、奇峰林立、古木参天。中原第一峰——鸡角尖，海拔2212.5m，壁削刀仞，云雾缭绕，旁有百亩千年太白杜鹃园，每年5月竞相绽放，花冠如拳，状似钟铃，七色花朵飘逸着醉人花香。原始森林古木盘根，遮天蔽日；万亩落叶松林里旱莲遍布，厚厚松针犹如地毯，松林内每立方厘米空气中负离子含量高达6万个，被誉为"天然大氧吧"。园内有植物1900多种，中草药800多种，珍禽异兽200多种。这里气候凉爽，夏季最高气温不超过21℃，被誉为"自然大空调"，是理想的避暑度假胜地。

老君山林场始建于1956年，位于伏牛山北坡，南与西峡县接壤。经营总面积2666hm²，林地面积2666hm²，活立木总蓄积17万m³，森林覆盖率98.75%。其自然条件优越，野生动植物资源丰富，森林以阔叶天然次生林为主，人工林以油松为主。1982年由省政府划定为省级自然保护区，1997年晋升为伏牛山国家级自然保护区。场内的老君山系伏牛山主峰，海拔2192m，相传为道教始祖李耳的归隐修炼之地，北魏时建庙纪念，唐贞观年间受皇封修建铁顶老君庙。老君山历代香火旺盛，被尊为道教圣地、天下名山。现为国家5A级景区，世界地质公园。

风雨同舟——茅栗 编号：豫C5371 坐标：横19563574 纵3780460

中文名：茅栗 拉丁名：*Castanea seguinii*

科属：壳斗科（Fagaceae）栗属（*Castanea*）

　　大坪林场穴子沟郭家门，一株树龄150年的茅栗耸立在林区公路旁。它高17m，胸围210cm，冠幅12m。如今，这条林区公路极少有车通行，路面长满了杂草，在茂密的森林中，这棵树看上去并不起眼。但在林场工作过的人都清楚地记得它，经常提到它。20世纪50年代到90年代的40多年间，几代林场工人在穴子沟育苗、造林、抚育、采伐、修筑林区公路，由于郭家门地势较开阔，经常在树下搭工棚，起火做饭，有时在这里一住就是几个月。到了秋天，大家还经常在树下捡茅栗果实充饥。可以说，郭家门茅栗见证了几代林场人艰苦创业、为国护绿的伟大、艰辛历史。

姊妹松　编号：豫C5331　坐标：横19573799 纵3728189

中文名：油松　　　拉丁名：*Pinus tabulaeformis*
科属：松科（Pinaceae）松属（*Pinus*）

　　龙峪湾林场石笼沟脑有一棵油松。从旅游公路的一个急弯处往坡上看，距公路30m的茂密森林中，像是并排生长的两棵油松，其树冠突出在林层之上，显得鹤立鸡群，十分高大醒目。走进林中到树下细看，其实是一棵油松发出的两条主枝，其树形着实难得一见。由于油松是轮生枝，一般情况下，其树干要么一柱顶天，要么断顶不再长高。而这棵油松在干高6m处分为两枝，呈窄V字形向上生长，两枝仍合为一个树冠，高高伸出密林，独享阳光雨露。由于在林外看形似两株，人们名其为"姊妹松"。

冬瓜杨　编号：豫C5333　坐标：横19573682　纵3728179

中文名：冬瓜杨　　　拉丁名：*Populus purdomii*

科属：杨柳科（Salicaceae）杨属（*Populus*）

　　冬瓜杨与青杨相似，多生长于沿溪两侧地区。龙峪湾林场黑龙潭景区的一块巨石上，一棵冬瓜杨在树干1m处分生为3枝，两枝直立生长，一枝斜伸至河对岸，在密林中虽不醒目，但古树与小溪、深潭相映成趣，别有一番景致。

白玉兰 编号：豫C0985 坐标：横19571696 纵3730750

中文名：白玉兰（别名：玉兰） 拉丁名：*Magnolia denudata*

科属：木兰科（Magnoliaceae）木兰属（*Magnolia*）

位于龙峪湾林场九曲碧溪路边。树龄100年，树高25m，胸围157cm，冠幅12.5m，长势旺盛。

河南栾川

古树名木

HENAN LUANCHUAN

GUSHU MINGMU

第四章　精彩群落

栾川县之所以古树名木资源丰富，关键在于分布着大量的古树群落。在所有23133株古树名木中，散生的只有952株，占4.12%，古树群则达41个群落、22181株，占95.88%。这些古树群少则三五株，多则数千株。特别是在大坪、龙峪湾、老君山3个国有林场，由于一直实行严格的采伐管理制度，尽管过去曾以采伐为主要收入来源，但仍有部分林区未进行采伐。这些树木有的是某一树种的纯林，有的则若干个树种混交在一起，由于地处偏僻、长期没有受人为活动影响，如今的林相近乎原始林状态。与散生的古树相比，它们规模更大、观赏性更高，在保护生物多样性中具有特殊的地位和作用，是大自然赋予我们极为珍贵的财富。

水曲柳古树群 编号：豫C5367/豫C5369 坐标：横19563586 纵3780449/横19556475 纵3779316

中文名：水曲柳 拉丁名：*Fraxinus mandshurica*

科属：木犀科（Oleaceae）白蜡属（*Fraxinus*）

水曲柳，国家二级保护植物。大坪林场是水曲柳的集中分布区，在全省林业界小有名气，西沟、东沟、穴子沟、张河庙林区均有分布。它们多生长在沟底特别是河边，当地又叫其"挡河槐"。过去林场历届领导在采伐森林时，都严令禁止采伐水曲柳，使这些珍贵的树木大量保存了下来。

在穴子沟林区郭家门的500m河道内，分布着32株百年以上树龄的水曲柳，平均树高达20m，平均胸围180cm。在大坪林场西沟林区榛子沟口，也分布有26株水曲柳，平均高19m，平均胸围128cm。这些水曲柳高大参天，树干挺直，雄伟壮观。由于多生长在河道内，多数树木的根系裸露于水中，形态各异，美丽无比。

牛心沟栓皮栎古树群　编号：豫C5366　坐标：横19563024 纵3781021

中文名：栓皮栎　　　拉丁名：*Quercus variabilis*

科属：壳斗科（Fagaceae）栎属（*Quercus*）

栓皮栎，在栾川县称作"华栎树"或"栎树"，年代久的叫"老栎木"，是栾川分布最广泛、历史贡献最大的树种。其木材是建筑及家具、农具等多领域的优质用材，又是种植食用菌的最理想原料；它所结果实，壳斗叫"橡壳"，"拾橡壳"一直是山区群众重要收入来源之一；而它的坚果叫"橡子"，除了可以作猪饲料和作为商品出售，还是做橡子凉粉的重要原料，曾为山区人民度饥荒发挥过极为重要的作用。至今，栾川的橡子凉粉仍是颇具特色的地方小吃。

大坪林场的林区在新中国成立前是潭头镇富绅的私有财产，新中国成立后收归农会，并以此为基础建立了国有大坪林场。由于过去交通不便，树木很少被采伐，所以基本保持了原始的状态，古树群落众多。穴子沟林区的牛心沟就是没有大面积采伐、没有经过人工抚育的天然次生林区，古木参天，林下枯枝落叶及腐殖质层深厚，原始林特征显著。在这条海拔1100~1500m、长约1500m的沟中，呈块状分布着1400株栓皮栎古树群。这些树平均树龄180年，平均高20m，平均胸围115cm，林分郁闭度0.85；最大者高达30m，胸围达250cm。由于林下透光性差，灌木稀疏，以连翘、杭子梢为主；草本植被以羊胡子草、蒿类为主，盖度0.2。这些栓皮栎长势茂盛，其规模之大，十分罕见。

牛心沟橿子栎古树群　编号：豫C5368　坐标：横19563587　纵3780466

中文名：橿子栎　　　　拉丁名：*Quercus baronii*
科属：壳斗科（Fagaceae）栎属（*Quercus*）

大坪林场穴子沟林区牛心沟除了大量的栓皮栎外，另一个主要建群树种是橿子栎。它们主要生长在土层薄、立地条件差的山坡上，生长慢、干形差，过去这种树除了作为薪柴和烧木炭外，一般被认为是最没有用的树种。牛心沟中，呈块状分布的百年以上橿子栎古树群达2700株，平均高13m，平均胸围60cm，郁闭度0.7。林下灌木以杭子梢、连翘为主，草本以羊胡子草、菊花、蒿类为主，盖度0.4。

这些橿子栎虽然不算高大，但低矮、弯曲、多枝的树形构成了丰富多样的景观，而且它们生长在坡度大、立地条件差的山坡，对于保持水土起到了非常重要的作用。由于生态非常脆弱，加强对这些古树群落的保护更具有十分重要的意义。

伊源林区古树群　编号：豫C5363 / 豫C5364 / 豫C5365　坐标：横19533997 纵3742076

中文名：槲栎 / 华山松　　　　拉丁名：*Quercus aliena / Pinus armandii*

科属：壳斗科（Fagaceae）栎属（*Quercus*）/ 松科（Pinaceae）松属（*Pinus*）

老君山林场伊源林区的阎王砭一带500亩范围内，为一片天然次生林，建群树种以槲栎和华山松为主，或为槲栎纯林或华山松纯林，或为槲栎和华山松组成的针阔混交林。经调查，该区域共分布槲栎和华山松古树6530株。其中：平均树龄350年的槲栎920株，平均高18m，平均胸围205cm，大的胸围达276cm；平均树龄150年的槲栎4300株，平均高20m，平均胸围176cm，最小者胸围仅65cm；平均树龄150年的华山松1310株，平均高20m，平均胸围75cm。这

些古树相互呈不规则块状分布，形成了一处非常壮观的古树群落。因林内光照条件极差，林下杂草、灌木非常稀少，灌木有石棒子、悬钩子等，草本植物有羊胡子草、蕨类等，盖度仅0.2。走进林中，树木参天，随处可见枯倒木，五味子、三叶木通等藤本植物如蛇如龙缠绕树干。如果不了解其历史，会以为这里就是真正的原始森林。

该区域东至阎王砭条岭，北至西洼口，西至陶湾镇肖圪塔村界，南至张茅菜洼，为两沟夹一岭地

豫C5363槲栎群落

形。据考证，此地原为肖圪塔村的周姓等几家分别所有，在古代，他们在这里定居，砍掉森林开垦荒地，进行着刀耕火种的生产活动以维持生计。清嘉庆初年，他们相继迁往山外，从那时起，这里便再无人为活动，原来开垦的荒地也逐渐重新形成了森林。土地改革时，这里因山高路远交通不便，山林收归国有，老君山林场成立后划归该场。老君山林场曾在伊源林区进行了多年的采伐，但这个区域从未进行过任何方式的采伐活动，这些珍贵的古树群落就这样得以保存下来。

豫C5363槲栎群落

豫C5364槲栎群落

豫C5364槲栎群落

豫C5365华山松群落

炼平沟槲栎古树群　编号：豫C5744 / 豫C5745　坐标：横19553757　纵3734526

中文名：槲栎　　　拉丁名：*Quercus aliena*

科属：壳斗科（Fagaceae）栎属（*Quercus*）

　　老君山林场岭壕林区内有一条沟叫炼平沟，面积约1km²，位于县城南侧、伏牛山北坡，紧邻伏牛山主峰老君山，距栾川县城需10分钟的车程和5个小时以上的徒步路程。这条沟内为天然次生林，优势树种为槲栎，同时还分布有硬软阔杂类树种。经调查，在沟内共分布有百年以上的槲栎古树群8700株。其中树龄300年以上的槲栎古树6300株，主要分布在中上坡位，平均树龄350年，平均胸围350cm，平均树高22m；树龄在100~300年的槲栎古树2400株，与300年以上古树混杂分布，以下坡位居多，平均树龄180年，平均胸围140cm，平均树高20m。该区域内，坡度平均40°，土壤为棕壤，平均土层厚度25cm。林内古树参天，郁闭度达0.9，草本植被稀少，零星见有羊胡子草、蕨类等，下木主要有四照花、葛萝槭等。这是栾川县迄今发现的面积最大的槲栎古树群落。

　　这片古树群新中国成立前为卢氏县大户常氏所有，对于常氏来说，这些林地只是一种象征性的资产，由于山高、路远、坡陡，他从没有来此采伐过林木，山中也未有人居住过，所以直到新中国成立，这里基本保持了原始状态。新中国成立后，山林收归农会，后成立国有老君山林场经营至今。1958年大采伐时，县里成立了专业的采伐队伍来此采伐，大量的林木采伐后被放在原地直至腐朽，未运出一根木材。由于当时采伐的盲目性和无序性，采用的是随意性的择伐，所以尚有大量的林木幸免于难。后来老

君山林场在岭壕林区修筑公路采伐林木，唯独炼平沟未进行任何方式的采伐作业，1958年破坏的林分也逐渐恢复，这些古树也得到了进一步的保护。如今，林区公路废弃，炼平沟更是人迹罕至，林内原始气息日渐浓厚。

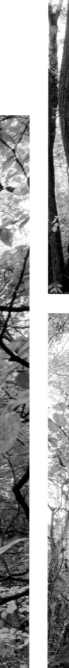

龙峪湾槲栎古树群　编号：豫C5354　坐标：横19572325　纵3729645

中文名：槲栎　　　拉丁名：*Quercus aliena*

科属：壳斗科（Fagaceae）栎属（*Quercus*）

在龙峪湾林场通往鸡角尖景区的后孤山公路外侧，有一个槲栎群落，共6株。平均树龄200年，平均高28m，平均胸围144.5cm，树干高大挺拔。这里林分郁闭度达0.9，显得郁郁葱葱。在这片林区，20世纪六七十年代即进行了皆伐，虽然现在林分恢复良好，森林植被茂密，但很少能见到百年以上的古树。由于过去采伐规程规定采用皆伐作业必须要保留一定数量的母树，这几棵槲栎作为母树得以保存了下来，如今成为景区内的一景。

龙峪湾庙台槭群落　　编号：豫C5746／豫C5747　　坐标：横19564071　纵3728834／横19564356　纵3728618

中文名：庙台槭　　　　拉丁名：*Acer miaotaiense*

科属：槭树科（Aceraceae）槭属（*Acer*）

2012年9月，河南省科学院植物引种专家孟庆法在伏牛山区进行珍稀植物考察时，在栾川县龙峪湾林场发现了庙台槭野生种群。这是全省发现的唯一一个庙台槭群落，是栾川县野生植物保护工作的又一重大发现。

庙台槭是1954年由我国老一辈植物学家钟补求先生发现并命名的，因模式标本采自于陕西省留坝县庙台子，故命名为庙台槭，又名留坝槭。据资料记载，庙台槭零星分布于我国秦岭中段和西段的陕西和甘肃两省，为我国秦巴山区特有树种。该种资源稀少，分布范围狭窄，处于濒危状态，《中国物种红色名录》第1卷中将庙台槭列为易危种。

经孟庆法先生与栾川县林业局进一步调查，发现这些庙台槭分布在秦岭东段伏牛山北坡海拔1520m至1570m之间，共有两个群落19株。一处在西峡县与栾川县交界处垭口10m的老311国道（现已废弃）外侧，有15株；另一处在距此不远的红石墙，距老311国道外侧10m处。这些庙台槭平均树高10.3m，平均胸径16.3cm，最大单株树高13m，最大胸径25.5cm，多数植株生长旺盛，果实累累。

赤土店核桃古树群　编号：豫C2815／豫C5282　坐标：横19558977　纵3752053

中文名：核桃　　　拉丁名：*Juglans regia*

科属：胡桃科（Juglandaceae）胡桃属（*Juglans*）

栾川核桃以壳薄、瓤绵、仁香而享誉全国，是栾川土特产的代表之一。从全县分布的大量百年、千年古核桃树可以佐证，栽培核桃是勤劳的栾川人民的优良传统。

栾川的核桃古树在各乡镇均有分布，而以赤土店、白土、叫河、狮子庙等乡镇居多。在赤土店镇，共分布有百年以上的核桃树111株。这些核桃树多数集中分布在公主坪、白沙洞、花园3个行政村，在路旁、村旁、宅旁、地边，随处可见形态各异、高大雄伟的古核桃树。在白沙洞村，有两个古树群，分别为28株和47株，形成了蔚为壮观的核桃古树群。

赤土店侧柏古树群　编号：豫C5253　坐标：横19551319 纵3751331

中文名：侧柏　　　拉丁名：*Platycladus orientalis*
科属：柏科（Cupressaceae）侧柏属（*Platycladus*）

　　赤土店镇清和堂村下地组老虎沟口至庄科三岔口一线，沿北沟河两侧的山坡上，分布着大面积天然生长的侧柏。自古以来，当地人都希望死后棺材的两头能用柏木做"档"，因为柏木的脂香可以驱邪防蛀。所以，这里的侧柏一旦成材，就会被砍伐掉，或当地人自用，或制作棺材"档"出售。特别是大集体的年代，这些侧柏更是数次遭到高强度的采伐。但侧柏的天然更新能力极强，虽屡遭砍伐，这里如今仍是郁郁葱葱的侧柏纯林，为栾川县唯一的大面积天然侧柏林群落。

　　尽管清和堂侧柏多数都是近五六十年新生长起来的，但这里并不乏百年古树。这一带悬崖峭壁众多，那上边土层薄、立地条件极差，树木生长缓慢、很难成材。即使长成了大树，人也很难到达，所以，成就了一个生态脆弱环境下的侧柏古树群落。经调查，这一侧柏古树群共有2012株，平均树龄100年，最大的一株高10m，胸围102cm，冠幅5m；小者则高不足5m，胸围不足30cm。它们多长于峭壁之上，长势差，姿态多，棵棵都是天然的盆景。

火神庙古树群　编号：豫C5677等　坐标：横19562411 纵3759175

中文名：流苏 / 兴山榆 / 栾树 / 黄连木

拉丁名：*Chionanthus retusus* / *Ulmus bergmanniana* / *Koelreuteia paniculata* / *Pistacia chinensis*

科属：木犀科（Oleaceae）流苏树属（*Chionanthus*）/ 榆科（Umaceae）榆属（*Ulmus*）/ 无患子科（Sapindaceae）栾树属（*Koelreuteria*）/ 漆树科（Anacardiaceae）黄连木属（*Pistacia*）

潭头镇垢峪村孤山小学对面山坡上有一平台，平台上建有火神庙。环绕火神庙，生长着7株古树，树龄均在300年以上，其中流苏1株，兴山榆、栾树、黄连木各2株。这些树形态不一，各有特色，有的笔直雄伟，有的冠大茂盛，有的干斜枝曲，形成了一个漂亮的古树群落。尤其是其中的一株流苏最为珍贵：由于流苏在当地又称为牛筋子，可嫁接桂树，近年来被大量采挖、出售，资源量锐减，如此树形优美、古老的流苏树就更为罕见了。所以，许多树贩子把目光盯上了这棵流苏，千方百计想把它弄到手，甚至有人把价钱出到了40万元，都被村委拒绝。因为古树是非卖品！

古树群落中的火神庙始建年代无从考证，只知经过了多次重修，是当地人们祈福的地方。"文革"中此庙被毁。1985年因天气大旱，有村民在此处祭祀求雨，许愿如果降雨就为龙王修庙，果然应验，降雨后就在此建了龙王庙，而火神庙重建后，这个小平台就同时有了两座庙。

如今，深山的居民多数迁往山外，孤山以上的山沟里只剩下两户人家，龙王庙和火神庙香火渐断。但作为山里的宝贝，这个古树群仍被大家悉心呵护，不容毁坏。

张宅古树群　编号：豫C5439等　坐标：横19563020 纵3763510

中文名：橿子栎 / 国槐 / 黄连木 / 皂荚

拉丁名：*Quercus baronii / Sophora japonica / Pistacia chinensis / Gleditsia sinensis*

科属：壳斗科（Fagaceae）栎属（*Quercus*）/ 豆科（Leguminosae）槐属（*Sophora*）/ 漆树科（Anacardiaceae）黄连木属（*Pistacia*）/ 豆科（Leguminosae）皂荚属（*Gleditsia*）

秋扒乡小河村纸房组茅子沟，退休老教师张某家的房子位于一绿林环抱的山凹中，显得十分清静、雅致，宛如世外桃源。最为壮观的是，宅旁四周的条岭上，分布着10棵古树，可谓是张家的镇宅之宝。其中，黄连木4株，国槐3株，橿子栎2株，皂荚1株。

这群古树中，最大的一株属门前的黄连木，树下的平台系家人平时休息闲坐、晾晒粮食衣物的地方。此树有600年的树龄，高16m，胸围390cm，冠幅12m。观其树干，这棵树原是"两树合一"而成：

1.8m以下两株主干合长在一起成一株，1.8m处又开始分开，看似两大直立生长的主枝，其中一枝自2.8m以上部分已自然枯死。

张宅处在交通条件相对较好的地方，1958年时，绝大多数的树木都被砍掉了，保存这么多的古树群落非常难得。问及原因，张老师说，当时由于这些树离张宅太近，且是张家祖上传下来的古树，张家在当地又有一定的威望，没有人敢来砍，所以现在才能有幸看到这个古树群。

六只角核桃古树群　编号：豫C5537　坐标：横19561521 纵3777849

中文名：核桃　　　拉丁名：*Juglans regia*

科属：胡桃科（Juglandaceae）胡桃属（*Juglans*）

秋扒乡北沟村是核桃的传统产区，核桃树数量大、古树多。在七组的六只角余家老宅旁就有6株古老的核桃树，其中林区公路北侧2株，公路下方的沟里4株，最大的一株高10m，胸围235cm。

据考证，这片核桃树系余家祖人于200年前上山定居时所种。虽然余家早已迁到前山居住，老宅已成废墟，但这些树每年正常结果，仍是他们重要的经济来源。

龙卧核桃古树群　编号：豫C5536　坐标：横19558312 纵3778675

中文名：核桃　　　　拉丁名：*Juglans regia*

科属：胡桃科（Juglandaceae）胡桃属（*Juglans*）

　　秋扒乡北沟村十组一个叫龙卧的地方以盛产核桃而闻名。在前后500m的一条小山沟的沟底，分布了38株树龄120年左右的核桃树，这些核桃树形态各异，或挺直高大，或树冠宽阔，或老态龙钟，构成了一处独特的风景。据了解，这些树是由祖居此地的张姓人家于清末时期栽种，现多数仍处于盛果期。

嶂峭西坡橿子栎古树群　编号：豫C3002　坐标：横19554342 纵3773396

中文名：橿子栎　　　拉丁名：*Quercus baronii*
科属：壳斗科（Fagaceae）栎属（*Quercus*）

秋扒乡嶂峭村西坡组一处距平地100m高的山坡上，七八户人家的房屋错落有致地分布在半坡。房子周边的林中，分布着16株橿子栎古树群落，平均高10m，平均胸围135cm，它们与山上若隐若现的民居相映，构成一幅美丽的风景。

据居住此地的张某介绍，张家原居潭头镇汤营村，乾隆初年迁居此地，为了节省珍贵的耕地，将房盖在山腰。上山时，这里就生长着橿子树，为了保护宅旁风景，200多年来始终不曾舍得在门前砍伐树木，而这些橿子树，也为张家九代人提供了生态呵护。

嶂峭东坡橿子栎古树群　编号：豫C2976　坐标：横19554564　纵3772522

中文名：橿子栎　　　拉丁名：*Quercus baronii*

科属：壳斗科（Fagaceae）栎属（*Quercus*）

秋扒乡嶂峭村寨沟门东坡的条岭上，长40m的范围内，顺条岭分布了9株橿子栎，平均树高11m，平均胸围162cm，平均冠幅6m。其中最大的一株高10m，胸围250cm，冠幅7m。这些树树形苍老，因腐朽断落多无大枝，只是在残留的短柄上生出一些稠密的新枝。它们的一侧坡度非常陡峭，日积月累的水土流失，使橿子栎生长的地方成为一突出的窄埂，似一条土墙，土墙上布满盘根错节的树根，紧紧地抓住沙土。看到这样的场景，人们不得不感叹橿子栎那顽强的生命力，更赞叹它出色的固土能力。

翁峪沟口橿子栎群 编号：豫C5380 坐标：横19555401 纵3764837

中文名：橿子栎　　　拉丁名：*Quercus baronii*

科属：壳斗科（Fagaceae）栎属（*Quercus*）

狮子庙镇朱家坪村桑树坪，也就是翁峪沟口，有一条突出的小山梁，梁上生长着一个非常壮观的橿子栎群落，共10株。最大的一株树龄达800年，高10m，冠幅达18m，在树干1m高处生出9条大枝，其枝干大多或曲或折，或直立或斜伸，树形极为优美。此大树与附近的9株300年树龄的橿子栎树冠相连，构成了一片占地2亩的巨大绿荫，浑厚的树冠使林下几乎不见阳光。由于此处隔小河与旧祖公路相望，又没有其他的树木，所以这片古树十分醒目，也为山脚的民居增添了几分景致。

白沙洞油松古树群　编号：豫C5284　坐标：横19555499　纵3752673

中文名：油松　　拉丁名：*Pinus tabulaeformis*

科属：松科（Pinaceae）松属（*Pinus*）

在赤土店镇白沙洞村陈家后幢北侧的条岭上，有一个油松古树群，共计147株。这些油松树龄均在120年左右，高达18m，平均胸围156cm，或三五株一丛，或十数株一群，沿山脊呈不均匀的块状分布，在阔叶林中显得鹤立鸡群、蔚为壮观。据调查，这片油松为天然起源，由于交通不便，在20纪50年代避免了被砍伐的厄运，长成了参天大树，得以保存至今。

河南栾川

古树名木

HENAN LUANCHUAN

GUSHU MINGMU

第五章　名木撷萃

英雄柏	编号：豫C3043	坐标：横19566815 纵3743395

中文名：侧柏　　　　拉丁名：*Platycladus orientalis*

科属：柏科（Cupressaceae）侧柏属（*Platycladus*）

庙子镇英雄村村委大院前的路边，有一株侧柏，它见证了一段令人难忘的历史，那就是"七英雄六烈士"。

1967年1月15日，栾川县庙子公社草庙弯大队霍香山发生了一起森林火灾。在扑救火灾过程中，杨青云、杨安、张栓、娄金旺、程五斤、孟麦娥等7人最先赶到火场，经过一个多小时的激战将200多米的火线扑灭了，但因突起大风死灰复燃，将6位英雄卷入火中壮烈牺牲，同他们一起参加扑火的马小六身负重伤，史称"七英雄六烈士"。他们中，年龄最大的27岁，最小的杨青云仅16岁。1967年9月27日，《河南日报》刊登省革命委员会、省军区关于授予栾川县庙子公社英雄大队民兵营"高举毛泽东思想伟大红旗民兵营"和马学六等七同志"毛主席的好民兵"称号的决定，同时报道了省革委、省军区在栾川县召开命名大会的消息。草庙弯从此更名为英雄大队，即现在的英雄村，杨青云（女）生前所在小学改名为"青云小学"。洛阳地委、栾川县分别作出决定向英雄学习。《人民日报》、《解放军报》等媒体纷纷报道，神州大地掀起了学英雄的高潮。

在为牺牲的6位烈士选择陵园地址时，人们以庙岭这棵侧柏为原点，在距其北侧100m的正岭上建一陵园，将烈士安葬于此。安葬的顺序是由西向东按6人的年龄由大及小排列，并在每两座墓之间栽上一棵大小相同的桧柏。但这几十年里，东侧的桧柏高度生长快，西侧的生长慢，如今桧柏的树高是由东向西依次降低。当地人们对这种现象作出解释，说这是树高与墓主人年龄的一种平衡，年龄大的树低些，年龄小的树高些，体现了英雄们的团结和大对小的谦让。

"文革"中，因柏树所处地势高，又有烈士陵园，所以，每次开批斗会都要在这里进行，使"英雄柏"见证了无数次狂热的场面。如今一切归于平静，只有这棵柏树依然在默默地为烈士守灵。

迎客松　编号：豫C039　坐标：横19542659　纵3744579

中文名：油松　　拉丁名：*Pinus tabulaeformis*

科属：松科（Pinaceae）松属（*Pinus*）

陶湾镇政府大院内有一棵著名的"迎客松"。其树形苍劲古雅，高17.2m，胸围244cm，冠幅13.2m，树干下部直立，上部蜿蜒北伸，大枝平展，顶端下垂，树皮沧桑斑驳，似紫红龙鳞披身，外形像一条巨龙，在空中腾舞，昂首向上，大有乘风归海、凌云升天之势。由于它又像一个主人面带笑容躬身喜迎四方宾客，人们更多地称其为"迎客松"。据考证，陶湾镇政府大院旧时为一关帝庙，清乾隆四十四年（1779年）重修关帝庙时栽下了这棵油松树。

20世纪40年代末，这棵树见证了革命烈士李干诚被捕、就义这段悲壮的革命历史。

李干诚（？—1948），江西省人，中共党员。1947年8月，随军南渡黄河，挺进豫西。10月，到达栾川县，任陶湾区长。李干诚任区长后，发动群众，建立民兵组织，成立农民协会，领导农民向反动势力作斗争。严寒隆冬，他鞋履破烂，足趾冻裂，行走颠跛。战友劝他换一双军鞋，他说："军鞋是群众做给战士的，我不能据为己有！"他常着败絮旧袄，宿破被光席。因工作过度劳累，某晚突然晕倒于会场，群众扶他上床，见其破被不堪御寒，遂将没收地主的被褥加于床铺，他说："这是农民的斗争果实，我岂可贪占！"拒之不受。1947年12月，国民党军胡宗南部第一师进犯栾川，李干诚率民兵和农会人员转移至西峡县细辛村，与领导机关失去联系，形势极为艰险，一些民兵思想动摇，中途离队。李干诚则坚持斗争，率领部分民兵经桑坪向卢氏、嵩洛一带迂回游击。返回栾川寻找上级时，途经抱犊寨下胜景沟，被地主武装谢润玉所捕，送交国民党卢氏县自卫总团副团长李起凤，李令部下用铁丝穿透李干诚手掌捆绑押送到陶湾镇公所交国民党陶湾镇长兼自卫队长郭文学审讯。在陶湾镇公所（即现在的陶湾镇政府大院），郭文学将李干诚绑在这棵大松树上公开进行了审讯，问其发展多少农会会员？李干诚怒斥道："南北界岭之间，不甘于受你们压迫剥削的农民弟兄，都是农会会员！"郭文学对李干诚拷审，群众见李干诚遍体鳞伤，无不流泪。农民郭顺兴和郭启旺之母冒着风险为其送饭，李干诚感慨道："我已不能再为人民服务，吃饭还有何用？你们穷得揭不开锅，还是自己吃吧！"虽经严刑拷打，炭火烙身，干诚宁死不屈。敌人在毫无所获、无计可施的情况下下了毒手。1948年1月14日，敌人把李干诚押送到前锋村八里堂常家沟，推到事先挖好的坑里活活掩埋，他为人民的解放事业献出了宝贵的生命。

1956年11月，李干诚烈士的遗骨迁葬于栾川县烈士陵园。后他的事迹被编入《中国共产党革命英烈大典》。

如今每逢清明节，当地干部群众、青年学生都会为革命先烈举行悼念活动，这棵油松也成为进行爱国主义教育的基地。

| 河大柏 | 编号：豫C5748 / 豫C5749 | 坐标：横19569598 纵3764730 |

中文名：柏木　　　　拉丁名：*Cupressus funebris*

科属：柏科（Cupressaceae）柏木属（*Cupressus*）

1939年，因日军大规模逼近河南，河南大学被迫迁移，几经辗转迁往潭头镇。从此，河南大学与潭头这个豫西小镇结下了不解之缘！河大的师生们在伏牛山深山区中度过了5年不平凡的岁月。

到潭头后，潭头镇高级小学主动腾出校舍50余间，作为河南大学文、理、农学院的公共教室和图书馆。关帝庙20余间房屋，改为河南大学校部机关办公用房。此外，潭头街、桥上村、石门、党村、古城、上神庙、大王庙、汤营、蛮营、三官庙、汤池的群众也分别腾出民房数十间，供河南大学师生员工居住、工作。

时值中华民族救亡图存的艰苦岁月，河南大学广大师生满怀爱国热情，坚持抗战，坚持团结，坚持民主科学的精神，组织开展讲座，在学生和当地民众中宣传抗日救亡，高唱抗日歌曲，鼓舞抗战斗志。在潭头的5年间，河南大学为当地教育事业留下了极为宝贵的财富，影响了几代人。

1942年3月，经国民政府行政院会议决定，"省立河南大学"改为"国立河南大学"，隆重的挂牌仪式就在潭头举行。全校师生欢欣鼓舞，特种常青树以作纪念。所植的两棵柏树，如今已70年，生长在河大潭头附中院内，当地群众称其为"河大柏"。

1944年5月15日至5月下旬，日军进至潭头一带，烧杀抢掠，无恶不作，河南大学惨遭洗劫。如理学院仪器室15间房被日军放火烧掉，医学院院长张静君之妻吴之惠等人被杀害，女学生李先知、李先觉姐妹不堪被辱，投井自尽……之后河南大学再次被迫迁往淅川县荆紫关镇，最后迁往陕西宝鸡。前后算起，河大在潭头有5年时间。

为了抗日战争时期河大的生存，潭头人民付出了极大的代价，把住房腾出来作为河大师生的教室、住室，从各个方面支持"河大"的教学和科研工作。潭头人民的崇高精神给"河大"师生以极大鼓舞，增强了办好"河大"的信心，使得战乱中的河南大学办得有声有色。"河大"也用知识影响、教育潭头群众，促进了当地政治、经济、文化事业的大发展。

大王庙桂花　　编号：豫C5577　　坐标：横19569850　纵3765970

中文名：桂花　　　　拉丁名：*Osmanthus fragrans*

科属：木犀科（Oleaceae）木犀属（*Osmanthus*）

潭头镇大王庙村孙合臣家的院内有一株130年树龄的桂花，品种为金桂。树高7.5m，胸围88cm，冠幅7.5m。主干高4m，共有4条主枝，树冠盖过房脊、遮住了半个院落。这样古老的桂花在栾川县非常少见，因而十分闻名。

这是一个一正两厢的院落，为过去当地的大户人家典型的院落建筑结构。正房坐北面南，厢房位列东西两侧，大门则开在西侧院墙。此院系清朝时期孙家祖上的房产。当时，孙家为当地著名的大户，家境富裕，生意兴隆，名噪一方。约嘉庆十五年，孙家从外地带回了这棵桂花树栽于院内，使院子四季常绿，花开时节，满院飘香。至今，此树已经历了孙家6代人。

由于这棵桂花栽在正房的台阶下，根系浅，前些年曾经因风雨差点歪倒，好在经邻居帮忙用石头等加固得以存活，但如今整个树身向东侧倾斜着。

河南栾川

古树名木

HENAN LUANCHUAN

GUSHU MINGMU

第六章　特色树种

栾川红叶

外地人对栾川县森林植被的印象，更多的是绿。事实上，栾川的红叶绝不比京郊的香山红叶逊色。

每年霜降前后，栾川由西至东、由高至低，渐次进入万山红叶的季节，长达月余。老君山、龙峪湾等是满山红遍，庙子至潭头则是百里红叶长廊，可以说无处不红，漫山遍野红叶相连，如火似金，引人入醉。

构成栾川红叶美景的树种众多，以黄栌、五角枫、盐肤木等为主，数十种树种共同参与，形成了五彩缤纷的红叶世界。

黄栌　别名：黄栌材　拉丁名：*Cotinus coggygria*　漆树科（Anacardiaceae）黄栌属（*Cotinus*）

盐肤木　别名：淋不酥　拉丁名：*Rhus chinensis*　漆树科（Anacardiaceae）盐肤木属（*Rhus*）

杈叶槭 拉丁名：*Acer robustum* 槭树科（Aceraceae）槭属（*Acer*）

血皮槭　别名：赤肚子榆　拉丁名：*Acer griseum*　槭树科（Aceraceae）槭属（*Acer*）

　　此种树皮棕褐色，呈纸质片状剥落，因而得名赤肚子榆。多生于海拔1000~1500m的阴坡疏林中。

葛萝槭 别名：青皮椴 拉丁名：*Acer grosseri* 槭树科（Aceraceae）槭属（*Acer*）

因树皮绿色而得名青皮椴。树皮具纵纹，小枝黄绿色，光滑无毛。多见于海拔700~1500m山沟及谷底。

卫矛　别名：鬼见愁　拉丁名：*Euonymus alatus*　卫矛科（Celastraceae）卫矛属（*Euonymus*）

青麸杨　别名：五倍子　拉丁名：*Rhus potaninii*　漆树科（Anacardiaceae）盐肤木属（*Rhus*）

其叶可寄生"五倍子"，是山区群众传统采摘的中药材品种之一。多生于海拔1400m以下。

五角枫 别名：白五角、五角槭 拉丁名：*Acer mono* 槭树科（Aceraceae）槭属（*Acer*）

栾川山区常见树种，红叶主力军之一。

短柄枹树　拉丁名：*Quercus glandulifera* var. *brevipetiolata*　壳斗科（Fagaceae）栎属（*Quercus*）

除了漆树科、槭树科等红叶大户，其他许多树种都能加入到红叶大军中来。壳斗科树种一般以黄色秋叶示人，但短柄枹树的红色有时并不逊色。

乡土气息

楸树 拉丁名：*Catalpa bungei* 紫葳科（Bignoniaceae）梓树属（*Catalpa*）

楸树在栾川又称金丝楸，为珍贵的用材树种。其木材坚韧致密，黄灰色或黄褐色，纹理通直，花纹美丽，有光泽。民间作为家具用材的首选树种，旧时还以用楸树木材做棺材为贵，常有终生育一楸作自己入土棺材者，也有为子孙培育楸树者，更有儿女为父辈重金购一楸木棺材为孝者。又由于楸树树干通直、树冠圆满、树形优美，是优良的庭院和四旁绿化树种，在农村多有栽培。

铁杉 拉丁名：*Tsuga chinensis* 松科（Pinaceae）铁杉属（*Tsuga*）

　　铁杉为中国特有树种，因材质坚硬、刀斧难入而得名，为优良用材树种，国家二级保护植物。在栾川县主要分布于龙峪湾、老君山两个国有林场海拔1300m以上的地区，数量较少，大坪林场在海拔1500m的山顶曾发现有一株，被视为乡土稀有树种而倍加保护。

香椿 别名：红椿、苗椿 拉丁名：*Toona sinensis* 楝科（Meliaceae）香椿属（*Toona*）

　　在栾川县分布广泛，为优良用材树种，更是传统的药用植物和森林蔬菜。栾川人自古有食用香椿的习惯，春季采摘嫩芽，或生食，或腌制后存放长期食用，曾是物资匮乏年代重要的野菜之一。拌面后油炸成"苗椿鱼"，味道鲜美，为特色食品之一。

　　正是由于浓厚的香椿情结，虽然野生香椿分布广泛，在农村四旁仍有大量的人工栽培。

杜仲 拉丁名：*Eucommia ulmoides* 杜仲科（Eucommiaceae）杜仲属（*Eucommia*）

　　为中国特产的单种科属，国家二级保护植物。其野生已较罕见，在栾川分布于海拔1500m以下山区。现已广泛人工栽培。由于杜仲树皮、叶及果实富含杜仲胶，为硬质橡胶的原料，耐酸、耐碱、绝缘性好，适用于航空工业等。树皮、叶入药，为贵重中药材，治疗高血压，并有强筋骨、补肝肾、益腰膝、除酸痛等功效，近年来被开发出许多保健品。杜仲为栾川县传统栽培的经济树种，在山区经济林中占有相当重要的分量。

紫荆 别名：乌桑 拉丁名：*Cercis chinensis* 豆科（Leguminosae）紫荆属（*Cercis*）

在栾川县分布广泛，花期早，花大而稠密，满树紫红，为春季满山"鲜花烂漫"的重要成员。其荚果扁平，长条带状，嫩时称"乌桑板"，经水煮、浸泡后可食用，是旧时粮食匮乏时山区农民的野菜之一。

天竺桂　别名：山肉桂　拉丁名：*Cinnamomum jqponicum*　樟科（Lauraceae）樟属（*Cinnamomum*）

天竺桂又名普陀樟，零散分布于中国东部沿海的狭窄范围。栾川县本不在其天然分布区内。但在龙峪湾林场九曲碧水沙坑南面坡上，零星分布有天竺桂，这对于科学研究具有重要意义。其中有一株高8m，胸围30cm，平均冠幅3m。

领春木　别名：称杆树　拉丁名：*Euptelea pleiosperum*　领春木科（Eupteleaceae）领春木属（*Euptelea*）

为第三纪古老子遗植物。在栾川县分布于海拔900m以上的地区，与杂木林混生，稀有片林。花期4月，在其他树种尚含苞欲放之时，它已花满枝头，因而称为领春木。其树干密布褐色或浅褐色斑点，似称杆上的称星，故当地人又称作称杆树。其果形奇特，褐色果呈不规则倒卵形，先端圆，一边凹缺；树姿优美清雅，叶形美观，观赏价值很高。

北枳椇 别名：拐枣、甜半夜、鸡爪树 拉丁名：*Hovenia dulcis* 鼠李科（Rhamnaceae）枳椇属（*Hovenia*）

落叶小乔木，小枝暗红色，间有黄绿色。花期6月，淡黄绿色；果实圆球形，果径10mm，灰褐色，光滑；果梗肉质，肥厚有扭曲，故称拐枣。又因其果味甘美、极甜，又叫甜半夜。种子圆形扁平，种皮红褐色，有光泽，10月份果熟。

北枳椇在栾川县多生长在海拔1000m以下的阳坡、沟边和山谷中。其果梗肥大，在霜前味涩，需经酷霜后味道才变甜。霜后味甘美而极甜，可生食，是旧时孩童深秋野外可采的美食之一。树皮、木汁、果梗、种子均能供药用，为清凉、利尿剂，药液对解酒毒有特效。民间常用其治疗热病、烦渴、呕吐、发热等症。也用其叶、树皮、种子治牛胎衣不下。

舶来精品

日本落叶松　拉丁名：*Larix kaempferi*　松科（Pinaceae）落叶松属（*Larix*）

原产日本。栾川县自1957年开始引种，经过龙峪湾林场的反复试验，攻克了育苗、造林等一系列技术难题，于1974年初获成功，后逐步在其他两个国有林场大面积栽培，并在全县推广。据多年引种观测试验，表明日本落叶松在栾川县生长率是其原产地日本本州岛的1.6倍，速生丰产性良好。80年代在全县大面积推广。

多年来，通过市级工程造林、以工代赈项目、世界银行贷款项目、群众基地造林等，营造了一大批日本落叶松基地。至2003年，全县共计发展日本落叶松9733hm²。成为栾川县引种最为成功的速生用材树种之一。

1990年开始，由国家林业部、中国林业科学研究院及老君山林场联合，在老君山林场伊源林区建立了日本落叶松高世代良种种子园。1996年一期工程竣工，共计投资86万元，建立良种基地112hm²，其中母树林66.7hm²，种子园33.3hm²，子代测定林10hm²，优树收果区2hm²。

在引进发展过程中，对日本落叶松的科研工作也取得了显著成绩。日本落叶松引进与发展、嫩枝扦插研究、栽培技术研究、生长规律研究、高级种子园营造及优良无性系选择利用等课题荣获省科技奖，为日本落叶松的发展提供了强大的技术支撑。

龙峪湾林场日本落叶松基地

　　龙峪湾林场的万亩日本落叶松位于龙峪湾森林公园的八肩凹，因旅游开发而闻名遐迩，成为龙峪湾景区的著名景点。林内旱莲遍布，厚厚松针犹如地毯，松林内每立方厘米空气中负离子含量高达6万个，被誉为"天然大氧吧"。

桂花　拉丁名：*Osmanthus fragrans*　木犀科（Oleaceae）木犀属（*Osmanthus*）

　　桂花原产南方，栾川栽培历史悠久，拥有数量庞大的桂花爱好者。因其名称有富贵之意，民间多用于庭院绿化观赏。

丹桂
位置：潭头镇拨古岭村谢红伟老宅
坐标：横19567626　纵3762391

丹桂

位置：潭头镇汤营村闫同来家院内

    高4.2m，冠幅4.5m，植于1975年。

丹桂

位置：潭头镇胡家村胡杏家院内

坐标：横19572196

        纵3766910

    高5m，冠幅4m，胸围43cm。

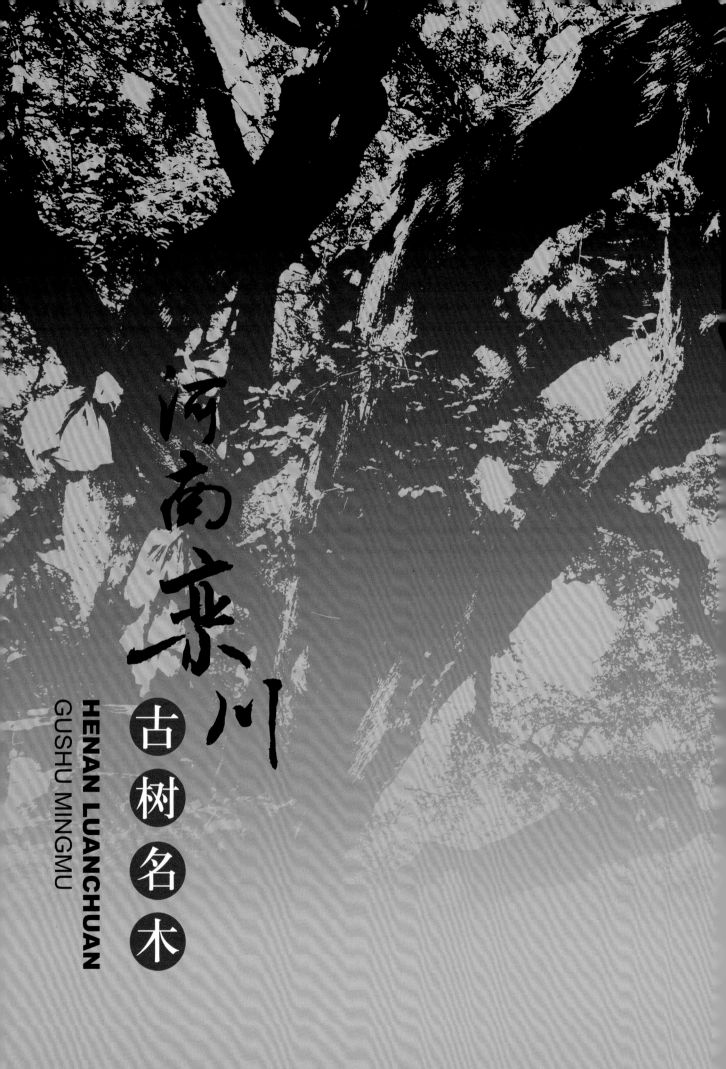

河南栾川 **HENAN LUANCHUAN**

古树名木 **GUSHU MINGMU**

第七章　树之传奇

栾川县有悠久的历史，文化底蕴深厚，为各种民间传奇故事的传承奠定了基础。对于古树来说，由于其在一地生长少则百年、多则千余年，自然被人们视为神明，在漫长的历史进程中，发生的各种事件被联想到树的身上，经过不断升华、代代口口相传，便形成了各种具有传奇色彩的故事。而树也逐渐被赋予了超过植物本身范畴的意义。

古人云：人卒为鬼，畜亡为妖，禽死为怪，树古为仙。围绕古树的传说，最多的莫过于"仙"。问及某棵古树，当地人说的最多的一句话会是"树上有仙"，当然也有例外，比如潭头镇赵庄村下坪组的一棵编号为豫C2868的黄连木就很"静"，没有"仙"。有"仙"的古树不能动，谁侵犯了古树，就会受到"报应"，而这种"报应"的方式各有不同，用民间俗话讲，就是"敢看不敢动，动动出妖精"。但有个共同的规律，就是侵犯同一棵树的后果是一致的。

民间常有认古树为"干爹"的风俗。而作为干爹最方便的是柏树。某家的孩子被认为"命硬"，或者其他原因被算命先生告知需要认100个干爹，才能避祸消灾、长命百岁时，真的认100个干爹非常难以实现，人们就借"柏"和"百"的谐音，让孩子认柏树做干爹，认一棵就算作认了100个干爹了。所以，某地若有棵古柏树，收下千百个干儿女不足为奇。

当然，这些迷信的传说没有任何科学道理，但它反映的是一种古树文化，正是由于这类传说的代代相传，才使众多的古树免受伐戮之灾，得以保存下来。

古树传奇的延续，靠得是一代人一代人的口口相传。在过去，由于文化生活贫乏，民间都有说"瞎话"、讲故事的传统。闲暇时间，孩子们围在大人的身边，听大人们讲各种各样的故事，每个小孩都能对别人讲出一大堆故事来，然后他再把这些故事讲给他的后代听。随着现代化进程的不断发展，如今的孩子极少有听故事的了，成年人没时间，年轻人娱乐内容丰富，失去了对"瞎话"的兴趣。所以，现代文明进步的同时，民间故事的传续也遇到了危机。

为此，本书在前面各章中对一些古树的传说作了简要介绍，并特列本章，选取部分精彩的故事以资存志。

救死扶"桑" 编号：豫C2798 坐标：横19551223 纵3756292

中文名：桑树 **拉丁名**：*Morus alba*
科属：桑科（Moraceae）桑属（*Morus*）

赤土店镇花园村有一株远近闻名的神树——桑树。时至今日，每年都有大量的人来这里试图从树上取得桑葚或桑寄生，配以树旁龙王庙的泉水和沙梨，治病祛疾。甚至有人从平顶山等数百里之外的地方前来求药。

这棵生长在崔延新家房后山坡上的林中的桑树树龄约850年，如今除了经常生长桑寄生的个别树枝有些腐朽外，还算枝叶茂盛。它高约16m，胸围180cm，看上去并不伟岸。但何以吸引那么多人，历朝历代不远百里前来求药？这与一个神奇的传说不无关系。

相传明朝末年，李自成在起义之前，进行了长期、大量的筹备工作，其中一项重要的内容就是筹款。为此，他在豫西到处开采金、银、铅矿。在栾川县花园村及其附近的白沙洞、炉场沟、蛮子沟（据说此沟也是因为李自成开矿的人多为外地人而得名）等地掘洞采矿。期间有一时期，一种称作"热病"的瘟疫在矿工中传播，致使生产停顿，李自成的事业面临着巨大的困难。危难之际，负责这一带采矿的头人遇一道人，道人说，花园有棵古桑树，可采其果（即桑葚），配以该桑附近的梨树所结沙梨，用桑树附近的那个龙王庙里之泉水煎后服

用，疾病必除。矿上遂派人寻找，果然发现了道人所说之树、庙、泉。矿工服用后，瘟疫迅速消灭，矿山兴旺发达，为李自成筹集了巨额的钱财，李自成从此有了起家的资本。

后来，李自成前来视察，听说此事，便亲自去拜访古桑树。当看到附近的其他树上多有寄生植物，便随口说道，何不让其寄生在桑树上，吸取桑树的汁液，再配以桑葚和沙梨、龙泉，这样效果会更好，还可造福乡里。不久后，这棵桑树上果然长出了桑寄生。因为桑寄生这种植物虽然名为"桑寄生"，其实很少长在桑树上，所以，就又有了一种传说：是啄木鸟听到了李自成的话后，从其他树上叨来桑寄生种子，种在桑树皮里的。

这棵桑树到底有何种神奇功效？上述传说是否真实，我们无法考证。但从中医学的理论来认识，桑寄生、桑葚属于中药材，确实可以治疗一些疾病，包括沙梨在内，都具有祛病强身的功效。至于龙王庙的泉水，则确实是非常优质的天然矿泉水。龙王庙旁的周桂荣一家长年饮用此水，老太太活了113岁，和她同住的女儿郭清芳和女婿刘广福如今都年过八旬，依然身体康健，经常上山采药、下地干活。

麻花梨树　编号：豫C5258　坐标：横19551992 纵3755917

中文名：梨树　　　拉丁名：*Pyrus sorotina*

科属：蔷薇科（Rosaceae）梨属（*Pyrus*）

赤土店镇花园村西中组石家里沟的陈书正家院边，有一棵年龄700岁的古沙梨树。该树生长于一片竹园的边缘，树高18m，胸围440cm，冠幅16.5m，主干高6m，以上分为两个主枝，斜向上生长。令人奇怪的是，这棵树从基部开始，树皮的纹理一律呈麻花状向右旋转，看上去极为壮观。关于这种现象的成因，用科学理论难以解释，但一种有迷信色彩的传说却在当地流传甚广。

据传古时，当时这棵梨树尚只有碗口粗细。花园村有一崔姓男子，平日里以长途挑脚力为生，长年奔走于赤土店至卢氏县一线。这个人有个爱好，就是喜欢研究那些神神怪怪的东西。一次，他又挑脚力去卢氏县城，途中过夜，宿于一山洞。夜里，崔某梦见一高人，告其洞内里侧有一咒书，照咒念来可以呼鬼唤怪，助其成就事情。醒来时，果然寻到此书。崔某喜出望外，对咒书爱不释手，很快记住了一些咒语。回家那天快到家时，天色已是半夜，崔某心中忍不住，照书中咒语念了起来，不料果然有七八个青面獠牙之怪突然降临，问其需要干什么。崔某正咤异，有怪显得不耐烦地说你既念咒语叫我等来，必须要有事做的。崔心中害怕，只好随手指着路旁的一棵梨树说：把它拔出来！众怪就一起上去拔树，谁知树根牢固无法拔出，只把树扭成麻花状。树干因被扭裂而发出很大的噼叭声响，惊动了附近人家的狗叫。因怪惧怕鸡狗叫声，便一哄而散。而崔某也受到了巨大惊吓，回家把情况如实告知其母，

并从此一病不起，一年后去世。

人们都说，崔某是得了惊惧症。而那棵梨树从此便成了麻花状，几百年后依然没有改变。

人见人畏鬼见愁　编号：豫C2791　坐标：横19553761 纵3755328

中文名：卫矛（别名：鬼见愁）　　　拉丁名：*Euonymus alatus*

科属：卫矛科（Celastraceae）卫矛属（*Euonymus*）

卫矛，又称鬼见愁，主要原因是它的枝条上生长着4条羽状棱条，看似非常棘手。卫矛本是灌木，鲜有长成乔木状大树的。在赤土店镇公花园村东坑组，却有一株高18m、胸围达300cm的卫矛，树龄已有200年。在树林中，这棵树看上去并不显眼，但却是人见人畏。人们传说树上居住着众多神仙，不能说它坏话，不能对它指指点点。不光是传说，还有"真实"的事例呢。

30年前，村中某人不信传说，在此树下说了些不敬的话。一回到家便感到胳膊疼痛难忍，持续多日不好，求医也无法治愈，只好求助于"神家"。一个神婆看后说，你这孩子嘴贱了吧，还不快去向仙家道歉！此君赶紧备了酒肉，到树下焚香，祈求"仙家"原谅。回去后，疼痛果然好了，但胳膊上似有被绳索捆绑的几条红印，数日后方消失。

此后人们对此树更加敬畏。时至今日，好多人经树前路过时连看都不敢看，更不敢胡说八道了。

蛙背青冈 编号：豫C0964 坐标：横19569525 纵3731785

中文名：短柄枹树（别名：小叶青冈） 拉丁名：*Quercus glandulifera* var. *brevipetiolata*

科属：壳斗科（Fagaceae）栎属（*Quercus*）

庙子镇庄子村七组截山岭，龙峪湾景区旅游公路的外侧一山嘴上有一块巨石形似一只青蛙，在蛙背上生长着一棵短柄枹树，当地人都称这种树为小叶青冈或者青冈。

传说此树系太白金星为镇蛙妖而种。当年太白金星院内水池中一青蛙因思凡，趁主人外出擅自下界来到此地，与一美貌女子相亲相爱结为夫妻。太白金星回府后发现青蛙不在，便亲自下凡捉青蛙上天。然青蛙不愿舍弃人间真情，苦苦向太白金星哀求，宁愿做一凡人、永不升天，太白仍不准。青蛙再求：宁肯不享人间烟火，只求常见人间欢乐。太白金星念其坚强信念，准其驻留凡间，为防其做妖危害人间，着其卧于截山岭，并随手植一青冈于其背，使它只能眼看人间风情，不能有丝毫动弹。

这棵短柄枹树目前顶已干枯，共有6大主枝曲曲折折，显得古朴典雅。树旁的刘家现开了一家"玉龙山庄"，生意兴隆。树前游客如织，彩绫满枝。因景色独特优美，曾有多个剧组到此拍摄外景。

锯不倒的槲栎　编号：豫C5238　坐标：横19585438 纵3741523

中文名：槲栎　　　　**拉丁名：**_Quercus aliena_

科属：壳斗科（Fagaceae）栎属（_Quercus_）

合峪镇钓鱼台村俩坟组河西薛新家房子南侧，有一株薛家祖传的槲栎，屡遭锯伐之险却始终化险为夷。这棵树龄200年的古树主枝稀少，树干6m以下只有14个断枝疤痕。据说这是过去人们砍柴砍下的，不过从其上砍过枝的人都有一个共同的结果，就是谁砍谁眼痛。所以近几十年已无人再砍。至于所谓的锯不倒，树的主人、出生于1951年的薛新讲述了自己亲历的三件事。

第一次是1958年大采伐时。村里组织了二三十人的采伐队集体采伐，当采伐这棵青冈树时，不论谁拿锯来锯，锯不了三下，不是头痛就是肚痛。当时年仅7岁的薛新也上去试了锯，却立即亲历了肚痛之苦。并且那次在锯口流出了红色的液体，于是人们便放弃了采伐这棵树。

第二次是1961年。由浙江人成立的采伐队又在钓鱼台村采伐林木。当时十来岁的薛新看到采伐的人刚一搭锯，不知什么原因大叫"妈呀快跑"，其他人再未砍这棵树，它躲过了第二劫。

第三次是在1979年。栾川乡范营村的万氏多次协商后出价600元买下此树。按当地采伐大树的风俗，先在树上提前三天贴"伐树贴"，意在告知树上神仙鬼怪：我要砍树，请你搬家。当万氏来人贴伐树贴准备伐树时，接连三天都是当天贴、次日丢失。万氏以为薛家不愿让砍故意捣鬼，第四天亲自住在薛家，把树皮刮平以便贴得更结实，谁知晚上眨眼的工夫，帖子又不见了。接连6次帖子丢失，万氏终于不再采伐，双方友好退款。

经历了上述三事之后，再也无人动采伐这棵古树的念头了。

合顶柏　编号：豫C051　　坐标：横19573138 纵3761116

中文名：桧柏　　　拉丁名：*Sabina chinensis*

科属：柏科（Cupressaceae）圆柏属（*Sabina*）

潭头镇汤营村西营组，著名的九龙山北麓，有一大一小两株桧柏，相距4m。大者高30m，胸围418cm；小者高20m，胸围220cm。两树并排生长，并非同根，但大树的最下部的一条侧枝伸到小树顶上，二树之冠从而合二为一，看起来完全像一个树冠，故名"合顶柏"。此树景观奇特，驰名豫、晋两省。至今，在潭头一带流传着"合顶柏"在山西的故事。传说山西有家富户，姓越，拥有良田百顷，家中骡马成群，生意通四海，财源达三江。而越氏家族的富因竟和"合顶柏"有关。在越家尚属小富之时，家厨房中的食用油很多，一大缸一大缸地存放在家中。一天，越家的掌柜在管家陪同下来到厨房逐缸查看，到一个大缸前时，见缸油中映出一株合顶柏。管家无意，掌柜有心。此后，他吩咐厨子只吃这一缸的油，其他的油缸皆予封存。但这缸油不论怎么吃，缸内总是满盈盈的。掌柜就叫管家将油不断拿到市场上去卖，可缸里的油仍是满满的。越家就在卖油上发了大财，成了富翁。掌柜派人四处寻找合顶柏，终于在河南潭头的汤营找到，并奉若神明。但不料天机泄露，有人嫉妒越家，在该树上钉了钉子，自此越家的油缸就干枯了。

虽是传说，但这株合顶柏确实在山西等地享有盛名，也佐证了传说的部分可信性。据考证，此树生于北魏景明年间，已有1500年的树龄。

娘娘柏 编号：豫C053 坐标：横19571376 纵3762553

中文名：桧柏　　　拉丁名：*Sabina chinensis*

科属：柏科（Cupressaceae）圆柏属（*Sabina*）

潘仁美，传说中的宋代大奸臣。其原籍在栾川县潭头镇，现潭头石门村魏家沟有潘家坟可以佐证。而魏家沟组有一株千年桧柏，据说与潘家颇有渊源。

据传，这棵桧柏位于潘家老宅的门前，潘家因此树的风水助力，而出了潘仁美这个朝中要臣。在此桧柏对面的凤凰岭上，有一片面积约200m²酸枣林，那里的酸枣树与众不同，树上的枣刺都是朝下生长的，传说这是因为潘仁美小时在此放牛时不小心摔倒，衣服挂住了枣刺，把枣刺都挂得向下倾斜，从而成了现在的这个样子。目前这棵树高10m，主干高2m，胸围285cm，在树高2m处分生出东西两大丰枝，四周枝条下垂至地面，形如垂柳，在树下形成了156m²的树荫，如同一个大遮荫棚。其外形，身躯似雄鸡，头部似骏马，雄伟美观。该树有许多大小不等的小枝，这些小枝与下垂的侧枝相反，直立向上生长，远看好似一片树林。本来，桧柏具有2型叶的生物学特征，在不同的小枝上，分别生长着两种不同的叶子：一种是鳞状叶，一种则为三角形钻形叶，这个特征在此树上典型地体现了出来。但人们传说，这是因为潘杨两家的恩怨，杨家在对潘家的复仇。那带有刺形叶的小枝，就是杨家的化身。

而在当地，人们更愿称这棵树为"娘娘柏"，因为它的年龄与"宋太宗娘娘"相仿。这株桧柏虽已1500年树龄，仍生长旺盛，为当地一著名景观。

重渡沟七叶树	编号：豫C048	坐标：横19563455 纵3754891

中文名：七叶树　　拉丁名：*Aesculus chinensis*

科属：七叶树科（Hippocastanaceae）七叶树属（*Aesculus*）

潭头镇重渡沟风景区内，有一株七叶树。风景区开发后，被号称为"千年菩提树"而成为景区一著名景点。关于此树，导游词如是说："树围3.5m，高达30余米，树龄在千年以上。它春开白花，秋结褐果。果可做佛珠，不同材质所做的佛珠功德是不一样的，铁珠五倍，铜珠十倍，珍珠珊瑚珠百倍，木槵子珠千倍，莲子珠万倍，菩提珠无数倍。人们带在身上可保四时平安"。因为佛祖释迦牟尼就是在菩提树下修成正果，这棵树也自然成了遐迩闻名的一棵圣树、神树。关于这棵树的来历，有两种说法：一说为《西游记》中的沙和尚到月宫中偷砍桫椤木制作禅杖，不慎碰掉桫椤果，其中一颗落此长成大树。一说，很久以前，一高僧带菩提果云游到此，见风景秀丽，美若仙景，便将一果埋在土中。第二年，此处即长出一棵小树。若干年后，一特别信佛的牛姓之家，见到此树，已知这里是风水宝地，索性在树旁选址建房。没几年，牛家开始暴发。至民国年间，树下已是青堂瓦舍的四合大院，牛家成了富甲一方的大户。事实上根据考证，此树树龄300年，系清康熙年间所栽。不过，旅游讲究的是新奇，图的是乐趣，而非科学考察，所以无需较真。

会转的柏树　编号：豫C2981　坐标：横19559754 纵3767086

中文名：柏木　　　拉丁名：*Cupressus funebris*
科属：柏科（Cupressaceae）柏木属（*Cupressus*）

秋扒街西头汽车站东侧场边，一株柏木高仅6m，胸围162cm，冠幅也只有4m，但树形奇特，极像一只展翅欲飞的凤凰，人称"凤凰展展翅"。后来由于雷击，"凤凰"头部的枝条被击掉，现在看上去不太像了。这棵树远近闻名，还因为传说它那条平伸的大枝也就是凤凰头会十分缓慢地逆时针旋转，指到哪个方向时，那个方向容易死人。

会旋转说的主要依据是这个枝的基部有十分明显的撕裂痕，极像是扭转的力量造成的，所以至今许多人都坚信它是会转的。事实上，几十年来这条枝一直是朝着现在这样的西偏南方向，从没变化过。如果说真的会转，那也是非常缓慢的，一个人的一生很难看出来它转的角度，至于它指的方向容易死人就更离谱了。

20世纪80年代，这棵树又出现过开花的奇特现象，开一种橘红色的花，时间仅一天，落到地上很快就没了，曾引来众人围观、拍照。可惜的是现在无法找到当时的照片，也无法解释所谓的"花"到底是什么原因形成的。

据考证，此树由周姓祖上于明朝嘉靖年间栽植，距今450年。

核桃园的由来　　编号：豫C5493　　坐标：横19559343　纵3771663

中文名：核桃　　　拉丁名：*Juglans regia*

科属：胡桃科（Juglandaceae）胡桃属（*Juglans*）

　　秋扒乡北沟村村委一带，统称作核桃园。毫无疑问，核桃园这个地名的由来肯定要与核桃有关。

　　据传，400年前的明朝末年，李自成为举义旗筹款之时，在秋扒北沟今核桃园一带开采了两个金矿洞，两个坑口相距200m，后人分别称其为"上金洞坑"和"下金洞坑"，当时在两个洞内开采了大量黄金。在金矿脉尚未采尽时，因战事李自成的人撤走了。临走时，为防以后有机会再来开采时找不到地方，便在两个金洞坑附近各种了一棵核桃树。若干年后，两棵树硕果累累，当地群众便多有新种核桃者，使此地变成了"核桃园子"，核桃园就成为了这一带的地名。

　　李自成所种的两棵核桃树，上金洞坑的那棵于2000年死掉了，下金洞坑的这棵现仍在。这棵树高8m，胸围550cm，冠幅仅4.5m，主干高3m，树冠上仅存2条长仅3.5m的粗枝。其树干木质部严重腐朽成一空壳，极薄的木质部和树皮有多处裂缝，干中是一空洞。虽然当地群众对其保护有加，只是树势极度衰弱，已无结果能力。

皂荚树与戏　编号：豫C2985　坐标：横19559054 纵3760513

中文名：皂荚　　**拉丁名：** *Gleditsia sinensis*

科属：豆科（Leguminosae）**皂荚属**（*Gleditsia*）

人们都知道南方的榕树"独木成林"的奇观，其实皂荚也能"独木成林"，只是方式不一样，榕树因气根成林，皂荚则是根生小树而成林。

秋扒乡鸭石村委办公楼的房后有一株300年树龄的皂荚树，根系发达，粗达40cm的树根时而裸露于地面，时而钻入土中，如蛇似龙。它发达的树根上萌发了数十株小树，面积达30余平方米，粗者地径已达5cm，形成了大树下生小树的独木成林奇观。

围绕这棵树的一个真实传说同样令人称奇。明末时期，此处建一火神庙，后皂荚树渐大，火神居于此树上的传说便深入人心。旧时，当地每年都要"当火神社"，至解放前，火神社的规模已相当大，参与者几乎涉及全村民众。距此树50m的河对面，原是一处戏台，逢年过节常在这里唱大戏，但有一出戏唱出了麻烦。民国初年时，戏台上演《黑风洞》，演至一半时，突起大风，致这棵皂荚树断了一大枝，声响巨大；几年后又演《黑风洞》时，同样的现象又出现，皂荚树再断一枝；解放后的1963年，戏班又在此演《黑风洞》，结果再次突起狂风刮断了皂荚树的第三枝。我们可以理解为这三次纯属巧合，但再三出现的怪事，使人们宁可相信是因为戏的内容惊动了树上的火神爷，这个戏台从此便不再演这出戏。

刘仙姑　编号：豫C2950　　坐标：横19555746　纵3763783

中文名：旱柳　　　拉丁名：*Salix matsudana*

科属：杨柳科（Salicaceae）柳属（*Salix*）

　　狮子庙镇长庄村下庄组谭石沟门的河边，紧邻S249省道的一个急弯处，有一株树龄200年的旱柳。它的主干先是向河道一侧倾斜生长，1.7m高处拐为水平方向长达12m，直至瓮峪河对岸，上面直立生长3条大枝，似一平台上长出数株新树。其主干已腐朽成一长达3.5m的空槽，整个树形显得古老沧桑。传说树下有2只金鸭子护卫，树龄已达6万年，整个瓮峪沟的人都对它敬畏有加，逢年过节常有人树下焚香祈祷，也有人将子女认其为干亲。到了2012年春天，突然传出了树上住着刘仙姑的消息。刘仙姑是何方神圣？只有当地85岁的张桂香老太太心里知道。

　　原来，张桂香一生酷爱烧香敬神，但家境贫困。其孙儿杨某多年在县城打工，收入微薄。2012年大年初一，老太太来到树下烧香，祈求神灵保佑其孙儿发财致富、改变贫困人生。春节过后，杨某在栾川七里坪与人合伙建一大理石加工厂，生意不错，这可喜坏了老太太，赶紧准备还愿。于是，她将孙儿交给她的钱和自己平时积攒的钱全拿出来，倾尽1500元在树下建了一座小庙。庙建好，老太太却犯了难，该敬的是哪位神仙呢？此时恰遇两位路人，搭话之间了解到是去它处烧香路过的，老太太说了自己的难处，路人说："我们借口传话，此树上住着大仙刘仙姑，此树是她的总殿，距此1km的瓮峪沟口的古檀子

树上还有6个分殿，共有100余众。多年来并未有人为其盖庙，你为她盖了庙，仙姑谢恩不尽，特借我等之口告知你"。张老太喜出望外，遂在庙内贴了牌位，上写"公正无私刘仙姑"，并在庙门贴了大红对联："依水傍山大福地，慈颜和顺显神灵"。此后，其孙儿多次告知奶奶，厂子生意更加红火，"太致利了"。老太太也不顾传话人不让外传的交待，消息不胫而走，小庙香火还算兴旺，据说外乡有人也到此许愿，还挺灵验呢。

会冒烟的核桃树　编号：豫C3013　坐标：横19541283　纵3747195

中文名：核桃　　　拉丁名：*Juglans regia*
科属：胡桃科（Juglandaceae）胡桃属（*Juglans*）

陶湾镇伊滨村北场一块耕地的南角，有一株高22m、胸围300cm、冠幅16.5m的核桃树，这棵树系村中的朱平家的祖上于清乾隆十四年（1749年）所种，树权一直由朱家所有。它主干高4m，8大主枝粗均在30cm以上，主枝的梢头多干枯使枝显得粗而短，冠内枝条曲折有致、古态尽显，但树势尚旺，既是村中的一处景观，又被村中人奉为风水树。

为什么说它会冒烟呢？这缘于20世纪60年代初期的一个故事。此树有4条粗壮的根裸露于外，其中两条根上有孔洞，一条是根的中间上侧一个长30cm、宽20cm的孔，一条是在根部的断茬上露出一个直径15cm的孔洞。"文革"前，常有人在树下烧纸焚香、祈福求事。一日，当地一位任姓老太太正在树下烧纸钱，突然发现树冠中到处冒起了烟雾，大惊，以为是树上的神仙显灵。后经人们反复查看，虽都认为既然根上

有洞，肯定树干也是空的，所以烧纸钱的烟会顺树干从上边冒了出来，可怎么也找不到树干上的任何孔洞。于是，对树上住着大量神仙的说法更加坚信。人们还说，这棵树对本地人是保护的，但对外来的人就不一样了，如外边的小孩子到此树下如果哭了，必定会害病，本村的小孩再哭也没事等等，他们可列出许多事例为证。

不管怎么传说，这棵树是朱家的，他们还是要上树打核桃。数年前，此树年可产青皮核桃250kg左右，而且很绵瓤。如今树干高大、没人能上树打，所以只有在树下用竹竿零星打下点，剩下的就让它自己落下了，实际收成也几乎没有了。不过，它除了受人敬奉，还有风景树、风水树两个特殊功能，没收成也照样备受呵护。

龙须缠黄连　　编号：豫C3008　　坐标：横19535956 纵3747151

中文名：黄连木　　　　拉丁名：*Pistacia chinensis*

科属：漆树科（Anacardiaceae）黄连木属（*Pistacia*）

　　陶湾镇秋林村战场沟秦双太家的对门山嘴上的一棵树龄约600年的黄连木，高15m，胸围虽达338cm，冠幅却只有8m，除了顶部有两条大枝外，下部有两条粗短的枝桩，树冠主要由小枝条构成，看起来十分苍老。有趣的是一条粗如胳膊的古藤顺树干攀爬直至顶部，当地人把缠在树上的这条古藤叫做龙须。这缘于发生在秦家祖辈的故事。

　　明洪武年间，秦家祖上由山西迁来陶湾镇庙底定居，而杨姓家族则定居于战场沟，当时这棵黄连树已生长于此，龄尚幼。清光绪十六年前后，杨家后裔杨天行因看中秦家的产业，强行与秦家"关门换业"。这种"换业"实际就是双方把所有资产全部留下，净身出户与对方互换家业。秦家不得已搬到战场沟居住，不想这里风水极好，秦家子孙兴旺，而杨家若干年后却断了香火。说这里风水好是因为此地两沟夹一梁，两沟是两条龙，这条山梁就是龙头，山梁前端是一个山嘴，恰似一珠，故这里的风水系"二龙戏珠"。而这棵黄连树就生长在龙嘴里的龙珠之上，所以人们说，缠在树上的古藤是龙之须。

　　因为年代久远，黄连树的树干早已成空洞，常可见松鼠由树根部钻进，由树梢部出来。缠在树上的龙须原来粗达碗口，也于20世纪30年代干枯，现在的这条是后来新萌发的，但它仍沿前茬龙须的线路缠在树上。

蟠桃山神松 编号：豫C0973 坐标：横19548034 纵3738158

中文名：油松 拉丁名：*Pinus tabulaeformis*
科属：松科（Pinaceae）松属（*Pinus*）

石庙镇观星村蟠桃山景区一处名叫青冈坪的小山梁上，距河沟40m处，远远望去一株高大挺拔的油松赫然入目。进入密林到树下，可见此树高达20m，胸围250cm，冠幅21m，在栾川已很少见到这么大的油松树了。它主干高4m，枝稠叶密。奇特的是，它的枝条分布似乎与一般的油松轮生枝不同，有很多的丛生状主、侧枝。树的顶部，有9个枝条扭曲在一起，然后下垂数米；树冠中部，一条主枝上丛生出4条侧枝，经过多次曲、折四向延伸。大量的这种枝条，使这棵树显得很怪。

当地的人都把这棵油松称为神松，这主要缘于一个传说。旧时，伏牛山南的西峡县有一位财主，家中的水缸添满水后可见到一棵松树的影像，以为是吉兆，便四处寻找与缸中影像相同的松树，寻到蟠桃山青冈坪，见此树与缸中影像完全相同，便确认就是这棵树，并把其奉为自家的风水。为防止自己走后树被砍掉，在树干里钉了许多钉子，至今还可见到树干上钉子的痕迹。传说起于何时无从考证，但当地人说"爷爷的爷爷都是这么说的"。如今，人们用石板在树下搭了个小台子，以方便时常来祭拜祈福的人摆放供品、香炉。

白皮松与"金灯" 编号：豫C2783 坐标：横19547555 纵3748760

中文名：白皮松　　　拉丁名：*Pinus bungeana*

科属：松科（Pinaceae）松属（*Pinus*）

石庙镇庄科村竹园沟荆家庄后坡上，有一棵树龄500年的白皮松。它高18m，胸围220cm，冠幅23.5m，虽长于密林之中，仍十分醒目。相传此地最早居住的是荆姓人家，约300年前迁居此地，后来又陆续迁来了张姓等家族。过去，此树有一种奇怪的现象：每到夜深人静之时，树上会发出两点亮光，人们便称其为"金灯"。对这种现象的解释，自然会联系到神仙鬼怪之类的迷信传说，此树也被公认为是荆家的风水树。但在1940年后，"金灯"便消失了，消失的原因，仍是迷信传说：一日某人梦中见一白称叫胡明杰的人告诉他，他来自四川，一家族近百人居于白皮松树上，但当地一张姓人氏因想把荆家的风水搞坏，便用了不屑之法，致他家人尽失，仅余7人。所以他要拿张氏的性命。梦醒后，某人打听果然张氏突发急病而亡。此后，再也没有人见到过所谓的"金灯"。

这棵白皮松1958年险些遭到灭顶之灾。当时正值大采伐，庄外前来采伐的人已将树干砍了数斧，遇当地群众哀求劝阻，遂停斧。至今，树干上还留有斧砍的疤痕。

白果树下	编号：豫C0972 / 豫C2788	坐标：横19547682 纵3743598

中文名：银杏　　　**拉丁名：*Ginkgo biloba***

科属：银杏科（Ginkgoaceae）银杏属（*Ginkgo*）

石庙镇下园村有一处地名叫"白果树底下"，这里的"底下"是当地方言，念时合起来作一个音"dia"。这个地方就是因白果树而远近闻名。

白果树底下有两株银杏，相距2m，树冠连在一起。西侧的一株为雄株，干形粗大，胸围达350cm；东侧的为雌株，干稍小，胸围仅215cm。据考证，西侧的那棵树龄为700年，东侧的那棵为400年。

为什么两棵树粗细、年龄差距这么大？据传，明朝洪武年间大移民时，下园迎来了由山西迁来的人们。起初，这里到处是荒野和森林，人们以立界圈地的形式占有、分配土地，谁先占了就是谁的，当然树木也不例外。那时，这两棵银杏树也随土地有了主人。明神宗万历年间，原居于卢氏县的常氏迁居下园后，与人对这两棵近300年龄的银杏树发生了纠纷，多方调解不成，两家打赌将其中一株砍掉，如果会发新芽树权就归常家，否则树权归另一方。结果东侧的那株被砍掉了，而且还真的发出了新芽并逐渐长成了大树。从此，这两棵树就归了常家，至今为常康杰兄弟4人所共有，每两年轮换一次采收果实。东侧的雌树每年都正常结果，以前可年产数百斤，但因成果时树枝被压断、采摘时折断，树枝有所减少，如今产量也不如从前，但仍可年产百斤。每年开花时节，都有许多外地人来此采收花粉带回去给自己的银杏树授粉。

那棵大些的雄银杏的基部有一个空洞，但木质部并未腐朽。把手伸进空洞中，可摸到一片垂下来的木片，扳动后放开，木片便多次振动并发出声响，十分好玩。过去，这个树洞里曾住有猫头鹰，有时扳动木片时会把猫头鹰惊出来。这些年不见猫头鹰来住了，不过这扳动木片听声音的好玩法已延续百年，仍为当今的小朋友所喜爱。

白果树底下位于下园村的中心地带，自然也是村民们休闲纳凉的好地方。人们吃饭时把这里当做"饭场"，闲暇时聚在树下闲谈，冬天在树下晒太阳，夏天在树下乘凉。树权虽然是常家的，但几百年来人与树和谐相处，白果树带给全体村民的恩赐远不只是白果，这里早已是村民的乐园，也是下园村人的骄傲。

河南栾川

古树名木

HENAN LUANCHUAN

GUSHU MINGMU

坐标：横19531935 纵3746723）；一棵位于山神庙前（编号：豫C2824，坐标：横19533771 纵3745747）。

然后结束行程，返回栾川县城。

2．叫河—三川—冷水

上午到叫河镇六中村河西组的瓦窑沟口观赏"叫河柳王"（编号：豫C5303，坐标：横19525634 纵3751407），欣赏美妙的树形和新农村建设的成果。

到东坡村碾道组后庄科，观赏淯河滩上的一棵榆树（编号：豫C5295，坐标：横19528409 纵3748127），了解20世纪60年代人们剥榆树皮充饥的历史，从树干的痕迹回忆那个难忘的年代，感恩祖国发展带来的巨大变化。

返回叫河镇，观赏叫河中学院内的七叶树（编号：豫C0959，坐标：横19528621 纵3747975）；然后在著名的古迹梨水桥旁观赏兴山榆（编号：豫C036，坐标：横19528636 纵3747939）。

到牛栾村村头组，欣赏两株油松（编号：豫C5312/5313，坐标：横19520389 纵3748817），这两棵树曾是该组的"钟楼"。在大集体的年代里，生产队在两棵油松树中间拉根铁丝，挂了个大钟，每到该上工的时候，队长都到树下拉响钟声，人们的作息全听钟声的指挥。如今，钟早已不知去向，但人们对钟声仍不时怀念有加。

到牛栾村仓房组北沟的路边，观皂荚树（编号：豫C037，坐标：横19531364 纵3749082），了解这棵树的古怪传说。

然后前往三川镇大红村，观赏后坪组卢峪沟油松（编号：豫C2916，坐标：横19532056 纵3752939）。

前行至火神庙村，观赏2组碾道沟的油松（编号：豫C2917，坐标：横19530274 纵3758264）；北沟口刘命家门前的500年核桃树（编号：豫C5748，坐标：横19529200 纵3757416）；北沟费万财家房后的栓皮栎（编号：豫C5749，坐标：横19529150 纵3758361）。然后出大红沟，前往三川镇用午餐。

午餐后前往三川镇新庄村，观赏著名的地标"新庄油松"（编号：豫C5750，坐标：横19537783 纵3755322）。先在公路上远眺，然后一定要过淯河、上到山顶近距离观赏，它树形雄伟、层层叠叠、扭扭曲曲，古朴、苍老，极为美观，绝对值得一睹其风采。

往冷水镇方向行进，前往西增河村天生墓杜社会家对面的椴树洼，拜访著名的"老椴爷"（编号：豫C2908，坐标：横19539895 纵3760547）。这是一棵少脉椴，人们既然尊其为老椴爷，自然要有许多典故，值得细细了解。

然后，要顺"郭冷路"返回栾川县城，这样可以顺便到赤土店镇的刘竹村箭沟组王龙家门前，观赏"古树逢春"核桃树（编号：豫C5249，坐标：横19546451 纵3752277），站在树干的空洞中，体会"坐井观天"的奇妙意境，了解空洞形成的历史，感受650年来它所经历的风雨。

3．县城—赤土店

上午先到城关镇东河卫家门后坡，欣赏冬青古树群（编号：豫C5227，坐标：横19557824纵3740252）。

在县城眺望画眉山顶的匙叶栎雄姿（编号：豫C3077，坐标：横19558901 纵3740511），也可以从洛钼集团西侧登上山顶近距离欣赏。

到七里坪村6组杨植龙家的庭院观赏百年紫薇（编号：豫C3076，坐标：横19579860 纵3739941）。

罗庄村小南沟邢之见门前，观赏古皂荚（编号：豫C3066，坐标：横19558523 纵3738734）。此树树龄350年，冠阔荫浓，不仅是邢宅的风水树，也是村里人们休闲纳凉的聚集地。

栾川乡寨沟村1组拐把沟张安家老宅观赏古银杏（编号：豫C3067，坐标：横19562266 纵3736339）。这棵植于明永乐年间的银杏树是到寨沟景区的游客必看的景点。然后往赤土店镇。

先在赤土店镇赤土店村河西组观"路中皂荚"（编号：豫C5274，坐标：横195453046 纵3747666）。这棵树龄250年的古皂荚树，矗立在村中一个丁字路口的正中央，将本就不宽阔的道路分成两半，是村民保护古树的见证。

午餐后到赤土店镇郭店村正沟组，观"夫妻银杏"（编号：豫C5278/5279，坐标：横19550683 纵3747853）。银杏为雌雄异株植物。很少见到雌雄两株同时出现在一个地方的。这两棵异性银杏并立生长，身旁还站着一个"孩子"，十分罕见。

沿郭冷路往冷水镇方向行至赤土店镇刘竹村箭沟组王龙家门前，观赏"古树逢春"核桃树（编号：豫C5249，坐标：横19546451 纵3752277），站在树干的空洞中，体会"坐井观天"的奇妙意境，了解空洞形成的历史，感受650年来它所经历的风雨。

然后原路返回到栾马路，往马圈方向，至清和堂村下地组老虎沟口至庄科三岔口一线，观赏两侧山坡上壮观的侧柏古树群（编号：豫C5253，参考坐标：横19551319 纵3751331）。

至庄科转入一线天公路，往花园村。这里有几棵古树需细细观赏：能治病祛疾的桑树（编号：豫C2798，坐标：横19551223 纵3756292），位于崔延新家房后；麻花状的梨树（编号：豫C5258，坐标：横19551992 纵3755917），位于陈书正家院边；人见人畏的卫矛（鬼见愁）（编号：豫C2791，坐标：横19553761 纵3755328），位于东坑组。

往白沙洞方向。至庙根组石嘴上，观赏"百年路标"橿子栎（编号：豫C5280，坐标：横19550688 纵3747844）；至白沙洞村下沟组劳动沟口观赏古核桃树群（编号：豫C5282，参考坐标：横19555541 纵3752792）；在白沙洞村陈家后沟观赏油松古树群落（编号：豫C5284，参考坐标：横19555499 纵3752673）。

如果时间允许，可至公主坪村没粮店观赏国家一级保护植物、"国宝"南方红豆杉（编号：豫C5263，坐标：横19551956 纵3755700）。然后，经九鼎沟返回县城。

4. 庙子—龙峪湾林场

由县城至英雄村，参观"英雄柏"（编号：豫C3043，坐标：横19566815 纵3743395），追忆"七英雄六烈士"的壮烈事迹，凭吊"六烈士"墓，回忆火红年代。

返回庙子镇，观赏河南村的两棵古树。古皂荚（编号：豫C0962，坐标：横19569430 纵3737750）、"凤凰柏"（编号：豫C0963，坐标：横19567457 纵3737769），树龄均为600年，树形奇、美，为远近闻名的名胜。

沿311国道进入龙峪湾林场，先参观石笼沟脑的"姊妹松"（编号：豫C5331，坐标：横19573799 纵3728189），这棵油松远看是两棵，树下看则是一棵油松在树干6m处分成了2个叉。对于油松来说，这种现象非常罕见。

返回至龙峪湾的黑龙潭景区。这里有3棵著名的古树。一是国家二级保护植物连香树（编号：豫C0986，坐标：横19572393 纵3729184），树龄800年，其树形似一个基座上生出5棵参天大树，象征一树五子同时及第，故名"五子登科"。二是冬瓜杨（编号：豫C5333，坐标：横19573682 纵3728179），冬瓜杨是数量较少的一个杨类树种。三是古华榛（编号：豫C5335，坐标：横19573369 纵3727803），华榛为中国特有的稀有珍贵树种，是榛属中罕见的大乔木，其材质优良，种子可食。在我县华榛分布较少，难得见到大树，这棵华榛树形高大，树干通直，枝叶繁茂，果实累累，可谓华榛珍品。

沿景区公路下山，至后孤山公路外侧，观赏由6株槲栎组成的古树群落（编号：豫C5354，坐标：横19572325 纵3729645）。

出龙峪湾景区，到庙子镇庄子村截山岭，欣赏位于路边的短柄枹树（编号：豫C0964，坐标：横19569525 纵3731785），这棵树生长在一块酷似青蛙的巨石上，因景色优美，常被选为影视外景地。

至庄子村跳八里，观赏张金贵门前的巨型栓

皮栎（编号：豫C0965，坐标：横19569176 纵3731722）。这棵栓皮栎树冠750m²，其树势令人震撼，不可不看。

返回311国道往西峡方向，参观庙子镇蒿坪村竹园旁古核桃树（编号：豫C3057，坐标：横19565109 纵3731588），从树基部的大孔洞，品味旧时挤漆蜡的原始工艺。可以在树下的露天饭店用午餐，体验一下古树带给现代人的恩惠。

沿老311国道至栾川与西峡界处的垭口，参观两处庙台槭群落（编号：豫C5746/豫C5747，坐标：横19564071 纵3728834/横19564356 纵3728618）。这是全省唯一发现的庙台槭群落，是2012年栾川县野生植物保护工作的又一重大发现。

返回庙子镇往桃园村对臼沟东坑，参观著名的"山茱萸王"（编号：豫C045坐标：横19575581 纵3731850）。它不仅是栾川最大的野生山茱萸，更见证了栾川县人工栽培山茱萸的发展历史。回程至桃园村河东张冬生家宅旁，观赏一棵树形秀美的桧柏（编号：豫C0996，坐标：横19574896 纵3732440），它栽于清顺治年间，被称为"花盆里长大的桧柏"，自然有其典故。

出桃园沟，沿洛栾快速通道往庙子镇龙潭村南岭组，欣赏著名的"八蟒腾舞"国槐树（编号：豫C044，坐标：横19574746 纵3742194），此树因其树形而得绰号，形似盆景，极为壮观。

沿大潭路，至庙子镇上河村委，欣赏路边的一棵桧柏（编号：豫C043，坐标：横19571918 纵3745271）。最好在树下拜一拜。然后往上河村张长辊门前观赏旱柳（编号：豫C3030，坐标：横19571634 纵3745810），优美的干形、水中的须根是主要看点。

最后到下河村欣赏燕观沟的旱柳（编号：豫C041，坐标：横19570323 纵3745334），它位于一片竹园边，奇特的树干非常壮观，不容错过。

5. 庙子镇一日游

由县城至英雄村，参观"英雄柏"（编号：豫

C3043，坐标：横19566815 纵3743395），追忆"七英雄六烈士"的壮烈事迹，凭吊"六烈士"墓，回忆火红年代。

返回庙子镇，观赏河南村的两棵古树。古皂荚（编号：豫C0962，坐标：横19569430 纵3737750）、"凤凰柏"（编号：豫C0963，坐标：横19567457 纵3737769），树龄均为600年，树形奇、美，为村中远近闻名的名胜。

沿311国道往庄子村截山岭，欣赏位于路边的短柄枹树（编号：豫C0964，坐标：横19569525 纵3731785），这棵树生长在一块酷似青蛙的巨石上，因景色优美，常被选为影视外景地。

至庄子村跳八里，观赏张金贵门前的巨型栓皮栎（编号：豫C0965，坐标：横19569176 纵3731722）。这棵栓皮栎树冠占地750m²，其树势令人震撼，不可不看。

返回311国道往西峡方向，参观庙子镇蒿坪村竹园旁古核桃树（编号：豫C3057，坐标：横19565109 纵3731588），从树基部的大孔洞，品味旧时挤漆蜡的原始工艺。

返回庙子镇往桃园村对臼沟东坑，参观著名的"山茱萸王"（编号：豫C045坐标：横19575581 纵3731850）。它不仅是栾川最大的野生山茱萸，更见证了栾川县人工栽培山茱萸的发展历史。回程至桃园村河东张冬生家宅旁，观赏一棵树形秀美的桧柏（编号：豫C0996，坐标：横19574896 纵3732440），它栽于清顺治年间，被称为"花盆里长大的桧柏"，自然有其典故。

出桃园沟，沿洛栾快速通道往庙子镇龙潭村南岭组，欣赏著名的"八蟒腾舞"国槐树（编号：豫C044，坐标：横19574746 纵3742194），此树因其树形而得绰号，形似盆景，极为壮观。

沿大潭路，至庙子镇上河村委，欣赏路边的一棵桧柏（编号：豫C043，坐标：横19571918 纵3745271）。最好在树下拜一拜。然后往上河村张长辊门前观赏旱柳（编号：豫C3030，坐标：横19571634 纵3745810），优美的干形、水中的须根是

主要看点。

到下河村欣赏燕观沟的旱柳（编号：豫C041，坐标：横19570323 纵3745334），它位于一片竹园边，奇特的树干非常壮观，不容错过。

至新南村黑石夹组下哨一块地边，观赏栓皮栎（编号：豫C3056，坐标：横19568460 纵3750832），此树虽已500岁，但没有粗大树枝，可细访其因。

磨湾村下村组李天来门前的一组银杏树（编号：豫C046，坐标：横19567772 纵3752030），原被称作"连理银杏"，其实称其"三姐妹"更合适，原因就在于它由3株雌性银杏黏连成了一株。

驱车至大清沟街上南岭关帝庙，观赏那里的一棵黄连木（编号：豫C0977，坐标：横19568616 纵3753109）。古树与庙宇相映，自然值得细品。

从街上到马路湾村，可见到马路湾的"门神"（编号：豫C3060，坐标：横19569493 纵3755730）。这是一棵黄连木，它还是守卫一块神秘墓地的一只凤凰，只是需要由当地人引路，到对面山坡上的一处位置才能看得清楚。

出马路湾，至对面的塄沟组、大潭公路下侧段克勤家院边，欣赏一棵国槐古树（编号：豫C3059，坐标：横19568484 纵3756123），除了优美的树形，还可了解它的与众不同之处。

沿大潭路至返回至大清沟街上，有洛栾高速的收费站，可很快返回栾川县城。

6. 潭头镇一日游

洛栾高速潭头镇下站，先到汤营村看"合顶柏"（编号：豫C051，坐标：横19573138 纵3761116）。两棵柏树合为一个树冠本身就是奇观，它身上发生的传说更是闻名豫、晋两省。

往九龙山温泉疗养院的静安寺，观赏寺内的古刺柏（编号：豫C2844，坐标：横19568932 纵3762803），从寺内碑文考证庙与树的历史，感受寺庙所经的风雨。

往石门村全福宫，这是一座"全神庙"，院内有株刺柏（编号：豫C2843，坐标：横19570803 纵3761603），它陪伴寺庙和当地人民度过了500年的岁月。

驱车上山坡不远，石门村魏家沟有棵非常奇特的桧柏（编号：豫C053，坐标：横19571376 纵3762553），其形状酷似动物，像什么各有所见。传其与宋代奸臣潘仁美有缘，但当地人更愿称其为"娘娘柏"，其树龄已1500年。

绕东山上水泥公路而行，在赵庄村阳坡组焦立娃门前路边有"皂搂柏"奇景，这是一棵皂荚树（编号：豫C2842，坐标：横19571601 纵3762693），何为皂搂柏，需到树下一看究竟。

到赵庄村下坪组，路边一棵黄连树（编号：豫C2868，坐标：横19570675 纵3763539），可听一听当地人讲这棵树的历史。因为这里原来非常热闹。

出赵庄向纸房村胡坪自然村，观赏"巨型盆景"青檀（编号：豫C052，坐标：横19570131 纵3768274）。其树形似盆景，人们又为其修建了防护设施，恰似一个巨大的花盆。

由胡坪返回，到大王庙村有两棵古树一定要看。一是孙合臣家院内的桂花树（编号：豫C039，坐标：横19569850 纵3765970），树龄已130年，应是极为稀有的古桂花。二是孙根有门前的皂荚（编号：豫C2859，坐标：横19569841 纵3764298），它现在是村中的天然休闲区，过去也发生过不少故事。

到潭头街，先看河南大学潭头附中的"河大柏"（编号：豫C5748/5749，坐标：横19569598 纵3464730），它们虽只有70岁，却记录了河大在潭头镇的不平凡岁月。

潭头村下街有一棵桧柏（编号：豫C0971，坐标：横19569045 纵3762869），号称"神柏"。其"神"至少有3个佐证，值得一访。

西行数里到党村，观赏两棵皂荚。一棵位于村中的古井旁（编号：豫C0967，坐标：横19568289 纵3763330），古井古树相映成趣；一棵位于不远处的后营组（编号：豫C2861，坐标：横19567991 纵3762950），它其实是由两棵幼树

合长在一起的，如果不细了解其来历，还真不容易看出来。

出党村不远的蛮营村下地有两棵刺柏（编号：豫C2864、豫C2865，坐标：横19567862 纵3762389），栽于明弘治年间。

驱车上坡不远，到西坡村的柏树嘴观赏500年树龄的柏木（编号：豫C0968，坐标：横19567037 纵3763414）。柏树嘴这个地名就是因此柏而得，过去这里曾是大队干部用手持喇叭向全大队喊话的地方。

由西坡村柏树嘴返回，经大潭路向重渡沟方向前行。到小河大桥时转入断滩公路至断滩树的郭家村，观赏黄连木、檀子栎、侧柏这3棵不同的古树（编号：豫C2870、豫C2871、豫C2872，坐标：横19564551 纵3761324），它们各有特色，可谓"郭家村三景"。

从郭家村返回至大潭路，进垆峪沟，至垆峪村孤山小学对面欣赏"古树环抱火神庙"的景观（编号：豫C5677等，坐标：横19562411 纵3759175）。此处有一火神庙，环绕火神庙，生长着流苏、兴山榆、栾树、黄连木等7株300年以上古树，其中流苏1株，兴山榆、栾树、黄连木各2株，形成了一个漂亮的古树群落。尤其是其中的一株流苏最为珍贵，有人为得到它曾把价钱出到了40万元，都被村委拒绝。因为古树是非卖品！

出垆峪沟继续往重渡沟，观赏重渡景区内著名的"七叶树"（编号：豫C048，坐标：横19563455 纵3754891）。此树龄300年，在景区号称"千年菩提树"，并赋有美丽的传说。在七叶树对面的竹园内，还有一棵旱柳（编号：豫C047，坐标：横19563422 纵3754862），树势苍老，与竹园相衬，另成景致。

结束潭头古树考察一日行，既可住重渡景区内，也可出景区经洛栾高速到您想去的地方。

7. 秋扒乡一日游

蒿坪村观冬青。先到陈家岭（牿牛岭）昌栓明家门前，观远近闻名的500岁冬青（编号：豫

C0998，坐标：横19562721 纵3769085），此树看点是树冠浑圆、树形优美雅致，树冠面积近1亩。

下牿牛岭至蒿坪村三组张银荣家房后，观"佛手冬青"（编号：豫C5511，坐标：横19562575 纵3766963）。看点是树主干和主枝酷似手掌，极为壮观。

往北沟西黄沟的北村二组上岔彭立家老宅，欣赏"盆景国槐"（编号：豫C2996，坐标：横19557537 纵3777533），由于人工采摘槐叶、槐米而无意修剪成形的"盆景"，古朴典雅，令人赏心悦目。

返回至西黄沟口，观赏著名的"大华栎树"（编号：豫C0990，坐标：横19558446 纵3773386）。这棵高大雄伟的栓皮栎，有着北沟人津津乐道的往事。

继续返回至北沟村五组陆建锋家门前，观赏古皂荚（编号：豫C2994，坐标：横19559144 纵3772475），体会树与人的和谐。

北沟村下金洞坑的一棵古核桃树（编号：豫C5493，坐标：横19559343 纵3771663），是这一带取名为"核桃园"的标志。此树树势极度衰弱，老态龙钟，不可错过。

回到北沟口的秋扒村上村基督教堂，观院内的白皮松（编号：豫C055，坐标：横19560204 纵3767877）。这是栾川最为著名的白皮松之一，树势宏伟，历史悠久。

步行不远观看上村村内的古皂荚（编号：豫C2989，坐标：横19560041 纵3767681）。村中休闲地，树上生小树，树势的衰弱与复壮还告诉我们一些科学道理。

午餐后继续在秋扒村考察。关帝庙古柏位于村小学院内，共4株（编号：豫C2990、豫C2991、豫C2992、豫C2993，坐标：横19560132 纵3766953）。这些柏木树干内钉有大量的铁钉，学校的老师或许能讲出其来历，以及"九龙戏一柱"的传说。

秋扒街西头有棵柏木（编号：豫C2981，坐标：横19559754 纵3767086），因树形号称"凤凰展

翅"，传说它还是会旋转的柏树。

由秋扒街西行，到上雁坎转入通往黄岭的公路，一路上坡至黄岭村林家村，观赏两棵古树。这里现在是村里的休闲广场。一棵是柏木（编号：豫C2978，坐标：横19555226 纵3769158），传其是明永乐年间由一老太用绣花鞋带来栽下的，树形非常美观；一棵是榆树（编号：豫C2979，坐标：横19555178 纵3769156），"三年困难时期"它的树皮曾救过人命，现在天下二指墒的雨地下不会湿，可见其树冠浓厚。

黄岭返回后到雁坎村小学观赏明永乐年间栽植的古柏（编号：豫C2982，坐标：横19558282 纵3765957）。树干2m处，可以清晰地看到一根外露约5cm的铁耙齿，这是旧社会村民护树的见证。

回县城可走鸭石村到赤土店镇的公路。到鸭石村要看一下村委办公楼后的一棵皂荚（编号：豫C2985，坐标：横19559054 纵3760513），观"皂荚独木也成林"，听"古树与古装戏"的传说。

8. 狮子庙—白土

上午驱车直达狮子庙镇龙王幢沟坡前村，在坡前街休闲区观赏古旱柳（编号：豫C2942，坐标：横19551764 纵3776146）。此树树干基部有一硕大树瘤，树皮多蛀孔和疤痕。由于树形奇特美观，为坡前街的一处主要景观。

返回至三官庙村，欣赏三官庙"三侍卫"（编号：豫C2944/2945/2946，坐标：横19550942 纵3773720）。了解三官庙的历史，体会"三侍卫"的巧妙。

回行至嶂峭沟口，观赏"永恒路标"栓皮栎（编号：豫C1002，坐标：横19553652 纵3768764）。欣赏树的朴实无华，了解旧时人们行路的艰难，体会交通发展带来的巨大变化。

沿旧祖路至瓮峪沟口，欣赏小河对面的橿子栎古树群落（编号：豫C5380，坐标：横19555401 纵3764837）。10株橿子栎古树树冠相连，构成了一处占地2亩的绿荫，浑厚的树冠使林下几乎不见阳光，

最大的树龄达800年。

瓮峪沟口徒步上到东条岭的黄栌材树嘴，可观一黄栌古树（编号：豫C2949，坐标：横19555614 纵3764842）。它苍老的躯干后面，有一个古老的传说。

由瓮峪沟口进沟约1km、S249省道的一个急弯处，有一株树龄200年的旱柳（编号：豫C2950，坐标：横19555746 纵3763783）。树形古老沧桑，树下有一小庙，因一个有关"刘仙姑"的传说而建。

返回沿旧祖路到狮子庙镇，往西阳道村。该村王庄组原小学前一块巨石上有株500年流苏树（编号：豫C2960，坐标：横19545626 纵3771774）。石形似龟，因传说，当地人称其为"镇龟龙白芽"。

西阳道村王庄组仓房前，有棵古核桃树（编号：2962，坐标：横19545523 纵3772170），称"独臂核桃"，树形奇特，内涵丰富。

西阳道村后门河对岸的悬崖上，一棵白皮松（编号：豫C2961，坐标：横19544939 纵3774819），因干形酷似山东卫视的台标而名声在外，可谓是大自然的巧夺天工。

在狮子庙镇午餐后，前往白土镇。在王梁沟村可欣赏到多株精彩古树。

王梁沟村孤山的两户居民房后，一棵200年树龄的华山松原本左右两大主枝对称，树形优美（编号：豫C2937，坐标：横19541848 纵3773166）。但它靠西侧的那枝在2011年春因大雪和冻雨的双重作用，整枝断掉了。现在看起来，就像是两条手臂断了一枝，倒是呈现出另一种美。

白土镇王梁沟村的糖古嘴，有一株侧柏（编号：豫C2935，坐标：横19542525 纵3769553），它像一棵古色古香的藏品一般，见证了山区的巨大变化，为新农村建设增色添彩。

王梁沟村沙沟门的村道东侧，一株300年龄的古核桃（编号：豫C5400，坐标：横19542495 纵3770171）告诉我们，古人早有种植核桃的传统，为当地现代核桃产业的发展奠定了基础。它独特的树形，也为绿树成荫的村村通道路增添了色彩。

出王梁沟进白土镇蔺沟村。这里是一个宁静

的山区小自然村。村子的东西两侧各有一条山岭，岭上对称部位各有一棵侧柏，东岭坡根还有一株300年树龄的栓皮栎，并称为蔺沟三景（编号：豫C2932/2933，坐标：横19541212 纵3769435）。而围绕3棵树的故事让村民们时常津津乐道，特别是西岭上的那棵柏树，还曾经让这里名噪一时。

白土无核柿子声名远扬，王梁沟分布着大量的柿子古树，不可不看。其中一株尤为奇特（编号：豫C5900，坐标：横19542586 纵3769492），这棵位于前村组春生门前的柿树能结3个品种的柿子，分别是'面胡栾'、'牛心'和'小柿'，原因不得而知。

如果是秋天来到白土镇，时间允许的话，还可到椴树一带看看，那里的古柿树挂满红彤彤的柿子，同样精彩。

9. 伊源林区古树群

编号：豫C5363/5364/5365，中心坐标：横19533997 纵3742076。

老君山林场伊源林区的阎王砭一带500亩范围内，为一片天然次生林，树种以青冈栎和华山松为主，或为青冈栎纯林或华山松纯林，或为青冈栎和华山松组成的针阔混交林。经调查，该区域共分布青冈栎和华山松古树6530株。其中：350年龄的青冈栎920株，150年龄的青冈栎4300株，150年龄的华山松1310株。这些古树相互呈不规则块状分布，形成了一处非常壮观的古树群落。因光照条件极差，林内杂草、灌木非常稀少，盖度仅0.2。走进林中，树木参天，随处可见枯倒木。如果不了解其历史，会以为这里就是真正的原始森林。

前往路线：由陶湾镇肖圪塔村进红崖沟。

10. 炼平沟槲栎古树群

编号：豫C5744/豫C5745，中心坐标：横19553757 纵3734526

老君山林场岭壕林区内有一条沟叫炼平沟，面积约1km^2，共分布有百年以上的槲栎古树群8700株。其中树龄300年以上的槲栎古树6300株，平均树龄350年；树龄在100~300年的槲栎古树2400株，平均树龄180年。该区域内，坡度平均40°，平均土层厚度25cm。林内古树参天，郁闭度达0.9，草本植被稀少，零星见有羊胡草、蕨类等，下木主要有四照花、葛萝槭等。这是栾川县迄今发现的面积最大的槲栎古树群落。

位于县城南侧、伏牛山主脉北坡，紧邻伏牛山主峰老君山，距栾川县城需10分钟的车程和5个小时以上的徒步路程。需早起晚归。

11. 大坪林场

从大坪林场出发，经秋扒乡北沟村六只角时，参观六只角核桃古树群（编号：豫C5537，坐标：横19561521 纵3777849）。

沿林区公路行至穴子沟林区，参观郭家门矛栗（编号：豫C5371，坐标：横19563574 纵3780460）。它见证了林场职工风雨同舟的艰苦岁月。

在郭家门一带，参观水曲柳古树群（编号：豫C5367，坐标：横19563586 纵3780449）。水曲柳为国家二级保护野生植物，我县主要分布在国有林场。这个古树群落共有32株，沿河道分布，十分罕见。

前行至牛心沟进沟，考察橿子栎古树群（编号：豫C5368，坐标：横19563587 纵3780466），共有2700株。它们生长在坡度大、立地条件差的山坡上，对于保持水土起到了非常重要的作用。由于生态非常脆弱，加强对这些古树群落的保护更具有十分重要的意义。

栓皮栎古树群（编号：豫C5366，中心坐标：横19563024 纵3781021），共有1400株，平均树龄180年。

参观路途较远，路况较差，需备好干粮和饮用水。当然，林区的泉水也可直接饮用。

12. 环线一日游

赤土店镇赤土店村河西组观"路中皂荚"（编号：豫C5274，坐标：横195453046 纵3747666）。这棵树龄250年的古皂荚树，矗立在村中一个丁字路

431

口的正中央，将本就不宽阔的道路分成两半，是村民保护古树的见证。

到赤土店镇郭店村正沟组，观"夫妻银杏"（编号：豫C5278/5279，坐标：横19550683 纵3747853）。银杏为雌雄异株植物。很少见到雌雄两株同时出现在一个地方的。这两棵异性银杏并立生长，身旁还站着一个"孩子"，十分罕见。

至清和堂村下地组老虎沟口至庄科三岔口一线，观赏两侧山坡上壮观的侧柏古树群（编号：豫C5253，参考坐标：横19551319 纵3751331）。

至庄科转入一线天公路，往花园村。这里有几棵古树需细细观赏：能治病祛疾的桑树（编号：豫C2798，坐标：横19551223 纵3756292），位于崔延新家房后；麻花状的梨树（编号：豫C5258，坐标：横19551992 纵3755917），位于陈书正家院边；人见人畏的卫矛（鬼见愁）（编号：豫C2791，坐标：横19553761 纵3755328），位于东坑组。

往狮子庙镇瓮峪沟方向。行至距瓮峪沟口约1km、S249省道的一个急弯处，有一株树龄200年的旱柳（编号：豫C2950，坐标：横19555746 纵3763783）。树形古老沧桑，树下有一小庙，因一个有关"刘仙姑"的传说而建。

前行至瓮峪沟口，欣赏小河对面的橿子栎古树群落（编号：豫C5380，坐标：横19555401 纵3764837）。10株橿子栎古树树冠相连，构成了一处面积2亩的绿荫，浑厚的树冠使林下几乎不见阳光，最大的树龄达800年。

沿旧祖路向东行。到雁坎村小学观赏明永乐年间栽植的古柏（编号：豫C2982，坐标：横19558282 纵3765957）。树干2m处，可以清晰地看到一根外露约5cm的铁耙齿，这是旧社会村民护树的见证。

秋扒街西头有棵柏木（编号：豫C2981，坐标：横19559754 纵3767086），号称"凤凰展翅"，传说它还是会旋转的柏树。

秋扒街关帝庙古柏位于村小学院内，共4株（编号：豫C2990、豫C2991、豫C2992、豫C2993，坐标：横19560132 纵3766953）。这些柏木树干内钉有大量的铁钉，学校的老师或许能讲出其来历，以及"九龙戏一柱"的传说。

到上村观赏村内的古皂荚（编号：豫C2989，坐标：横19560041 纵3767681）。村中休闲地，树上生小树，树势的衰弱与复壮还告诉我们一些科学道理。

步行不远观看到秋扒村上村基督教堂，观院内的古白皮松（编号：豫C055，坐标：横19560204 纵3767877）。这是栾川最为著名的白皮松之一，树势宏伟，历史悠久。

前往潭头镇。在蛮营村下地有两棵刺柏（编号：豫C2864、豫C2865，坐标：横19567862 纵3762389），栽于明弘治年间。

北拐到党村，观赏两棵皂荚。一棵位于村中的古井旁（编号：豫C0967，坐标：横19568289 纵3763330），古井古树相映成趣；一棵位于不远处的后营组（编号：豫C2861，坐标：横19567991 纵3762950），它其实是由两棵树合长在一起的，如果不细了解其来历，还真不容易看出来。

至潭头街，参观下街的"古潭神柏"（编号：豫C0971，坐标：横19569045 纵3762869），其"神"至少有三个佐证，值得一访。

河南大学潭头附中的"河大柏"（编号：豫C5748/5749，坐标：横19569598 纵3464730），它们虽只有70岁，却记录了河大在潭头镇的不平凡岁月。

驱车上石门村魏家沟，有棵非常奇特的桧柏（编号：豫C053，坐标：横19571376 纵3762553），其形状酷似动物，像什么各有所见。传其与宋代奸臣潘仁美有缘，但当地人更愿称其为"娘娘柏"，其树龄已1500年。

距"娘娘柏"不远，在赵庄村阳坡组焦立娃门前路边有"皂搂柏"奇景，这是一棵皂荚树（编号：豫C2842，坐标：横19571601 纵3762693），何为皂搂柏，需到树下一看究竟。

下坡往石门村全福宫，这是一座"全神庙"，院内有株刺柏（编号：豫C2843，坐标：横19570803 纵3761603），它陪伴寺庙和当地人民度过了500年的岁月。

驱车到汤营村看"合顶柏"（编号：豫C051，坐标：横19573138 纵3761116）。两棵柏树合为一个树冠本身就是奇观，它身上发生的传说更是闻名豫、晋两省。

往九龙山温泉疗养院的静安寺，观赏寺内的古刺柏（编号：豫C2844，坐标：横19568932 纵3762803），从寺内碑文了解树与庙的历史，感受寺庙所经的风雨。

由洛栾高速潭头站上高速，至大清沟站下高速，参观大清沟街上南岭关帝庙，观赏那里的一棵黄连木（编号：豫C0977，坐标：横19568616 纵3753109）。古树与庙宇相映，自然值得细品。

磨湾村下村组李天来门前的一组银杏树（编号：豫C046，坐标：横19567772 纵3752030），原被称作"连理银杏"，其实称其"三姐妹"更合适，原因就在于它由3株雌性银杏黏连成了一株。

沿大潭路，到下河村欣赏燕观沟的旱柳（编号：豫C041，坐标：横19570323 纵3745334），它位于一片竹园边，奇特的树干非常壮观，不容错过。

至庙子镇上河村张长辑门前观赏旱柳（编号：豫C3030，坐标：横19571634 纵3745810），优美的干形、水中的须根是主要看点。

在上河村委旁，欣赏路边的一棵桧柏（编号：豫C043，坐标：横19571918 纵3745271）。最好在树下拜一拜。

上洛栾快速通道往县城方向，到庙子镇观赏河南村的两棵古树。古皂荚（编号：豫C0962，坐标：横19569430 纵3737750）、"凤凰柏"（编号：豫C0963，坐标：横19567457 纵3737769），树龄均为600年，树形奇、美，为村中远近闻名的名胜。

沿洛栾快速通道返回栾川县城。

二、二日游线路

1. 石庙—陶湾—叫河—三川—冷水

第一天。

上午从县城出发，西行6km至栾川乡双堂村，观赏双堂古柏（编号：豫C5382，坐标：横19554511 纵3740898）。

然后西行至石庙镇，南转至伏牛山滑雪度假区方向，到观星村蟠桃山景区，观赏蟠桃山神松（编号：豫C0973，坐标：横19548034 纵3738158）。

出景区继续往滑雪度假区方向，至观星村土门坡观赏栾川杏王（编号：豫C0974，坐标：横19545341 纵3739235），返回石庙镇。

往石庙镇下园村白果树底下观赏著名的银杏树雄姿（编号：豫C0972、豫C2788，坐标：横19547682 纵3743598），了解700年前的故事和树洞中的奥秘。

驱车西行前往陶湾镇方向，至石庙镇常门村大干江沟口，观赏白石崖上的2株白皮松古树和与之相伴的20余株白皮松形成的美景（编号：豫C2789、豫C2790，坐标：横19546180 纵3742881）。

继续西行至陶湾镇鱼库沟口，到常湾村一组孙天成家房后观赏"河南七叶树王"（编号：豫C038，坐标：横19544909 纵3743917），然后西行至陶湾镇。

下午，在陶湾镇午餐后，至镇政府大院，观赏红色名木"迎客松"（编号：豫C039，坐标：横19542659 纵3744579），了解革命烈士李干诚的英雄事迹。

驱车前往南沟，到红庙村小学观赏娘娘庙翠柏，欣赏校园内的古迹，了解古私塾和古人植树的历史（编号：豫C5373/5374/5375，坐标：横19540488 纵3740085）。

到红庙村龙潭沟邢家房后的一片密林中，观赏奇特的栓皮栎（编号：豫C2817，坐标：横19538918 纵3741232）。这株高大雄伟、树龄500年的栓皮栎之奇特之处，在于它树干基部的那个巨大的树瘤，或许你能解开它形成的奥秘；

返回至红庙村王家庄的竹园边，观赏"断柳"（编号：豫C2816，坐标：横19540054 纵3741595），现场体验自然法则和植物生命的顽强。

出南沟后西行，至陶湾镇前锋村菜地沟组里沟的大仙爷地，观赏"五指抓石栓皮栎"（编号：豫

C0978，坐标：横19537604 纵3747348），这棵高大雄伟的栓皮栎长在一个石嘴上，它露出地面的5条粗达30~60cm的巨根，像5根手指紧紧地抓住树下的巨石，其力量之大，竟将这块巨石捏碎成5块，令人震撼；

出菜地沟后到前锋村小学，有一株酷似盆景的栓皮栎，优美的树姿更是拍照的好对象（编号：豫C0992，坐标：横19539231 纵3745014）。

往秋林村战场沟，观赏秦双太家对面的"龙须缠黄连"（编号：豫C3008，坐标：横19535956 纵3747151），了解这棵树的美妙传说。

出沟后继续西行到庙底右转进入磨坪村，观赏著名的"国宝"、国家一级保护植物南方红豆杉。这棵位于上场刘同新家宅旁的南方红豆杉是在栾川县徒步距离最短的，它高9m，胸围89cm，冠幅6m。其干形通直，树形优美，树龄为200年（编号：豫C3007，坐标：横19534150 纵3749037）。

如果时间允许，出沟后可西行2km到肖圪塔村，观赏两棵槲栎。一棵位于碾道（编号：豫C2823，坐标：横19531935 纵3746723）；一棵位于山神庙前（编号：豫C2824，坐标：横19533771 纵3745747）。

晚宿叫河镇。

第二天。

上午到叫河镇六中村河西组的瓦窑沟口观赏"叫河柳王"（编号：豫C5303，坐标：横19525634 纵3751407），欣赏美妙的树形和新农村建设的成果。

到东坡村碾道组后庄科，观赏淯河滩上的一棵榆树（编号：豫C5295，坐标：横19528409 纵3748127），了解20世纪60年代人们剥榆树皮充饥的历史，从树干的痕迹回忆那个难忘的年代，感恩祖国发展带来的巨大变化。

返回叫河镇，观赏叫河中学院内的七叶树（编号：豫C0959，坐标：横19528621 纵3747975）；然后在著名的古迹梨水桥旁观赏兴山榆（编号：豫C036，坐标：横19528636 纵3747939）。

到牛栾村村头组，欣赏两株油松（编号：豫C5312/5313，坐标：横19520389 纵3748817），这两棵树曾是该组的"钟楼"。在大集体的年代里，生产队在两棵油松树中间拉根铁丝，挂了个大钟，每到该上工的时候，队长都到树下拉响钟声，人们的作息全听钟声的指挥。如今，钟早已不知去向，但人们对钟声仍不时怀念有加。

到牛栾村仓房组北沟的路边，观皂荚树（编号：豫C037，坐标：横19531364 纵3749082），了解这棵树的古怪传说。

然后前往三川镇大红村，观赏后坪组卢峪沟油松（编号：豫C2916，坐标：横19532056 纵3752939）。

前行至火神庙村，观赏2组碾道沟的油松（编号：豫C2917，坐标：横19530274 纵3758264）；北沟口刘命家门前的500年核桃树（编号：豫C5748，坐标：横19529200 纵3757416）；北沟废万财家房后的栓皮栎（编号：豫C5749，坐标：横19529150 纵3758361）。然后出大红沟，前往三川镇用午餐。

午餐后前往三川镇新庄村，观赏著名的"新庄油松"（编号：豫C5750，坐标：横19537783 纵3755322）。先在公路上远眺，然后一定要过淯河、上到山顶近距离观赏，它树形雄伟、层层叠叠、扭扭曲曲、古朴、苍老，极为美观，绝对值得一睹其风采。

往冷水镇方向行进，前往西增河村天生墓杜社家对面的椴树注，拜访著名的"老椴爷"（编号：豫C2908，坐标：横19539895 纵3760547）。这是一棵少脉椴，人们既然尊其为老椴爷，自然要有许多典故，值得细细了解。

然后，要顺"郭冷路"返回栾川县城，这样可以顺便到赤土店镇的刘竹村箭沟组王龙家门前，观赏"古树逢春"核桃树（编号：豫C5249，坐标：横19546451 纵3752277），站在树干的空洞中，体会"坐井观天"的奇妙意境，了解空洞形成的历史，感受650年来它所经历的风雨。

2. 县城—赤土店—狮子庙—白土

第一天。

上午先到城关镇东河卫家门后坡，欣赏冬青古树群（编号：豫C5227，坐标：横19557824 纵

3740252）。

在县城眺望画眉山顶的匙叶栎雄姿（编号：豫C3077，坐标：横19558901 纵3740511），也可以从洛钼集团西侧登上山顶近距离欣赏。

到七里坪村6组杨植龙家的庭院观赏百年紫薇（编号：豫C3076，坐标：横19579860 纵3739941）。

罗庄村小南沟邢之见门前，观赏古皂荚（编号：豫C3066，坐标：横19558523 纵3738734）。此树树龄350年，冠阔荫浓，不仅是邢宅的风水树，也是村里人们休闲纳凉的聚集地。

栾川乡寨沟村1组拐把沟张安家老宅观赏古银杏（编号：豫C3067，坐标：横19562266 纵3736339）。这棵栽植于明永乐年间的银杏树是到寨沟景区的游客必看的景点。然后前往赤土店镇。

先在赤土店镇赤土店村河西组观"路中皂荚"（编号：豫C5274，坐标：横195453046 纵3747666）。这棵树龄250年的古皂荚树，矗立在村中一个丁字路口的正中央，将本就不宽阔的道路分成两半，是村民保护古树的见证。

到赤土店镇郭店村正沟组，观"夫妻银杏"（编号：豫C5278/5279，坐标：横19550683 纵3747853）。银杏为雌雄异株植物。很少见到雌雄两株同时出现在一个地方的。这两棵异性银杏并立生长，身旁还站着一个"孩子"，十分罕见。

沿郭冷路往冷水镇方向行至赤土店镇刘竹村箭沟组王龙家门前，观赏"古树逢春"核桃树（编号：豫C5249，坐标：横19546451 纵3752277），站在树干的空洞中，体会"坐井观天"的奇妙意境，了解空洞形成的历史，感受650年来它所经历的风雨。

然后原路返回到栾马路，往马圈方向，至清和堂村下地组老虎沟口至庄科三岔口一线，观赏两侧山坡上壮观的侧柏古树群（编号：豫C5253，参考坐标：横19551319 纵3751331）。

至庄科转入一线天公路，往花园村。这里有几棵古树需细细观赏：能治病祛疾的桑树（编号：豫C2798，坐标：横19551223 纵3756292），位于崔延新家房后；麻花状的梨树（编号：豫C5258，坐标：横19551992 纵3755917），位于陈书正家院边；人见人畏的卫矛（鬼见愁）（编号：豫C2791，坐标：横19553761 纵3755328），位于东坑组。

往白沙洞方向。至庙根组石嘴上，观赏"百年路标"橿子栎（编号：豫C5280，坐标：横19550688 纵3747844）；至白沙洞村下沟组劳动沟口观赏古核桃树群（编号：豫C5282，参考坐标：横19555541 纵3752792）；在白沙洞村陈家后沟观赏油松古树群落（编号：豫C5284，参考坐标：横19555499 纵3752673）。

返回花园村，经瓮峪至狮子庙镇，宿狮子庙镇。

第二天。

上午驱车直达狮子庙镇龙王幢沟坡前村，在坡前街休闲区观赏古旱柳（编号：豫C2942，坐标：横19551764 纵3776146）。此树树干基部有一硕大树瘤，树皮多蛀孔和疤痕。由于树形奇特美观，为坡前街的一处主要景观。

返回至三官庙村，欣赏三官庙"三侍卫"（编号：豫C2944/2945/2946，坐标：横19550942 纵3773720）。了解三官庙的历史，体会"三侍卫"的巧妙。

回行至嶂峭沟口，观赏"永恒路标"栓皮栎（编号：豫C1002，坐标：横19553652 纵3768764）。欣赏树的朴实无华，了解旧时人们行路的艰难，体会交通发展带来的巨大变化。

沿旧祖路至瓮峪沟口，欣赏小河对面的橿子栎古树群落（编号：豫C5380，坐标：横19555401 纵3764837）。10株橿子栎古树树冠相连，构成了一处占地2亩的绿荫，浑厚的树冠使林下几乎不见阳光，最大的树龄达800年。

瓮峪沟口徒步上到东条岭的黄栌材树嘴，可观一黄栌古树（编号：豫C2949，坐标：横19555614 纵3764842）。它苍老的躯干后面，有一个古老的传说。

由瓮峪沟口进沟约1km、S249省道的一个急弯处，有一株树龄200年的旱柳（编号：豫C2950，坐标：横19555746 纵3763783）。树形古老沧桑，树下有一小庙，因一个有关"刘仙姑"的传说而建。

返回沿旧祖路到狮子庙镇，往西阳道村。该村王庄组原小学前一块巨石上有株500年流苏树（编号：豫C2960，坐标：横19545626 纵3771774）。石形似龟，因传说，当地人称其为"镇龟龙白芽"。

西阳道村王庄组仓房前，有棵古核桃树（编号：2962，坐标：横19545523 纵3772170），称"独臂核桃"，树形奇特，内涵丰富。

西阳道村后门河对岸的悬崖上，一棵白皮松（编号：豫C2961，坐标：横19544939 纵3774819），因干形酷似山东卫视的台标而名声在外，可谓是大自然的巧夺天工。

在狮子庙镇午餐后，前往白土镇。王梁沟村可欣赏到多株精彩古树。

在王梁沟村孤山的两户居民房后，一棵200年树龄的华山松原本左右两大主枝对称，树形优美（编号：豫C2937，坐标：横19541848 纵3773166）。但它靠西侧的那枝在2011年春因大雪和冻雨的双重作用，整枝断掉了。现在看起来，就像是两条手臂断了一枝，倒是呈现出另一种美。

白土镇王梁沟村的糖古嘴，有一株侧柏（编号：豫C2935，坐标：横19542525 纵3769553），它像一棵古色古香的藏品一般，见证了山区的巨大变化，为新农村建设增色添彩。

王梁沟村沙沟门的村道东侧，一株300年龄的古核桃（编号：豫C5400，坐标：横19542495 纵3770171）告诉我们，古人早有种植核桃的传统，为当地现代核桃产业的发展奠定了基础。它独特的树形，也为绿树成荫的村村通道路增添了色彩。

出王梁沟进白土镇蔺沟村。这里是一个宁静的山区小自然村。村子的东西两侧各有一条山岭，岭上对称部位各有一棵侧柏，东岭坡根还有一株300年树龄的栓皮栎，并称为蔺沟三景（编号：豫C2932/2933，坐标：横19541212 纵3769435）。而围绕3棵树的故事让村民们时常津津乐道，特别是西岭上的那棵柏树，还曾经让这里名噪一时。

白土无核柿子声名远扬，王梁沟分布着大量的柿子古树，不可不看。其中一株尤为奇特（编号：豫C5900，坐标：横19542586 纵3769492）。这棵位于前村组春生门前的柿树能结3个品种的柿子，分别是'面胡栾'、'牛心'和'小柿'，原因不得而知。

返回狮子庙方向，经冷水沟至马圈公路返回县城。

3. 潭头—秋扒

第一天。

洛栾高速潭头镇下站，先到汤营村看"合顶柏"（编号：豫C051，坐标：横19573138 纵3761116）。两棵柏树合为一个树冠本身就是奇观，它身上发生的传说更是闻名豫、晋两省。

往九龙山温泉疗养院的静安寺，观赏寺内的古刺柏（编号：豫C2844，坐标：横19568932 纵3762803），从寺内碑文了解树与庙的历史，感受寺庙所经的风雨。

往石门村全福宫，这是一座"全神庙"，院内有株刺柏（编号：豫C2843，坐标：横19570803 纵3761603），它陪伴寺庙和当地人民度过了500年的岁月。

驱车上山坡不远，石门村魏家沟有棵非常奇特的桧柏（编号：豫C053，坐标：横19571376 纵3762553），其形状酷似动物，像什么各有所见。传其与宋代奸臣潘仁美有缘，但当地人更愿称其为"娘娘柏"，其龄已1500年。

绕东山上水泥公路而行，在赵庄村阳坡组焦立娃门前路边有"皂搂柏"奇景，这是一棵皂荚树（编号：豫C2842，坐标：横19571601 纵3762693），何为皂搂柏，需到树下一看究竟。

到赵庄村下坪组，路边一棵黄连树（编号：豫C2868，坐标：横19570675 纵3763539），可听一听当地人讲这棵树的历史，因为这里原来非常热闹。

出赵庄向纸房村胡坪自然村，观赏"巨型盆景"青檀（编号：豫C052，坐标：横19570131 纵3768274）。其树形似盆景，人们又为其修建了防护设施，恰似一个巨大的花盆。

由胡坪返回，到大王庙村有两棵古树一定要看。

一是孙合臣家院内的桂花树（编号：豫C039，坐标：横19569850 纵3765970），树龄已130年，应是极为稀有的古桂花。二是孙根有门前的皂荚（编号：豫C2859，坐标：横19569841 纵3764298），它现在是村中的天然休闲区，过去也发生过不少故事。

到潭头街，先看河南大学潭头附中的"河大柏"（编号：豫C5748/5749，坐标：横19569598 纵3464730），它们虽只有70岁，却记录了河大在潭头镇的不平凡岁月。

潭头村下街有一棵桧柏（编号：豫C0971，坐标：横19569045 纵3762869），号称"神柏"。其"神"至少有3个佐证，值得一访。

西行数里到党村，观赏两棵皂荚。一棵位于村中的古井旁（编号：豫C0967，坐标：横19568289 纵3763330），古井古树相映成趣；一棵位于不远处的后营组（编号：豫C2861，坐标：横19567991 纵3762950），它其实是由两棵树合长在一起的，如果不细了解其来历，还真不容易看出来。

出党村不远的蛮营村下地有两棵刺柏（编号：豫C2864、豫C2865，坐标：横19567862 纵3762389），栽于明弘治年间，与树下的火神庙同存。

驱车上坡不远，到西坡村的柏树嘴观赏500年树龄的柏木（编号：豫C0968，坐标：横19567037 纵3763414）。柏树嘴这个地名就是因此柏而得，过去这里曾是大队干部用手持喇叭向全大队喊话的地方。

由西坡村柏树嘴返回，经大潭路向重渡沟方向前行。到小河大桥时转入断滩公路至断滩树的郭家村，观赏黄连木、橿子栎、侧柏这3棵不同的古树（编号：豫C2870、豫C2871、豫C2872，坐标：横19564551 纵3761324），它们各有特色，可谓"郭家村三景"。

从郭家村返回至大潭路，进垢峪沟，至垢峪村孤山小学对面欣赏"古树环抱火神庙"的景观（编号：豫C5677等，坐标：横19562411 纵3759175）。此处有一火神庙，环绕火神庙，生长着流苏、兴山榆、栾树、黄连木等7株300年以上古树，其中流苏1株，兴山榆、栾树、黄连木各2株，形成了一个漂亮的古树群落。尤其是其中的一株流苏最为珍贵，有人为得到它曾把价钱出到了40万元，都被村委拒绝。因为古树是非卖品！

出垢峪沟返回潭头镇，往秋扒方向。经何村沿村道往黄里庙沟参观大栎树（编号：豫C054，坐标：横19564602 纵3763144）。这棵栓皮栎位于何村里沟组下院的曹东娃家宅旁50m处，一大片石笼地里。这棵树高达25m，胸围455cm，冠幅达31.6m，号称"栓皮栎王"闻名全县。它的侧根裸露于地面，形成虬形的裸根，四向延伸，长达十余米，如龙似蛇，盘根吞石，形成"四根抱石"奇观。

沿村道前行，至旧祖路前往秋扒乡。宿秋扒乡。

第二天。

蒿坪村观冬青。先到陈家岭（牤牛岭）昌栓明家门前，观远近闻名的500岁冬青（编号：豫C0998，坐标：横19562721 纵3769085），此树看点是树冠浑圆、树形优美雅致，树冠占地近1亩。

下牤牛岭至蒿坪村三组张银荣家房后，观"佛手冬青"（编号：豫C5511，坐标：横19562575 纵3766963）。看点是树主干和主枝酷似手掌，极为壮观。

往北沟西黄沟的北村二组上岔彭立家老宅，欣赏"盆景国槐"（编号：豫C2996，坐标：横19557537 纵3777533），由于人工采摘槐叶、槐米而无意修剪成形的"盆景"，古朴典雅，令人赏心悦目。

返回至西黄沟口，观赏著名的"大华栎树"（编号：豫C0990，坐标：横19558446 纵3773386）。这棵高大雄伟的栓皮栎，有着北沟人津津乐道的往事。

继续返回至北沟村五组陆建锋家门前，观赏古皂荚（编号：豫C2994，坐标：横19559144 纵3772475），体会树与人的和谐。

北沟村下金洞坑的一棵古核桃树（编号：豫C5493，坐标：横19559343 纵3771663），是这一带取名为"核桃园"的标志。此树树势极度衰弱，老态龙钟，不可错过。

回到北沟口的秋扒村上村基督教堂，观院内

的白皮松（编号：豫C055，坐标：横19560204 纵3767877）。这是栾川最为著名的白皮松之一，树势宏伟，历史悠久。

步行不远观看上村村内的古皂荚（编号：豫C2989，坐标：横19560041 纵3767681）。村中休闲地，树上生小树，树势的衰弱与复壮还告诉我们一些科学道理。

午餐后继续在秋扒村考察。关帝庙古柏位于村小学院内，共4株（编号：豫C2990、豫C2991、豫C2992、豫C2993，坐标：横19560132 纵3766953）。这些柏木树干内钉有大量的铁钉，学校的老师或许能讲出其来历，以及"九龙戏一柱"的传说。

秋扒街西头有棵柏木（编号：豫C2981，坐标：横19559754 纵3767086），形号称"凤凰展翅"，传说它还是会旋转的柏树。

由秋扒街西行，到上雁坎转入通往黄岭的公路，一路上坡至黄岭村林家村，观赏两棵古树。这里现在是村里的休闲广场。一棵是柏木（编号：豫C2978，坐标：横19555226 纵3769158），传其是明永乐年间由一老太用绣花鞋带来栽下的，树形非常美观；一棵是榆树（编号：豫C2979，坐标：横19555178 纵3769156），三年困难时期它的树皮曾救过人命，现在天下二指墒的雨地下不会湿，可见其树冠浓厚。

黄岭返回后到雁坎村小学观赏明永乐年间栽植的古柏（编号：豫C2982，坐标：横19558282 纵3765957）。树干2m处，可以清晰地看到一根外露约5cm的铁耙齿，这是旧社会村民护树的见证。

回县城可走鸭石村到赤土店镇的公路。到鸭石村要看一下村委办公楼后的一棵皂荚（编号：豫C2985，坐标：横19559054 纵3760513），观"皂荚独木也成林"，听"古树与古装戏"的传说。

4. 庙子—龙峪湾林场—合峪镇

第一天。

由县城至英雄村，参观"英雄柏"（编号：豫C3043，坐标：横19566815 纵3743395），追忆"七英雄六烈士"的壮烈事迹，凭吊"六烈士"墓，回

忆火红年代。

返回庙子镇，观赏河南村的两棵古树。古皂荚（编号：豫C0962，坐标：横19569430 纵3737750）、"凤凰柏"（编号：豫C0963，坐标：横19567457 纵3737769），树龄均为600年，树形奇、美，为村中远近闻名的名胜。

沿311国道进入龙峪湾林场，先参观石笼沟脑的"姊妹松"（编号：豫C5331，坐标：横19573799 纵3728189），这棵油松远看是两棵，树下看则是一棵油松在树干6m处分成了2个杈。对于油松来说，这种现象非常罕见。

返回至龙峪湾的黑龙潭景区。这里有3棵著名的古树。一是国家二级保护植物连香树（编号：豫C0986，坐标：横19572393 纵3729184），树龄800年，其树形似一个基座上生出5棵参天大树，象征一树五子同时及第，故名"五子登科"。二是冬瓜杨（编号：豫C5333，坐标：横19573682 纵3728179），冬瓜杨是数量较少的一个杨类树种。三是古华榛（编号：豫C5335，坐标：横19573369 纵3727803），华榛为中国特有的稀有珍贵树种，是榛属中罕见的大乔木，其材质优良，种子可食。在我县华榛分布较少，难得见到大树，这棵华榛树形高大，树干通直，枝叶繁茂，果实累累，可谓华榛珍品。

沿景区公路下山，至后孤山公路外侧，观赏由6株槲栎组成的古树群落（编号：豫C5354，坐标：横19572325 纵3729645）。

出龙峪湾景区，庙子镇庄子村截山岭，欣赏位于路边的短柄枹树（编号：豫C0964，坐标：横19569525 纵3731785），这棵树生长在一块酷似青蛙的巨石上，因景色优美，常被选为影视外景地。

至庄子村跳八里，观赏张金贵门前的巨型栓皮栎（编号：豫C0965，坐标：横19569176 纵3731722）。这棵栓皮栎树冠占地750m^2，其树势令人震撼，不可不看。

返回311国道往西峡方向，参观庙子镇蒿坪村竹园旁古核桃树（编号：豫C3057，坐标：横19565109 纵3731588），从树基部的大孔洞，品味旧

时挤漆蜡的原始工艺。可以在树下的露天饭店用午餐，体验一下古树带给现代人的恩惠。

沿老311国道至栾川与西峡界处的垭口，参观两处庙台槭群落（编号：豫C5746/豫C5747，坐标：横19564071 纵3728834/横19564356 纵3728618）。这是全省惟一发现的庙台槭群落，是栾川县2012年野生植物保护工作的又一重大发现。

返回庙子镇往桃园村对臼沟东坑，参观著名的"山茱萸王"（编号：豫C045坐标：横19575581 纵3731850）。它不仅是栾川最大的野生山茱萸，更见证了栾川县人工栽培山茱萸的发展历史。回程至桃园村河东张冬生家宅旁，观赏一棵树形秀美的桧柏（编号：豫C0996，坐标：横19574896 纵3732440），它栽于清顺治年间，被称为"花盆里长大的桧柏"，自然有其典故。

出桃园沟，沿洛栾快速通道往庙子镇龙潭村南岭组，欣赏著名的"八蟒腾舞"国槐树（编号：豫C044，坐标：横19574746 纵3742194），此树因其树形而得绰号，形似盆景，极为壮观。

出龙潭沟，沿洛栾快速通道至合峪。宿合峪镇。

第二天。

上午沿311国道前往合峪镇钓鱼台村俩坟组河西薛新家房子南侧，参观"锯不倒的槲栎"（编号：豫C5238，坐标：横19585438 纵3741523）。

返回至砚台村，参观"砚台巨毫"大旱柳（编号：豫C2891，坐标：横19584580 纵3742980）。这棵古柳的胸围达630cm，堪称栾川柳王。

到合峪镇孤山村香房休闲区内，参观"三子拜寿"古皂荚树（编号：豫C2898，坐标：横19582378 纵3743647）。此树500岁，干形奇特、极为美观，与由它的树根萌发而成的3棵小皂荚树面相对、冠相连，好似三子为老父拜寿。

到三里桥村丁庄参观古皂荚（编号：豫C0979，坐标：横19584400 纵3748213）。这是一棵树干由扁变圆的奇树，有一定的科研价值。

沿洛栾快速通道至合峪镇庙湾村关帝庙院内，参观古侧柏（编号：豫C2897，坐标：横19580468 纵3754021）。体会古庙与古柏的和谐，探索古庙的历史文化。

在庙湾村经平凉河村道至大清沟北乡村的马路湾。可见到马路湾的"门神"（编号：豫C3060，坐标：横19569493 纵3755730）。这是一棵黄连木，它还是守卫一块神秘墓地的一只凤凰，只是需要由当地人引路，到对面山坡上的一处位置才能看得清楚。

出马路湾，至对面的墑沟组、大潭公路下侧段克勤家院边，欣赏一棵国槐古树（编号：豫C3059，坐标：横19568484 纵3756123），除了优美的树形，还可了解它的与众不同之处。

沿大潭路，至大清沟街上南岭关帝庙，观赏那里的一棵黄连木（编号：豫C0977，坐标：横19568616 纵3753109）。古树与庙宇相映，自然值得细品。

磨湾村下村组李天来门前的银杏树（编号：豫C046，坐标：横19567772 纵3752030），原被称作"连理银杏"，其实称其"三姐妹"更合适，原因就在于它由3株雌性银杏黏连成了一株。

至新南村黑石夹组下哨一块地边，观赏栓皮栎（编号：豫C3056，坐标：横19568460 纵3750832），此树虽已500岁，但没有粗大树枝，可细访其因。

到下河村欣赏燕观沟的旱柳（编号：豫C041，坐标：横19570323 纵3745334），它位于一片竹园边，奇特的树干非常壮观，不容错过。

往上河村张长辊门前观赏旱柳（编号：豫C3030，坐标：横19571634 纵3745810），优美的干形、水中的须根是主要看点。

至庙子镇上河村委，欣赏路边的一棵桧柏（编号：豫C043，坐标：横19571918 纵3745271）。最好在树下拜一拜。然后驱车沿洛栾快速通道返回栾川县城。

三、多日游

根据旅游考察者的愿望，可根据上述介绍和各条线路，自行安排多日行程。

河南栾川

古树名木

HENAN LUANCHUAN
GUSHU MINGMU

附　录

栾川县古树名木一览表

编号	树种	拉丁名	科	属	树龄(年)	级别	GPS 横坐标	GPS 纵坐标	所在乡镇	位置	群株数
豫C036	兴山榆	Ulmus bergmanniana	榆科	榆属	200	III	19528636	3747939	叫河镇	叫河村犁水桥边	
豫C037	皂荚	Gleditsia sinensis	豆科	皂荚属	300	II	19531364	3749082	叫河镇	牛栾村仓房北沟	
豫C038	七叶树	Aesculus chinensis	七叶树科	七叶树属	1500	I	19544909	3743917	陶湾镇	常湾村孙天成院内	
豫C039	油松	Pinus tabulaeformis	松科	松属	260	III	19542659	3744579	陶湾镇	陶湾镇政府院内	
豫C040	核桃	Juglans regia	胡桃科	胡桃属	200	III	19536122	3752135	陶湾镇	三合村仓房组路边	
豫C041	旱柳	Salix matsudana	杨柳科	柳属	300	II	19570323	3745334	庙子镇	下河村燕观沟竹园内	
豫C042	槲栎	Quercus aliena	壳斗科	栎属	150	III	19567238	3747350	庙子镇	龙王幢村小则峪	
豫C043	桧柏	Sabina chinensis	柏科	圆柏属	600	I	19571918	3745271	庙子镇	上河村大潭路东边	
豫C044	国槐	Sophora japonica	豆科	槐属	300	II	19574746	3742194	庙子镇	龙潭村南岭组	
豫C045	山茱萸	Cornus officinalis	山茱萸科	梾木属	300	II	19575581	3731850	庙子镇	桃园村对臼沟	
豫C046	银杏	Ginkgo biloba	银杏科	银杏属	300	II	19567772	3752030	庙子镇	磨湾村下村	
豫C047	旱柳	Salix matsudana	杨柳科	柳属	200	III	19563422	3754862	潭头镇	重渡村南沟小河西侧	
豫C048	七叶树	Aesculus chinensis	七叶树科	七叶树属	300	II	19563455	3754891	潭头镇	重渡村南沟组	
豫C049	岩栎	Quercus acrodenta	壳斗科	栎属	300	II	19567171	3756814	潭头镇	重渡村东石嘴上	
豫C050	黄连木	Pistacia chinensis	漆树科	黄连木属	600	I	19571189	3764577	潭头镇	东山村御史沟	
豫C051	桧柏	Sabina chinensis	柏科	圆柏属	1500	I	19573136	3761118	潭头镇	汤营村西营组	
豫C052	岩栎	Quercus acrodenta	壳斗科	栎属	300	II	19570131	3768274	潭头镇	纸房村胡坪组	
豫C053	桧柏	Sabina chinensis	柏科	圆柏属	1500	I	19571376	3762553	潭头镇	石门村魏家沟组	
豫C054	栓皮栎	Quercus variabilis	壳斗科	栎属	600	I	19564602	3763144	潭头镇	何村村黄里庙沟	
豫C055	白皮松	Pinus bungeana	松科	松属	500	I	19560204	3767877	秋扒乡	秋扒村下坑小学院内	
豫C0957	白皮松	Pinus bungeana	松科	松属	500	I	19521725	3755325	叫河镇	瓦石岩村小学后山顶	
豫C0958	油松	Pinus tabulaeformis	松科	松属	500	I	19528332	3747752	叫河镇	叫河村马沟口	
豫C0959	七叶树	Aesculus chinensis	七叶树科	七叶树属	300	II	19528621	3747975	叫河镇	叫河村中学院内	
豫C0960	核桃	Juglans regia	胡桃科	胡桃属	100	III	19534034	3746973	陶湾镇	小疙瘩村河湾公路边	
豫C0961	黄连木	Pistacia chinensis	漆树科	黄连木属	150	III	19565308	3741540	庙子镇	黄石砭村村后	

（续）

编号	树种	拉丁名	科	属	树龄（年）	级别	GPS 横坐标	GPS 纵坐标	所在乡镇	位置	群株数
豫C0962	皂荚	*Gleditsia sinensis*	豆科	皂荚属	600	I	19569430	3737750	庙子镇	河南村村内	
豫C0963	桧柏	*Sabina chinensis*	柏科	圆柏属	600	I	19567457	3737769	庙子镇	河南村村内	
豫C0964	短柄枹树	*Quercus glandulifera var. brevipetiolatai*	壳斗科	栎属	300	II	19569525	3731785	庙子镇	庄子村截山岭	
豫C0965	栓皮栎	*Quercus variabilis*	壳斗科	栎属	500	I	19569176	3731722	庙子镇	庄子村跳八里	
豫C0966	黄连木	*Pistacia chinensis*	漆树科	黄连木属	150	III	19570484	3746707	庙子镇	下河村竹园沟门	
豫C0967	皂荚	*Gleditsia sinensis*	豆科	皂荚属	200	III	19568289	3763330	潭头镇	党村村中	
豫C0968	柏木	*Cupressus funebris*	柏科	柏木属	500	I	19567037	3763414	潭头镇	西坡村柏树嘴	
豫C0969	国槐	*Sophora japonica*	豆科	槐属	900	I	19568600	3777925	潭头镇	大坪村五组	
豫C0970	皂荚	*Gleditsia sinensis*	豆科	皂荚属	150	III	19571499	3762750	潭头镇	赵庄村老鸭够	
豫C0971	桧柏	*Sabina chinensis*	柏科	圆柏属	300	II	19569045	3762869	潭头镇	潭头村下街	
豫C0972	银杏	*Ginkgo biloba*	银杏科	银杏属	700	I	19547682	3743598	石庙镇	下园村5组	
豫C0973	油松	*Pinus tabulaeformis*	松科	松属	300	II	19548034	3738158	石庙镇	观星村蟠桃山景区	
豫C0974	杏	*Armeniaca vulgaris*	蔷薇科	杏属	200	III	19545341	3739235	石庙镇	观星村土门	
豫C0975	岩栎	*Quercus acrodenta*	壳斗科	栎属	300	II	19580966	3748149	合峪镇	石村月凹组	
豫C0976	槲栎	*Quercus aliena*	壳斗科	栎属	400	II	19580969	3748162	合峪镇	石村月凹组	
豫C0977	黄连木	*Pistacia chinensis*	漆树科	黄连木属	500	I	19568616	3753109	庙子镇	大清沟村街上南岭	
豫C0978	栓皮栎	*Quercus variabilis*	壳斗科	栎属	300	II	19537604	3747348	陶湾镇	前峰村菜地沟	
豫C0979	皂荚	*Gleditsia sinensis*	豆科	皂荚属	400	II	19584400	3748213	合峪镇	三里桥村丁庄	
豫C0980	银杏	*Ginkgo biloba*	银杏科	银杏属	300	II	19581672	3744662	合峪镇	前村村内	
豫C0981	白皮松	*Pinus bungeana*	松科	松属	300	II	19563287	3777397	潭头镇	大坪村焦园寿星沟	
豫C0982	国槐	*Sophora japonica*	豆科	槐属	500	I	19563580	3776962	潭头镇	大坪村焦园乔改燕门前	
豫C0983	栓皮栎	*Quercus variabilis*	壳斗科	栎属	500	I	19564857	3779949	大坪林场	大坪林场漳河庙林区	
豫C0984	五角枫	*Acer mono*	槭树科	槭属	200	III	19573242	3726840	龙峪湾林场	龙峪湾林场鸡角尖龙泉	
豫C0985	白玉兰	*Magnolia denudata*	木兰科	木兰属	100	III	19571696	3730750	龙峪湾林场	龙峪湾林场九曲碧溪路边	
豫C0986	连香树	*Cercidiphyllum japonicum*	连香树科	连香树属	800	I	19572393	3729184	龙峪湾林场	龙峪湾林场仙人谷	
豫C0987	槲栎	*Quercus aliena*	壳斗科	栎属	150	III	19566491	3747792	庙子镇	龙王幢村小则峪	
豫C0988	槲栎	*Quercus aliena*	壳斗科	栎属	150	III	19566414	3746333	庙子镇	龙王幢村小则峪	

（续）

编号	树种	拉丁名	科	属	树龄（年）	级别	GPS 横坐标	GPS 纵坐标	所在乡镇	位置	群株数
豫C0989	栓皮栎	*Quercus variabilis*	壳斗科	栎属	400	II	19557434	3740554	城关镇	陈家门村纺车沟	
豫C0990	栓皮栎	*Quercus variabilis*	壳斗科	栎属	300	II	19558446	3773386	秋扒乡	北沟村北沟口	
豫C0991	兴山榆	*Ulmus bergmanniana*	榆科	榆属	400	II	19561007	3755114	潭头镇	重渡沟村西沟石灰窑顶	
豫C0992	栓皮栎	*Quercus variabilis*	壳斗科	栎属	300	II	19539231	3745014	陶湾镇	前峰村学校	
豫C0993	槲栎	*Quercus aliena*	壳斗科	栎属	250	III	19546073	3746748	陶湾镇	鱼库村庵上	
豫C0994	栓皮栎	*Quercus variabilis*	壳斗科	栎属	600	I	19574619	3732662	庙子镇	桃园村桃园岭头	
豫C0995	栓皮栎	*Quercus variabilis*	壳斗科	栎属	600	I	19574608	3732646	庙子镇	桃园村桃园岭头	
豫C0996	桧柏	*Sabina chinensis*	柏科	圆柏属	350	II	19574896	3732440	庙子镇	桃园村河东张富家门口	
豫C0997	槲栎	*Quercus aliena*	壳斗科	栎属	250	III	19574114	3732790	庙子镇	桃园村下桃园	
豫C0998	冬青	*Ilex chinensis*	冬青科	冬青属	500	I	19562721	3769085	秋扒乡	蒿坪村陈家岭场边	
豫C0999	栓皮栎	*Quercus variabilis*	壳斗科	栎属	200	III	19554280	3767651	狮子庙镇	孤山村菜沟门斜对面	
豫C1000	栓皮栎	*Quercus variabilis*	壳斗科	栎属	200	III	19554263	3768289	狮子庙镇	孤山村菜沟门	
豫C1001	栓皮栎	*Quercus variabilis*	壳斗科	栎属	250	III	19551339	3771673	狮子庙镇	孤山村西坡组	
豫C1002	栓皮栎	*Quercus variabilis*	壳斗科	栎属	250	III	19553652	3768764	狮子庙镇	孤山村嶂峭沟口	
豫C1003	栓皮栎	*Quercus variabilis*	壳斗科	栎属	250	III	19550979	3771690	狮子庙镇	孤山村西坡组	
豫C1004	兴山榆	*Ulmus bergmanniana*	榆科	榆属	300	II	19550923	3771826	狮子庙镇	孤山村西坡组	
豫C1005	黄连木	*Pistacia chinensis*	漆树科	黄连木属	150	III	19551245	3771599	狮子庙镇	孤山村西坡组	
豫C1006	槲栎	*Quercus aliena*	壳斗科	栎属	100	III	19559536	3733769	老君山林场	老君山林场救苦殿以北	59
豫C1007	太白杜鹃	*Rhododendron purdomii*	杜鹃花科	杜鹃属	500	I	19559351	3732592	老君山林场	老君山林场马鬃岭	86
豫C1008	太白杜鹃	*Rhododendron purdomii*	杜鹃花科	杜鹃属	500	I	19573003	3726347	龙峪湾林场	龙峪湾林场南天门栈道以北	28
豫C1009	岩栎	*Quercus acrodenta*	壳斗科	栎属	120	III	19567435	3778867	大坪林场	大坪林场穴子沟	47
豫C2782	兴山榆	*Ulmus bergmanniana*	榆科	榆属	120	III	19549117	3749073	石庙镇	庄科村青叶沟	
豫C2783	白皮松	*Pinus bungeana*	松科	松属	500	I	19547555	3748760	石庙镇	庄科村竹园沟	
豫C2784	核桃	*Juglans regia*	胡桃科	胡桃属	170	III	19547882	3748562	石庙镇	庄科村冯家沟口	
豫C2785	核桃	*Juglans regia*	胡桃科	胡桃属	120	III	19544343	3737126	石庙镇	杨树坪村对角窝组	
豫C2786	核桃	*Juglans regia*	胡桃科	胡桃属	100	III	19546925	3743496	石庙镇	上元村5组	
豫C2787	核桃	*Juglans regia*	胡桃科	胡桃属	100	III	19546930	3743451	石庙镇	上元村6组	

（续）

编号	树种	拉丁名	科	属	树龄（年）	级别	GPS		所在乡镇	位置	群株数
							横坐标	纵坐标			
豫C2788	银杏	*Ginkgo biloba*	银杏科	银杏属	400	II	19544004	3747854	石庙镇	下园村白果树下	
豫C2789	白皮松	*Pinus bungeana*	松科	松属	340	II	19546180	3742881	石庙镇	常门村白石崖	
豫C2790	白皮松	*Pinus bungeana*	松科	松属	340	II	19546180	3742887	石庙镇	常门村白石崖	
豫C2791	卫矛	*Euonymus alatus*	卫矛科	卫矛属	200	III	19553761	3755328	赤土店镇	花园村东坑组	
豫C2792	核桃	*Juglans regia*	胡桃科	胡桃属	160	III	19553743	3755330	赤土店镇	花园村东坑组	
豫C2793	核桃	*Juglans regia*	胡桃科	胡桃属	160	III	19553720	3755314	赤土店镇	花园村东坑组	
豫C2794	核桃	*Juglans regia*	胡桃科	胡桃属	250	III	19552707	3755621	赤土店镇	花园村猕猴桃树	
豫C2795	毛梾木	*Cornus walteri*	山茱萸科	梾木属	250	III	19552481	3755714	赤土店镇	花园村梨树嘴	
豫C2796	核桃	*Juglans regia*	胡桃科	胡桃属	160	III	19552443	3755693	赤土店镇	花园村梨树嘴	
豫C2797	核桃	*Juglans regia*	胡桃科	胡桃属	150	III	19552530	3755735	赤土店镇	花园村梨树嘴	
豫C2798	桑树	*Morus alba*	桑科	桑属	500	I	19551223	3756292	赤土店镇	花园村高家里洼	
豫C2799	卫矛	*Euonymus alatus*	卫矛科	卫矛属	300	II	19555314	3752926	赤土店镇	白沙洞村牛家门口	
豫C2800	桃	*Amygdalus persica*	蔷薇科	桃属	250	III	19555147	3753570	赤土店镇	白沙洞村河东组	
豫C2801	皂荚	*Gleditsia sinensis*	豆科	皂荚属	140	III	19554560	3753805	赤土店镇	白沙洞村张视娃门前坡上	
豫C2802	核桃	*Juglans regia*	胡桃科	胡桃属	150	III	19554457	3753969	赤土店镇	白沙洞村干沟口垃圾池	
豫C2803	核桃	*Juglans regia*	胡桃科	胡桃属	170	III	19554408	3754102	赤土店镇	白沙洞村3队	
豫C2804	榆树	*Ulmus pumila*	榆科	榆属	140	III	19554848	3754491	赤土店镇	白沙洞村牛家院	
豫C2805	核桃	*Juglans regia*	胡桃科	胡桃属	110	III	19554848	3754491	赤土店镇	公主坪村李振东门前	
豫C2806	核桃	*Juglans regia*	胡桃科	胡桃属	100	III	19558439	3753747	赤土店镇	公主坪村赵武建门前	
豫C2807	核桃	*Juglans regia*	胡桃科	胡桃属	150	III	19558439	3753747	赤土店镇	公主坪村李世真家	
豫C2808	核桃	*Juglans regia*	胡桃科	胡桃属	110	III	19558477	3753686	赤土店镇	公主坪村卫长松房后	
豫C2809	核桃	*Juglans regia*	胡桃科	胡桃属	200	III	19558448	3753777	赤土店镇	公主坪村李西京门前	
豫C2810	核桃	*Juglans regia*	胡桃科	胡桃属	200	III	19558932	3753353	赤土店镇	公主坪村望军长山墙头	
豫C2811	核桃	*Juglans regia*	胡桃科	胡桃属	150	III	19558924	3753307	赤土店镇	公主坪村李永树门边	
豫C2812	核桃	*Juglans regia*	胡桃科	胡桃属	160	III	19558985	3753281	赤土店镇	公主坪村大回沟口	
豫C2813	核桃	*Juglans regia*	胡桃科	胡桃属	150	III	19558977	3752053	赤土店镇	公主坪村桦树坪	
豫C2814	华山松	*Pinus armandii*	松科	松属	130	III	19557976	3752145	赤土店镇	公主坪村桦树坪	

（续）

编号	树种	拉丁名	科	属	树龄（年）	级别	GPS 横坐标	GPS 纵坐标	所在乡镇	位置	群株数
豫C2815	核桃	*Juglans regia*	胡桃科	胡桃属	140	Ⅲ	19558977	3752053	赤土店镇	白沙洞村	28
豫C2816	旱柳	*Salix matsudana*	杨柳科	柳属	300	Ⅱ	19540054	3741595	陶湾镇	红庙村王家庄	
豫C2817	栓皮栎	*Quercus variabilis*	壳斗科	栎属	500	Ⅰ	19538918	3741232	陶湾镇	红庙村刑家房后	
豫C2818	核桃	*Juglans regia*	胡桃科	胡桃属	110	Ⅲ	19541036	3742552	陶湾镇	协心村朋良店	
豫C2819	核桃	*Juglans regia*	胡桃科	胡桃属	180	Ⅲ	19536511	3751427	陶湾镇	三合村刘树民门前	
豫C2820	核桃	*Juglans regia*	胡桃科	胡桃属	150	Ⅲ	19535653	3751921	陶湾镇	三合村永红组路边	
豫C2821	核桃	*Juglans regia*	胡桃科	胡桃属	180	Ⅲ	19534023	3748338	陶湾镇	麼坪村扬中门前	
豫C2822	柏木	*Cupressus funebris*	柏科	柏木属	330	Ⅱ	19533934	3748077	陶湾镇	麼坪村后沟口	
豫C2823	槲栎	*Quercus aliena*	壳斗科	栎属	520	Ⅰ	19531935	3746723	陶湾镇	肖疙瘩村碾道路边	
豫C2824	槲栎	*Quercus aliena*	壳斗科	栎属	320	Ⅱ	19533771	3745747	陶湾镇	肖疙瘩村山神庙前	
豫C2825	槲栎	*Quercus aliena*	壳斗科	栎属	300	Ⅱ	19534314	3746904	陶湾镇	肖疙瘩村庙底庙前	
豫C2826	核桃	*Juglans regia*	胡桃科	胡桃属	120	Ⅲ	19535975	3746343	陶湾镇	秋林村委	
豫C2827	柿树	*Diospyros kaki*	柿树科	柿树属	110	Ⅲ	19536086	3746364	陶湾镇	秋林村邢忠武山墙	
豫C2828	柿树	*Diospyros kaki*	柿树科	柿树属	150	Ⅲ	19535951	3746063	陶湾镇	秋林村面胡栾树窝	
豫C2829	柿树	*Diospyros kaki*	柿树科	柿树属	120	Ⅲ	19535815	3745911	陶湾镇	秋林村下地刘武门前	
豫C2830	柿树	*Diospyros kaki*	柿树科	柿树属	150	Ⅲ	19538762	3746857	陶湾镇	红洞沟村薛伟房后	
豫C2831	银杏	*Ginkgo biloba*	银杏科	银杏属	600	Ⅰ	19542630	3744472	陶湾镇	淘湾村冯振波家	
豫C2832	核桃	*Juglans regia*	胡桃科	胡桃属	140	Ⅲ	19538788	3750319	陶湾镇	磨沟村楼房	
豫C2833	核桃	*Juglans regia*	胡桃科	胡桃属	140	Ⅲ	19538826	3750319	陶湾镇	磨沟村李留心房后	
豫C2834	柿树	*Diospyros kaki*	柿树科	柿树属	170	Ⅲ	19538749	3750245	陶湾镇	磨沟村南凹口	
豫C2835	核桃	*Juglans regia*	胡桃科	胡桃属	170	Ⅲ	19538969	3750180	陶湾镇	磨沟村穆跳门房后	
豫C2836	柿树	*Diospyros kaki*	柿树科	柿树属	280	Ⅲ	19541178	3749188	陶湾镇	磨沟村磨沟湖	
豫C2837	柿树	*Diospyros kaki*	柿树科	柿树属	120	Ⅲ	19541178	3749188	陶湾镇	磨沟村磨沟湖	
豫C2838	核桃	*Juglans regia*	胡桃科	胡桃属	220	Ⅲ	19539103	3749707	陶湾镇	磨沟村南坡	
豫C2839	柿树	*Diospyros kaki*	柿树科	柿树属	180	Ⅲ	19539174	3749727	陶湾镇	磨沟村南坡	
豫C2840	核桃	*Juglans regia*	胡桃科	胡桃属	160	Ⅲ	19539342	3749806	陶湾镇	磨沟村柳树嘴	
豫C2841	核桃	*Juglans regia*	胡桃科	胡桃属	160	Ⅲ	19540019	3749623	陶湾镇	磨沟村炭窑沟口	

编号	树种	拉丁名	科	属	树龄（年）	级别	GPS 横坐标	GPS 纵坐标	所在乡镇	位置	群株数
豫C2842	皂荚	*Gleditsia sinensis*	豆科	皂荚属	200	III	19571601	3762693	潭头镇	赵庄村阳坡组	
豫C2843	刺柏	*Juniperus formosana*	柏科	刺柏属	500	I	19570803	3761603	潭头镇	石门村全福宫庙院内	
豫C2844	刺柏	*Juniperus formosana*	柏科	刺柏属	200	III	19572217	3760604	潭头镇	汤营村净安寺院内	
豫C2845	刺柏	*Juniperus formosana*	柏科	刺柏属	200	III	19572217	3760604	潭头镇	汤营村净安寺院内	
豫C2846	刺柏	*Juniperus formosana*	柏科	刺柏属	400	II	19572120	3760565	潭头镇	汤营村净安寺后坡	
豫C2847	侧柏	*Platycladus orientalis*	柏科	侧柏属	500	I	19571643	3761459	潭头镇	石门村岭东组	
豫C2848	皂荚	*Gleditsia sinensis*	豆科	皂荚属	350	II	19572371	3764586	潭头镇	胡家村赵文正房前	
豫C2849	杏	*Armeniaca vulgaris*	蔷薇科	杏属	120	III	19572398	3764610	潭头镇	胡家村赵文正房后	
豫C2850	皂荚	*Gleditsia sinensis*	豆科	皂荚属	150	III	19572109	3765070	潭头镇	胡家村胡长发家房外	
豫C2851	桧柏	*Sabina chinensis*	柏科	圆柏属	300	II	19573138	3761116	潭头镇	汤营村三组	
豫C2852	皂荚	*Gleditsia sinensis*	豆科	皂荚属	400	II	19571942	3766939	潭头镇	纸坊村罗平组	
豫C2853	皂荚	*Gleditsia sinensis*	豆科	皂荚属	150	III	19570197	3765362	潭头镇	纸房村二组刘卫军院内	
豫C2854	岩栎	*Quercus acrodenta*	壳斗科	栎属	500	I	19570091	3771380	潭头镇	大坪村郎沟	
豫C2855	国槐	*Sophora japonica*	豆科	槐属	350	II	19570068	3771416	潭头镇	大坪村郎沟	
豫C2856	黄连木	*Pistacia chinensis*	漆树科	黄连木属	150	III	19570218	3771377	潭头镇	大坪村郎沟	
豫C2857	岩栎	*Quercus acrodenta*	壳斗科	栎属	500	I	19570357	3771339	潭头镇	大坪村郎沟	
豫C2858	兴山榆	*Ulmus bergmanniana*	榆科	榆属	300	II	19570276	3771341	潭头镇	大坪村郎沟	
豫C2859	皂荚	*Gleditsia sinensis*	豆科	皂荚属	180	III	19569841	3764298	潭头镇	大王庙村路边	
豫C2860	皂荚	*Gleditsia sinensis*	豆科	皂荚属	100	III	19567961	3763766	潭头镇	党村桥上组	
豫C2861	皂荚	*Gleditsia sinensis*	豆科	皂荚属	100	III	19567991	3762950	潭头镇	党村后营	
豫C2862	皂荚	*Gleditsia sinensis*	豆科	皂荚属	130	III	19567991	3762950	潭头镇	党村后营	
豫C2863	冬青	*Ilex chinensis*	冬青科	冬青属	300	II	19567406	3764032	潭头镇	张村后岭	
豫C2864	刺柏	*Juniperus formosana*	柏科	刺柏属	500	I	19567862	3762389	潭头镇	蛮营村下地	
豫C2865	刺柏	*Juniperus formosana*	柏科	刺柏属	500	I	19567862	3762389	潭头镇	蛮营村下地	
豫C2866	侧柏	*Platycladus orientalis*	柏科	侧柏属	600	I	19567656	3764806	潭头镇	张村张景立门前	
豫C2867	皂荚	*Gleditsia sinensis*	豆科	皂荚属	150	III	19567109	3765406	潭头镇	马元村桥平	
豫C2868	黄连木	*Pistacia chinensis*	漆树科	黄连木属	200	III	19570675	3763539	潭头镇	赵庄村下坪	

（续）

编号	树种	拉丁名	科	属	树龄（年）	级别	GPS		所在乡镇	位置	群株数
							横坐标	纵坐标			
豫C2869	皂荚	*Gleditsia sinensis*	豆科	皂荚属	400	II	19571338	3764725	潭头镇	东山村御史沟	
豫C2870	黄连木	*Pistacia chinensis*	漆树科	黄连木属	250	III	19564551	3761324	潭头镇	断滩村郭家村	
豫C2871	侧柏	*Platycladus orientalis*	柏科	侧柏属	400	II	19564552	3761296	潭头镇	断滩村郭家村	
豫C2872	橿子栎	*Quercus baronii*	壳斗科	栎属	300	II	19564550	3761332	潭头镇	断滩村郭家村	
豫C2873	栓皮栎	*Quercus variabilis*	壳斗科	栎属	350	II	19563232	3757272	潭头镇	柏枝崖村小学对门	
豫C2874	黄连木	*Pistacia chinensis*	漆树科	黄连木属	120	III	19569569	3756807	潭头镇	王坪村小南沟	
豫C2875	黄连木	*Pistacia chinensis*	漆树科	黄连木属	120	III	19569623	3757055	潭头镇	王坪村何学道房边	
豫C2876	黄连木	*Pistacia chinensis*	漆树科	黄连木属	150	III	19569449	3757199	潭头镇	王坪村刘永福房后	
豫C2877	白皮松	*Pinus bungeana*	松科	松属	290	III	19564039	3772692	潭头镇	阳庄村四组阳盘	
豫C2878	榆树	*Ulmus pumila*	榆科	榆属	100	III	19564026	3772701	潭头镇	阳庄村四组阳盘	
豫C2879	旱柳	*Salix matsudana*	杨柳科	柳属	200	III	19565518	3771234	潭头镇	阳庄村老虎沟	
豫C2880	黄连木	*Pistacia chinensis*	漆树科	黄连木属	200	III	19565579	3771198	潭头镇	阳庄村老虎沟	
豫C2881	栓皮栎	*Quercus variabilis*	壳斗科	栎属	350	II	19562490	3772514	潭头镇	秋林村安沟圪塔	
豫C2882	黄连木	*Pistacia chinensis*	漆树科	黄连木属	180	III	19562480	3772613	潭头镇	秋林村安沟圪塔	
豫C2883	国槐	*Sophora japonica*	豆科	槐属	250	III	19564102	3765786	潭头镇	秋林村四组梨盘沟	
豫C2884	皂荚	*Gleditsia sinensis*	豆科	皂荚属	100	III	19564101	3761732	潭头镇	古城村三官庙	
豫C2885	皂荚	*Gleditsia sinensis*	豆科	皂荚属	300	II	19564913	3759091	潭头镇	垢峪村北岔	
豫C2886	黄连木	*Pistacia chinensis*	漆树科	黄连木属	150	III	19564913	3759091	潭头镇	垢峪村北岔	
豫C2887	皂荚	*Gleditsia sinensis*	豆科	皂荚属	250	III	19585998	3741111	合峪镇	黄土岭村石槽沟	
豫C2888	皂荚	*Gleditsia sinensis*	豆科	皂荚属	120	III	19585821	3740944	合峪镇	黄土岭村河面组路边	
豫C2889	旱柳	*Salix matsudana*	杨柳科	柳属	130	III	19586485	3740028	合峪镇	黄土岭村大坪	
豫C2890	木瓜	*Chaenomeles sinensis*	蔷薇科	木瓜属	250	III	19585049	3742585	合峪镇	砚台村擂鼓台沟	
豫C2891	旱柳	*Salix matsudana*	杨柳科	柳属	500	I	19584580	3742980	合峪镇	砚台村学校边	
豫C2892	侧柏	*Platycladus orientalis*	柏科	侧柏属	500	I	19582507	3745458	合峪镇	合峪村小学院内	
豫C2893	刺柏	*Juniperus formosana*	柏科	刺柏属	600	I	19583268	3745064	合峪镇	合峪村花村组	
豫C2894	黄连木	*Pistacia chinensis*	漆树科	黄连木属	200	III	19572497	3753855	合峪镇	杨沟门村先生沟	
豫C2895	栓皮栎	*Quercus variabilis*	壳斗科	栎属	350	II	19575737	3755481	合峪镇	杨长沟村李红军房后	

（续）

编号	树种	拉丁名	科	属	树龄（年）	级别	GPS		所在乡镇	位置	群株数
							横坐标	纵坐标			
豫C2896	枣树	Ziziphus jujuba	鼠李科	枣属	150	III	19575737	3755481	合峪镇	杨长沟村李红军房边	
豫C2897	侧柏	Platycladus orientalis	柏科	侧柏属	400	II	19580468	3754021	合峪镇	庙湾村关帝庙院内	
豫C2898	皂荚	Gleditsia sinensis	豆科	皂荚属	500	I	19582378	3743647	合峪镇	孤山村香房	
豫C2899	核桃	Juglans regia	胡桃科	胡桃属	300	II	19581482	3740108	合峪镇	孤山村幢顶	
豫C2900	栓皮栎	Quercus variabilis	壳斗科	栎属	200	III	19581503	3740125	合峪镇	孤山村幢顶	
豫C2901	黄连木	Pistacia chinensis	漆树科	黄连木属	100	III	19579675	3746890	合峪镇	石村白土沟	
豫C2902	银杏	Ginkgo biloba	银杏科	银杏属	300	II	19579724	3746865	合峪镇	石村白土沟	
豫C2903	黄连木	Pistacia chinensis	漆树科	黄连木属	200	III	19580673	3747328	合峪镇	石村学校房后	
豫C2904	槲栎	Quercus aliena	壳斗科	栎属	350	II	19556179	3737235	城关镇	君山路碾盘沟	
豫C2905	国槐	Sophora japonica	豆科	槐属	200	III	19557071	3737473	城关镇	君山路田家沟	
豫C2906	湖北臭檀	Euodia hupehensis	芸香科	吴茱萸属	150	III	19555051	3737272	城关镇	上河南程寺沟	
豫C2907	侧柏	Platycladus orientalis	柏科	侧柏属	350	II	19555195	3737235	城关镇	上河南程寺沟	
豫C2908	少脉椴	Tilia paucicostata	椴树科	椴树属	270	III	19539895	3760547	冷水镇	西增河村天生墓椴树凹	
豫C2909	核桃	Juglans regia	胡桃科	胡桃属	210	III	19540166	3759548	冷水镇	西增河村余发场沟	
豫C2910	核桃	Juglans regia	胡桃科	胡桃属	150	III	19540461	3753816	冷水镇	龙王庙村马鹿沟邓少卿家院边	
豫C2911	核桃	Juglans regia	胡桃科	胡桃属	300	II	19540027	3756484	冷水镇	东增河村余家村余秋立家房边	
豫C2912	核桃	Juglans regia	胡桃科	胡桃属	300	II	19541583	3758082	冷水镇	东增河村下门张川家门边	
豫C2913	兴山榆	Ulmus bergmanniana	榆科	榆属	250	III	19541856	3754312	冷水镇	冷水街村小南沟李建伟家房边	
豫C2914	栓皮栎	Quercus variabilis	壳斗科	栎属	300	II	19533035	3760719	三川镇	祖狮庙村常家村	
豫C2915	槲栎	Quercus aliena	壳斗科	栎属	300	II	19533044	3760729	三川镇	祖狮庙村常家村	
豫C2916	油松	Pinus tabulaeformis	松科	松属	100	III	19532056	3752939	三川镇	大红村后坪组卢峪沟	
豫C2917	油松	Pinus tabulaeformis	松科	松属	220	III	19530274	3758264	三川镇	火神庙村2组碾道沟	
豫C2918	油松	Pinus tabulaeformis	松科	松属	310	II	19527825	3757677	三川镇	火神庙村11组半坡沟	
豫C2919	五角枫	Acer mono	槭树科	槭属	500	I	19528479	3757175	三川镇	火神庙村陈家庄房后坡	
豫C2920	核桃	Juglans regia	胡桃科	胡桃属	180	III	19530528	3751027	叫河镇	上牛栾村胡家庄	
豫C2921	银杏	Ginkgo biloba	银杏科	银杏属	500	I	19529178	3743016	叫河镇	黎明村王留其家房后	
豫C2922	银杏	Ginkgo biloba	银杏科	银杏属	500	I	19529166	3743048	叫河镇	黎明村王留振家房后	

（续）

编号	树种	拉丁名	科	属	树龄（年）	级别	GPS 横坐标	GPS 纵坐标	所在乡镇	位置	群株数
豫C2923	核桃	*Juglans regia*	胡桃科	胡桃属	200	III	19527670	3743625	叫河镇	桦树坪村长嘴沟张银柱家	
豫C2924	核桃	*Juglans regia*	胡桃科	胡桃属	200	III	19526328	3746351	叫河镇	栗树沟村锁村后队	
豫C2925	核桃	*Juglans regia*	胡桃科	胡桃属	200	III	19526354	3746400	叫河镇	栗树沟村锁村后队	
豫C2926	柿树	*Diospyros kaki*	柿树科	柿树属	130	III	19526305	3746425	叫河镇	栗树沟村锁村后队	
豫C2927	油松	*Pinus tabulaeformis*	松科	松属	200	III	19552074	3749043	叫河镇	东新科村李家坟	
豫C2928	油松	*Pinus tabulaeformis*	松科	松属	260	III	19522148	3748266	叫河镇	西新科村南泥湖崔实在家房后	
豫C2929	皂荚	*Gleditsia sinensis*	豆科	皂荚属	350	II	19521753	3749494	叫河镇	西新科村前庄高留性家房后	
豫C2930	槲栎	*Quercus aliena*	壳斗科	栎属	200	III	19533910	3764994	白土镇	铁岭村张家沟	
豫C2931	榆树	*Ulmus pumila*	榆科	榆属	120	III	19536534	3767210	白土镇	椴树村庙沟口	
豫C2932	侧柏	*Platycladus orientalis*	柏科	侧柏属	400	II	19541212	3769435	白土镇	蔺沟村沟口	
豫C2933	栓皮栎	*Quercus variabilis*	壳斗科	栎属	300	II	19541532	3769395	白土镇	蔺沟村红土岭坡跟	
豫C2934	华山松	*Pinus armandii*	松科	松属	200	III	19540625	3772209	白土镇	均地沟村庙疙瘩	
豫C2935	侧柏	*Platycladus orientalis*	柏科	侧柏属	400	II	19542525	3769553	白土镇	王练沟村糖果嘴	
豫C2936	皂荚	*Gleditsia sinensis*	豆科	皂荚属	300	II	19542299	3770805	白土镇	王练沟村后岭上	
豫C2937	华山松	*Pinus armandii*	松科	松属	200	III	19541848	3773166	白土镇	王练沟村孤山	
豫C2938	栓皮栎	*Quercus variabilis*	壳斗科	栎属	200	III	19554263	3767656	狮子庙镇	孤山村菜沟门斜对面	
豫C2939	桑树	*Morus alba*	桑科	桑属	150	III	19554278	3767650	狮子庙镇	孤山村菜沟门斜对面	
豫C2940	兴山榆	*Ulmus bergmanniana*	榆科	榆属	150	III	19550925	3771816	狮子庙镇	孤山村王沟门	
豫C2941	兴山榆	*Ulmus bergmanniana*	榆科	榆属	350	II	19551316	3775245	狮子庙镇	坡前村教会院后	
豫C2942	旱柳	*Salix matsudana*	杨柳科	柳属	150	III	19551764	3776146	狮子庙镇	坡前村坡前街	
豫C2943	白皮松	*Pinus bungeana*	松科	松属	300	II	19552366	3777276	狮子庙镇	坡前村焦沟口	
豫C2944	兴山榆	*Ulmus bergmanniana*	榆科	榆属	350	II	19550942	3773720	狮子庙镇	山关庙村庙门前	
豫C2945	橿子栎	*Quercus baronii*	壳斗科	栎属	300	II	19550930	3773719	狮子庙镇	山关庙村庙后	
豫C2946	橿子栎	*Quercus baronii*	壳斗科	栎属	300	II	19550930	3773719	狮子庙镇	山关庙村庙后	
豫C2947	黄连木	*Pistacia chinensis*	漆树科	黄连木属	150	III	19552266	3770947	狮子庙镇	孤山村大岔沟口	
豫C2948	栓皮栎	*Quercus variabilis*	壳斗科	栎属	150	III	19552191	3770566	狮子庙镇	孤山村大岔沟口	
豫C2949	黄栌	*Cotinus coggygria*	漆树科	黄栌属	300	II	19555614	3764842	狮子庙镇	朱家坪村黄栌材树嘴	

（续）

编号	树种	拉丁名	科	属	树龄（年）	级别	GPS 横坐标	GPS 纵坐标	所在乡镇	位置	群株数
豫C2950	旱柳	*Salix matsudana*	杨柳科	柳属	200	III	19555746	3763783	狮子庙镇	长庄村潭石沟门	
豫C2951	油松	*Pinus tabulaeformis*	松科	松属	300	II	19553762	3760860	狮子庙镇	瓮峪村学校后	
豫C2952	侧柏	*Platycladus orientalis*	柏科	侧柏属	600	I	19553760	3760878	狮子庙镇	瓮峪村学校后	
豫C2953	茅栗	*Castanea seguinii*	壳斗科	栗属	200	III	19550651	3756585	狮子庙镇	三联村上坪	
豫C2954	麻栎	*Quercus acutissima*	壳斗科	栎属	250	III	19543957	3765274	狮子庙镇	南沟门八丈沟门学校前	
豫C2955	侧柏	*Platycladus orientalis*	柏科	侧柏属	600	I	19544184	3764456	狮子庙镇	南沟门村姜沟梁	
豫C2956	国槐	*Sophora japonica*	豆科	槐属	250	III	19546455	3765646	狮子庙镇	罗村小疙撑沟门	
豫C2957	国槐	*Sophora japonica*	豆科	槐属	200	III	19545103	3768312	狮子庙镇	许沟村东疙瘩	
豫C2958	国槐	*Sophora japonica*	豆科	槐属	500	I	19549965	3771072	狮子庙镇	张岭村李宝才院	
豫C2959	栓皮栎	*Quercus variabilis*	壳斗科	栎属	300	II	19550174	3771050	狮子庙镇	张岭村张岭	
豫C2960	流苏树	*Chionanthus retusus*	木犀科	流苏树属	500	I	19545626	3771774	狮子庙镇	西阳道村王庄	
豫C2961	白皮松	*Pinus bungeana*	松科	松属	500	I	19544939	3774819	狮子庙镇	西阳道村后门	
豫C2962	核桃	*Juglans regia*	胡桃科	胡桃属	250	III	19545523	3772170	狮子庙镇	西阳道村王庄	
豫C2963	栓皮栎	*Quercus variabilis*	壳斗科	栎属	300	II	19547124	3772402	狮子庙镇	山岔村上坪	
豫C2964	栓皮栎	*Quercus variabilis*	壳斗科	栎属	300	II	19547369	3776209	狮子庙镇	东阳道村平太沟	
豫C2965	栓皮栎	*Quercus variabilis*	壳斗科	栎属	300	II	19548396	3776638	狮子庙镇	东阳道村槐树	
豫C2966	茅栗	*Castanea seguinii*	壳斗科	栗属	150	III	19547200	3775450	狮子庙镇	东阳道村石嘴对面	
豫C2967	栓皮栎	*Quercus variabilis*	壳斗科	栎属	500	I	19550061	3761714	狮子庙镇	王府沟村竹园	
豫C2968	核桃	*Juglans regia*	胡桃科	胡桃属	150	III	19550005	3761570	狮子庙镇	王府沟村西沟口	
豫C2969	栓皮栎	*Quercus variabilis*	壳斗科	栎属	300	II	19549836	3761608	狮子庙镇	王府沟村西沟	
豫C2970	兴山榆	*Ulmus bergmanniana*	榆科	榆属	500	I	19550257	3764791	狮子庙镇	王府沟村沟口岭上	
豫C2971	橿子栎	*Quercus baronii*	壳斗科	栎属	300	II	19555401	3764837	狮子庙镇	朱家坪村桑树坪	9
豫C2972	橿子栎	*Quercus baronii*	壳斗科	栎属	200	III	19554966	3764867	狮子庙镇	朱家坪村车庄	4
豫C2973	黄连木	*Pistacia chinensis*	漆树科	黄连木属	500	I	19553938	3771715	秋扒乡	嶂峭村三道岭	
豫C2974	槲栎	*Quercus aliena*	壳斗科	栎属	150	III	19553992	3771303	秋扒乡	嶂峭村三道岭坡跟	
豫C2975	旱柳	*Salix matsudana*	杨柳科	柳属	350	II	19554554	3772470	秋扒乡	嶂峭村寨沟门	
豫C2976	橿子栎	*Quercus baronii*	壳斗科	栎属	200	III	19554564	3772522	秋扒乡	嶂峭村寨沟门东坡	

（续）

编号	树种	拉丁名	科	属	树龄（年）	级别	GPS 横坐标	GPS 纵坐标	所在乡镇	位置	群株数
豫C2977	橿子栎	Quercus baronii	壳斗科	栎属	300	II	19554582	3772624	秋扒乡	嶂峭村寨沟门东坡	
豫C2978	柏木	Cupressus funebris	柏科	柏木属	600	I	19555226	3769158	秋扒乡	黄岭村林家村	
豫C2979	榆树	Ulmus pumila	榆科	榆属	150	III	19555178	3769156	秋扒乡	黄岭村林家村	
豫C2980	槲栎	Quercus aliena	壳斗科	栎属	400	II	19555128	3768589	秋扒乡	黄岭村林家村下庄科	
豫C2981	柏木	Cupressus funebris	柏科	柏木属	450	II	19559754	3767086	秋扒乡	秋扒村车站	
豫C2982	柏木	Cupressus funebris	柏科	柏木属	600	I	19558282	3765957	秋扒乡	雁坎村学校	
豫C2983	皂荚	Gleditsia sinensis	豆科	皂荚属	150	III	19559270	3766843	秋扒乡	雁坎村大松朵	
豫C2984	七叶树	Aesculus chinensis	七叶树科	七叶树属	150	III	19560020	3759133	秋扒乡	鸭石村上庄	
豫C2985	皂荚	Gleditsia sinensis	豆科	皂荚属	300	II	19559054	3760513	秋扒乡	鸭石村鸭石街	
豫C2986	皂荚	Gleditsia sinensis	豆科	皂荚属	200	III	19560064	3765509	秋扒乡	秋扒村下村	
豫C2987	橿子栎	Quercus baronii	壳斗科	栎属	300	II	19562310	3763872	秋扒乡	小河村纸坊	
豫C2988	皂荚	Gleditsia sinensis	豆科	皂荚属	150	III	19562474	3767807	秋扒乡	蒿坪村贾家村	
豫C2989	皂荚	Gleditsia sinensis	豆科	皂荚属	250	III	19560041	3767681	秋扒乡	秋扒村上村	
豫C2990	柏木	Cupressus funebris	柏科	柏木属	400	II	19560132	3766953	秋扒乡	秋扒村小学	
豫C2991	柏木	Cupressus funebris	柏科	柏木属	400	II	19560131	3766945	秋扒乡	秋扒村小学	
豫C2992	柏木	Cupressus funebris	柏科	柏木属	600	I	19560132	3766946	秋扒乡	秋扒村小学	
豫C2993	柏木	Cupressus funebris	柏科	柏木属	600	I	19560129	3766953	秋扒乡	秋扒村小学	
豫C2994	皂荚	Gleditsia sinensis	豆科	皂荚属	200	III	19559144	3772475	秋扒乡	北沟村下村	
豫C2995	橿子栎	Quercus baronii	壳斗科	栎属	400	II	19557511	3778043	秋扒乡	北沟村橿子树嘴	
豫C2996	国槐	Sophora japonica	豆科	槐属	500	I	19557537	3777533	秋扒乡	北沟村上岔	
豫C2997	槲栎	Quercus aliena	壳斗科	栎属	500	I	19560787	3778063	秋扒乡	北沟村六角沟门	
豫C2998	核桃	Juglans regia	胡桃科	胡桃属	150	III	19560692	3778062	秋扒乡	北沟村六角沟门	
豫C2999	毛梾木	Cornus walteri	山茱萸科	梾木属	200	III	19559383	3776491	秋扒乡	北沟村椋子树	
豫C3000	皂荚	Gleditsia sinensis	豆科	皂荚属	300	II	19559376	3776502	秋扒乡	北沟村椋子树	
豫C3001	白皮松	Pinus bungeana	松科	松属	300	II	19559355	3776414	秋扒乡	北沟村椋子树下	
豫C3002	橿子栎	Quercus baronii	壳斗科	栎属	200	III	19554342	3773396	秋扒乡	嶂峭村西坡	16
豫C3003	短柄枹树	Quercus glandulifera var. brevipetiolata	壳斗科	栎属	300	II	19578164	3733649	庙子镇	上沟村3组郭季娃门前	

编号	树种	拉丁名	科	属	树龄（年）	级别	GPS 横坐标	GPS 纵坐标	所在乡镇	位置	群株数
豫C3004	秋子梨	*Pyrus ussuriensis*	蔷薇科	梨属	120	III	19578184	3733718	庙子镇	上沟村3组	
豫C3005	银杏	*Ginkgo biloba*	银杏科	银杏属	200	III	19576113	3732461	庙子镇	桃园村5组	
豫C3006	银杏	*Ginkgo biloba*	银杏科	银杏属	200	III	19576113	3732461	庙子镇	桃园村5组	
豫C3007	南方红豆杉	*Taxus chinensis* var. *mairei*	红豆杉科	红豆杉属	200	I	19534150	3749037	陶湾镇	磨坪村东坡跟组刘同新门口	
豫C3008	黄连木	*Pistacia chinensis*	漆树科	黄连木属	300	II	19535956	3747151	陶湾镇	秋林村战场沟组秦家庄	
豫C3009	国槐	*Sophora japonica*	豆科	槐属	250	III	19574530	3732533	庙子镇	桃园村3组	
豫C3010	核桃	*Juglans regia*	胡桃科	胡桃属	200	III	19539031	3751633	陶湾镇	新立村前嘴	
豫C3011	旱柳	*Salix matsudana*	杨柳科	柳属	320	II	19539303	3750797	陶湾镇	新立村前村组下门	
豫C3012	核桃	*Juglans regia*	胡桃科	胡桃属	130	III	19574438	3732763	庙子镇	桃园村3组	
豫C3013	核桃	*Juglans regia*	胡桃科	胡桃属	260	III	19541283	3747195	陶湾镇	伊滨村11组北场	
豫C3014	栓皮栎	*Quercus variabilis*	壳斗科	栎属	150	III	19574065	3732980	庙子镇	桃园村2组郭家对门山	
豫C3015	核桃	*Juglans regia*	胡桃科	胡桃属	150	III	19574178	3732853	庙子镇	桃园村2组郭家院内	
豫C3016	短柄枹树	*Quercus glandulifera* var. *brevipetiolata*	壳斗科	栎属	250	III	19564690	3734632	庙子镇	卡房村蛮子营王清法房后	
豫C3017	化香树	*Platycarya strobilacea*	胡桃科	化香树属	150	III	19544176	3764464	狮子庙镇	南沟门村姜沟梁组	
豫C3018	栓皮栎	*Quercus variabilis*	壳斗科	栎属	200	III	19568912	3731909	庙子镇	庄子村5组76号家庭宾馆附近	
豫C3019	短柄枹树	*Quercus glandulifera* var. *brevipetiolata*	壳斗科	栎属	200	III	19568912	3731909	庙子镇	庄子村5组陈根有房后	
豫C3020	短柄枹树	*Quercus glandulifera* var. *brevipetiolata*	壳斗科	栎属	200	III	19568912	3731909	庙子镇	庄子村5组陈根有房后	
豫C3021	旱柳	*Salix matsudana*	杨柳科	柳属	150	III	19568874	3732093	庙子镇	庄子村5组跳八里美食村河边	
豫C3022	旱柳	*Salix matsudana*	杨柳科	柳属	200	III	19569732	3733581	庙子镇	庄子村3组小北沟口	
豫C3023	栓皮栎	*Quercus variabilis*	壳斗科	栎属	500	I	19570102	3733731	庙子镇	庄子村8组灰菜沟北沟	
豫C3024	皂荚	*Gleditsia sinensis*	豆科	皂荚属	120	III	19570318	3733329	庙子镇	庄子村9组灰菜沟上沟	
豫C3025	皂荚	*Gleditsia sinensis*	豆科	皂荚属	150	III	19570297	3733353	庙子镇	庄子村9组郭怀玉门前	
豫C3026	旱柳	*Salix matsudana*	杨柳科	柳属	250	III	19567796	3734646	庙子镇	庄子村1组小竹园沟	
豫C3027	国槐	*Sophora japonica*	豆科	槐属	350	II	19545220	3768023	狮子庙镇	许沟村一组许沟门	
豫C3028	白皮松	*Pinus bungeana*	松科	松属	500	I	19545216	3767926	狮子庙镇	许沟村一组南阴坡	
豫C3029	旱柳	*Salix matsudana*	杨柳科	柳属	150	III	19557522	3777910	秋扒乡	北沟村十组青冈树嘴河边	
豫C3030	旱柳	*Salix matsudana*	杨柳科	柳属	200	III	19571634	3745810	庙子镇	上河村4组张长锟门口	

（续）

编号	树种	拉丁名	科	属	树龄（年）	级别	GPS 横坐标	GPS 纵坐标	所在乡镇	位置	群株数
豫C3031	黄连木	Pistacia chinensis	漆树科	黄连木属	150	III	19570909	3746776	庙子镇	下河村村委会旁边	
豫C3032	黄连木	Pistacia chinensis	漆树科	黄连木属	150	III	19551270	3771579	狮子庙镇	孤山村竹园边	
豫C3033	栓皮栎	Quercus variabilis	壳斗科	栎属	300	II	19566514	3746333	庙子镇	龙王幢村小则玉	
豫C3034	栓皮栎	Quercus variabilis	壳斗科	栎属	300	II	19566514	3746333	庙子镇	龙王幢村小则玉竹林里	
豫C3035	皂荚	Gleditsia sinensis	豆科	皂荚属	100	III	19564948	3735257	庙子镇	卡房村蛮子营王红伟老宅	
豫C3036	兴山榆	Ulmus bergmanniana	榆科	榆属	250	III	19564959	3735270	庙子镇	卡房村蛮子营王红伟老宅	
豫C3037	柿树	Diospyros kaki	柿树科	柿树属	110	III	19566858	3747634	庙子镇	龙王幢村黑沟口	
豫C3038	国槐	Sophora japonica	豆科	槐属	150	III	19566516	3747726	庙子镇	龙王幢村鸭石沟	
豫C3039	国槐	Sophora japonica	豆科	槐属	150	III	19564962	3735268	庙子镇	卡房村村蛮子营村	
豫C3040	木瓜	Chaenomeles sinensis	蔷薇科	木瓜属	150	III	19566869	3748103	庙子镇	龙王幢村鸭石沟	
豫C3041	枣树	Ziziphus jujuba	鼠李科	枣属	150	III	19567211	3747357	庙子镇	龙王幢村鸭石沟	
豫C3042	核桃	Juglans regia	胡桃科	胡桃属	120	III	19564800	3734586	庙子镇	卡房村蛮子营5组	
豫C3043	侧柏	Platycladus orientalis	柏科	侧柏属	400	II	19566815	3743395	庙子镇	英雄村村委门前	
豫C3044	皂荚	Gleditsia sinensis	豆科	皂荚属	200	III	19567946	3743316	庙子镇	英雄村2组鲁家门前	
豫C3045	黄连木	Pistacia chinensis	漆树科	黄连木属	130	III	19567931	3743995	庙子镇	英雄村5组孟建门前家竹园边	
豫C3046	黄连木	Pistacia chinensis	漆树科	黄连木属	120	III	19567981	3743946	庙子镇	英雄村5组孟建门前	
豫C3047	黄连木	Pistacia chinensis	漆树科	黄连木属	110	III	19567981	3743946	庙子镇	英雄村5组孟建门前	
豫C3048	皂荚	Gleditsia sinensis	豆科	皂荚属	120	III	19567981	3743946	庙子镇	英雄村5组孟建门前	
豫C3049	黄连木	Pistacia chinensis	漆树科	黄连木属	120	III	19567981	3743946	庙子镇	英雄村5组孟建门前	
豫C3050	侧柏	Platycladus orientalis	柏科	侧柏属	350	II	19566939	3739414	庙子镇	北凹村6组周古栾门前	
豫C3051	国槐	Sophora japonica	豆科	槐属	150	III	19570656	3738573	庙子镇	杨树底村9组张长有家门前	
豫C3052	皂荚	Gleditsia sinensis	豆科	皂荚属	200	III	19574983	3742442	庙子镇	龙潭村8组丁加臣门前	
豫C3053	核桃	Juglans regia	胡桃科	胡桃属	200	III	19575021	3742468	庙子镇	龙潭村8组丁加臣家附近	
豫C3054	皂荚	Gleditsia sinensis	豆科	皂荚属	150	III	19565158	3731965	庙子镇	蒿坪村上蒿坪周魁家附近	
豫C3055	板栗	Castanea mollissima	壳斗科	栗属	100	III	19565139	3731511	庙子镇	蒿坪村上蒿坪竹园附近	
豫C3056	栓皮栎	Quercus variabilis	壳斗科	栎属	500	I	19568460	3750832	庙子镇	新南村黑石夹	
豫C3057	核桃	Juglans regia	胡桃科	胡桃属	350	II	19565109	3731588	庙子镇	蒿坪村上蒿坪竹园附近	

（续）

编号	树种	拉丁名	科	属	树龄（年）	级别	GPS 横坐标	GPS 纵坐标	所在乡镇	位置	群株数
豫C3058	槲栎	*Quercus aliena*	壳斗科	栎属	320	II	19537218	3740589	陶湾镇	红庙村关山沟贾留娃家门前	
豫C3059	国槐	*Sophora japonica*	豆科	槐属	250	III	19568484	3756123	庙子镇	北乡村墒沟组段克金门口	
豫C3060	黄连木	*Pistacia chinensis*	漆树科	黄连木属	500	I	19569493	3755730	庙子镇	北乡村马乐窝石建新家附近	
豫C3061	柿树	*Diospyros kaki*	柿树科	柿树属	200	III	19552753	3739126	栾川乡	双堂村20组胡国祥房后	
豫C3062	核桃	*Juglans regia*	胡桃科	胡桃属	200	III	19553283	3738947	栾川乡	双堂村19组姬马虎老房子门前	
豫C3063	白皮松	*Pinus bungeana*	松科	松属	230	III	19553264	3739120	栾川乡	双堂村19组关更太房后	
豫C3064	皂荚	*Gleditsia sinensis*	豆科	皂荚属	200	III	19551686	3740610	栾川乡	双堂村6组王岳门前	
豫C3065	橿子栎	*Quercus baronii*	壳斗科	栎属	200	III	19553961	3742110	栾川乡	后坪村1组余松旺门前	
豫C3066	皂荚	*Gleditsia sinensis*	豆科	皂荚属	350	II	19558523	3738734	栾川乡	罗庄村小南沟刑之见门前	
豫C3067	银杏	*Ginkgo biloba*	银杏科	银杏属	600	I	19562266	3736339	栾川乡	寨沟村1组张瑞祥家附近	
豫C3068	木瓜	*Chaenomeles sinensis*	蔷薇科	木瓜属	110	III	19560795	3736866	栾川乡	寨沟村1组刘小健老房子附近	
豫C3069	核桃	*Juglans regia*	胡桃科	胡桃属	150	III	19562755	3738793	栾川乡	养子口村7组橡胶场附近	
豫C3070	核桃	*Juglans regia*	胡桃科	胡桃属	140	III	19562738	3738750	栾川乡	养子口村7组橡胶场附近	
豫C3071	国槐	*Sophora japonica*	豆科	槐属	200	III	19563781	3740713	栾川乡	范营村11组李恒春房后	
豫C3072	皂荚	*Gleditsia sinensis*	豆科	皂荚属	300	II	19560871	3740252	栾川乡	朝阳村3组张向武院内	
豫C3073	木瓜	*Chaenomeles sinensis*	蔷薇科	木瓜属	200	III	19560228	3741091	栾川乡	朝阳村1组常家沟沟口	
豫C3074	七叶树	*Aesculus chinensis*	七叶树科	七叶树属	200	III	19560532	3741106	栾川乡	朝阳村2组三官庙附近	
豫C3075	侧柏	*Platycladus orientalis*	柏科	侧柏属	350	II	19561133	3741115	栾川乡	朝阳12组高照峰房后	
豫C3076	紫薇	*Lagerstroemia indica*	千屈菜科	紫薇属	150	III	19579860	3739941	栾川乡	七里坪村6组杨植龙院内	
豫C3077	匙叶栎	*Quercus spathulata*	壳斗科	栎属	800	I	19558901	3740511	栾川乡	七里坪村煤窑沟口画眉山顶	
豫C3078	冬青	*Ilex chinensis*	冬青科	冬青属	200	III	19558144	3741803	栾川乡	七里坪村煤窑沟	
豫C3079	冬青	*Ilex chinensis*	冬青科	冬青属	400	II	19558158	3741780	栾川乡	七里坪村煤窑沟	
豫C3080	栓皮栎	*Quercus variabilis*	壳斗科	栎属	300	II	19558158	3741780	栾川乡	七里坪村煤窑沟	
豫C3081	华山松	*Pinus armandii*	松科	松属	130	III	19559114	3732530	老君山林场	马鬃岭马尾巴	
豫C3082	连香树	*Cercidiphyllum japonicum*	连香树科	连香树属	180	III	19558606	3732766	老君山林场	八戒石下擎天柱	
豫C3083	白玉兰	*Magnolia denudata*	木兰科	木兰属	1000	I	19558347	3772692	老君山林场	老君山追梦谷	
豫C3084	铁杉	*Tsuga chinensis*	松科	铁杉属	200	III	19560840	3734559	老君山林场	寨沟大雁坎	

（续）

编号	树种	拉丁名	科	属	树龄（年）	级别	GPS 横坐标	GPS 纵坐标	所在乡镇	位置	群株数
豫C3085	南方红豆杉	*Taxus chinensis* var. *mairei*	红豆杉科	红豆杉属	125	I	19558344	3734806	老君山林场	老君山追梦谷	12
豫C3086	五角枫	*Acer mono*	槭树科	槭属	200	III	19558681	3732588	老君山林场	过风垭下西20m	48
豫C5227	冬青	*Ilex chinensis*	冬青科	冬青属	300	II	19557824	3740252	城关镇	耕莘东路一组后坡	3
豫C5228	黄连木	*Pistacia chinensis*	漆树科	黄连木属	260	III	19573125	3750825	庙子镇	新南村山岔	
豫C5229	栓皮栎	*Quercus variabilis*	壳斗科	栎属	150	III	19563950	3751925	庙子镇	大清沟杨庄大北沟	
豫C5230	栓皮栎	*Quercus variabilis*	壳斗科	栎属	150	III	19561333	3750875	庙子镇	大清沟杨庄庙岭	
豫C5231	栓皮栎	*Quercus variabilis*	壳斗科	栎属	150	III	19567875	3744425	庙子镇	英雄七组赵良家房后	
豫C5232	槲栎	*Quercus aliena*	壳斗科	栎属	200	III	19565772	3745891	庙子镇	龙王幢大则峪吕家门	
豫C5233	栓皮栎	*Quercus variabilis*	壳斗科	栎属	200	III	19564566	3746208	庙子镇	龙王幢大则峪庙上	
豫C5234	栓皮栎	*Quercus variabilis*	壳斗科	栎属	200	III	19564625	3746318	庙子镇	龙王幢大则峪沟门	
豫C5235	国槐	*Sophora japonica*	豆科	槐属	105	III	19576283	3749357	合峪镇	酒店大理评石门沟	
豫C5236	木瓜	*Chaenomeles sinensis*	蔷薇科	木瓜属	115	III	19576106	3748991	合峪镇	酒店大理评石门沟竹园内	
豫C5237	旱柳	*Salix matsudana*	杨柳科	柳属	100	III	19573815	3751993	合峪镇	酒店西沟	
豫C5238	槲栎	*Quercus aliena*	壳斗科	栎属	200	III	19585438	3741523	合峪镇	龙台俩坟组谢新成家房后	
豫C5239	茅栗	*Castanea seguinii*	壳斗科	栗属	100	III	19547146	3756877	合峪镇	杨沟门阳沟组	
豫C5240	黄连木	*Pistacia chinensis*	漆树科	黄连木属	300	II	19547242	3756742	合峪镇	杨沟门阳沟组	
豫C5241	栓皮栎	*Quercus variabilis*	壳斗科	栎属	100	III	19546924	3756335	合峪镇	杨沟门阳沟组	
豫C5242	旱柳	*Salix matsudana*	杨柳科	柳属	150	III	19548399	3749839	合峪镇	马丢村下马丢组	
豫C5243	油松	*Pinus tabulaeformis*	松科	松属	100	III	19548743	3749947	合峪镇	马丢村下马丢组	
豫C5244	垂柳	*Salix babylonica*	杨柳科	柳属	110	III	19582351	3746516	合峪镇	合峪村3组	
豫C5245	核桃	*Juglans regia*	胡桃科	胡桃属	200	III	19549110	3739309	石庙镇	观星村栗坪组	
豫C5246	柿树	*Diospyros kaki*	柿树科	柿树属	110	III	19549908	3750783	赤土店镇	刘竹村一组	
豫C5247	核桃	*Juglans regia*	胡桃科	胡桃属	150	III	19549837	3750783	赤土店镇	刘竹村一组	
豫C5248	核桃	*Juglans regia*	胡桃科	胡桃属	150	III	19549636	3750858	赤土店镇	刘竹村三组	
豫C5249	核桃	*Juglans regia*	胡桃科	胡桃属	650	I	19546451	3752277	赤土店镇	刘竹村九组	
豫C5250	核桃	*Juglans regia*	胡桃科	胡桃属	150	III	19547705	3752341	赤土店镇	刘竹村八组	
豫C5251	核桃	*Juglans regia*	胡桃科	胡桃属	150	III	19549084	3754059	赤土店镇	清和堂村徐秀珍地边	

（续）

编号	树种	拉丁名	科	属	树龄（年）	级别	GPS 横坐标	GPS 纵坐标	所在乡镇	位置	群株数
豫C5252	旱柳	*Salix matsudana*	杨柳科	柳属	100	III	19548894	3754013	赤土店镇	清和堂村徐秀英门前	
豫C5253	侧柏	*Platycladus orientalis*	柏科	侧柏属	100	III	19551319	3751331	赤土店镇	清和堂村下地组小老虎沟口	2012
豫C5254	秋子梨	*Pyrus ussuriensis*	蔷薇科	梨属	200	III	19550955	3756180	赤土店镇	花园村界岭组崔家老宅	
豫C5255	秋子梨	*Pyrus ussuriensis*	蔷薇科	梨属	300	II	19551455	3756077	赤土店镇	花园村西中组249省道边	
豫C5256	秋子梨	*Pyrus ussuriensis*	蔷薇科	梨属	250	III	19551755	3755927	赤土店镇	花园村西中组	
豫C5257	秋子梨	*Pyrus ussuriensis*	蔷薇科	梨属	250	III	19551745	3755967	赤土店镇	花园村西中组董家地边	
豫C5258	秋子梨	*Pyrus ussuriensis*	蔷薇科	梨属	700	I	19551992	3755917	赤土店镇	花园村西中组石家里沟	
豫C5259	核桃	*Juglans regia*	胡桃科	胡桃属	300	II	19551959	3755819	赤土店镇	花园村西中组石家沟口	
豫C5260	核桃	*Juglans regia*	胡桃科	胡桃属	400	II	19551933	3755730	赤土店镇	花园村赵全智房南	
豫C5261	核桃	*Juglans regia*	胡桃科	胡桃属	250	III	19551971	3755705	赤土店镇	花园村庙根组赵宝康房边	
豫C5262	南方红豆杉	*Taxus chinensis* var. *mairei*	红豆杉科	红豆杉属	600	I	19554094	3751275	赤土店镇	郭店村郭沟南疙瘩刘红家老宅	
豫C5263	南方红豆杉	*Taxus chinensis* var. *mairei*	红豆杉科	红豆杉属	250	I	19551956	3755700	赤土店镇	公主坪村没粮店组小羊圈外	
豫C5264	橿子栎	*Quercus baronii*	壳斗科	栎属	500	I	19561137	3753675	赤土店镇	公主坪村没粮店组宋张记老宅	
豫C5265	核桃	*Juglans regia*	胡桃科	胡桃属	250	III	19561138	3753681	赤土店镇	公主坪村没粮店组	
豫C5266	山楂	*Crataegus pinnatifida*	蔷薇科	山楂属	200	III	19559784	3753349	赤土店镇	公主坪村王平房后	
豫C5267	核桃	*Juglans regia*	胡桃科	胡桃属	150	III	19559866	3753270	赤土店镇	公主坪小木沟	
豫C5268	核桃	*Juglans regia*	胡桃科	胡桃属	200	III	19559866	3753270	赤土店镇	公主坪村桦树坪组胡长兴门头	
豫C5269	核桃	*Juglans regia*	胡桃科	胡桃属	300	II	19557482	3754091	赤土店镇	公主坪村上沟组常家沟	
豫C5270	香椿	*Toona sinensis*	楝科	香椿属	300	II	19557635	3754528	赤土店镇	公主坪村上沟组常家后沟口	
豫C5271	槲栎	*Quercus aliena*	壳斗科	栎属	250	III	19557631	3754527	赤土店镇	公主坪村桦树坪组与鸭池界	
豫C5272	小叶朴	*Celtis bungeana*	榆科	朴属	200	III	19552927	3747846	赤土店镇	赤土店村河西组	
豫C5273	核桃	*Juglans regia*	胡桃科	胡桃属	200	III	19543093	3747724	赤土店镇	赤土店村河西组	
豫C5274	皂荚	*Gleditsia sinensis*	豆科	皂荚属	250	III	19553046	3747666	赤土店镇	赤土店村河西组	
豫C5275	核桃	*Juglans regia*	胡桃科	胡桃属	200	III	19559345	3751628	赤土店镇	赤土店村疙瘩组武阳家门口	
豫C5276	核桃	*Juglans regia*	胡桃科	胡桃属	200	III	19554949	3749460	赤土店镇	赤土店村武红家门口	
豫C5277	核桃	*Juglans regia*	胡桃科	胡桃属	300	II	19554708	3748578	赤土店镇	赤土店村尤选地边	
豫C5278	银杏	*Ginkgo biloba*	银杏科	银杏属	300	II	19550683	3747853	赤土店镇	郭店村正沟南沟	

（续）

编号	树种	拉丁名	科	属	树龄(年)	级别	GPS 横坐标	纵坐标	所在乡镇	位置	群株数
豫C5279	油松	Pinus tabulaeformis	松科	松属	700	I	19537783	3755322	三川镇	三川新庄	
豫C5280	橿子栎	Quercus baronii	壳斗科	栎属	350	II	19550688	3747844	赤土店镇	白沙洞村庙根组东嘴上	
豫C5281	核桃	Juglans regia	胡桃科	胡桃属	200	III	19555546	3752785	赤土店镇	白沙洞村下沟组劳动沟口荆家门头	
豫C5282	核桃	Juglans regia	胡桃科	胡桃属	300	II	19555541	3752792	赤土店镇	白沙洞村下沟组劳动沟口	47
豫C5283	核桃	Juglans regia	胡桃科	胡桃属	270	III	19555541	3752792	赤土店镇	白沙洞村荆建文地边	
豫C5284	油松	Pinus tabulaeformis	松科	松属	120	III	19555499	3752673	赤土店镇	白沙洞村陈家后沟松树园	147
豫C5285	核桃	Juglans regia	胡桃科	胡桃属	250	III	19555694	3752304	赤土店镇	白沙洞村河东组后坪	
豫C5286	杏	Armeniaca vulgaris	蔷薇科	杏属	150	III	19555551	3752775	赤土店镇	白沙洞村下沟组牛家房后	
豫C5287	白皮松	Pinus bungeana	松科	松属	150	III	19555968	3744075	赤土店镇	竹园村河北组金新油厂堰上	
豫C5288	白皮松	Pinus bungeana	松科	松属	150	III	19555966	3744072	赤土店镇	竹园村河北组金家后坡	
豫C5289	白皮松	Pinus bungeana	松科	松属	150	III	19556024	3744029	赤土店镇	竹园村河北组金家后坡	
豫C5290	柿树	Diospyros kaki	柿树科	柿树属	280	III	19556024	3744029	赤土店镇	竹园村崔家沟口	
豫C5291	栓皮栎	Quercus variabilis	壳斗科	栎属	150	III	19555253	3742373	赤土店镇	竹园村观沟组崔斌家山墙头	
豫C5292	核桃	Juglans regia	胡桃科	胡桃属	250	III	19555256	3742359	赤土店镇	竹园村观沟组朱中文家院	
豫C5293	油松	Pinus tabulaeformis	松科	松属	130	III	19528060	3748577	叫河镇	叫河村瓦下组老牛洼	
豫C5294	柿树	Diospyros kaki	柿树科	柿树属	120	III	19527074	3749096	叫河镇	叫河村山根组前坡跟	
豫C5295	榆树	Ulmus pumila	榆科	榆属	200	III	19528409	3748127	叫河镇	东坡村碾道组后庄科	
豫C5296	槲栎	Quercus aliena	壳斗科	栎属	200	III	19521985	3750743	叫河镇	东坡村碾道组碾道对门	
豫C5297	栓皮栎	Quercus variabilis	壳斗科	栎属	300	II	19521200	3751598	叫河镇	新政村仓房组上仓房	
豫C5298	槲栎	Quercus aliena	壳斗科	栎属	350	II	19520049	3749114	叫河镇	新政村瓦石组大树嘴	
豫C5299	柿树	Diospyros kaki	柿树科	柿树属	100	III	19520024	3749139	叫河镇	新政村瓦石组瓦房庄上	
豫C5300	槲栎	Quercus aliena	壳斗科	栎属	160	III	19519998	3749140	叫河镇	新政村瓦石组瓦房庄上	
豫C5301	国槐	Sophora japonica	豆科	槐属	110	III	19521622	3752982	叫河镇	瓦石村西沟组上院	
豫C5302	榆树	Ulmus pumila	榆科	榆属	450	II	19521069	3754023	叫河镇	瓦石村西沟组大牛沟	
豫C5303	旱柳	Salix matsudana	杨柳科	柳属	350	II	19525634	3751407	叫河镇	六中村河西组瓦沟口	
豫C5304	白蜡	Fraxinus chinensis	木犀科	白蜡属	120	III	19524744	3755456	叫河镇	马阴村幢跟组幢上	
豫C5305	毛梾木	Cornus walteri	山茱萸科	梾木属	150	III	19527652	3754483	叫河镇	马阴村碾道组牛栾曼口	

（续）

编号	树种	拉丁名	科	属	树龄（年）	级别	GPS 横坐标	GPS 纵坐标	所在乡镇	位置	群株数
豫C5306	槲栎	*Quercus aliena*	壳斗科	栎属	180	Ⅲ	19525179	3742786	叫河镇	栗树沟村吊庄组庄上	
豫C5307	槲栎	*Quercus aliena*	壳斗科	栎属	150	Ⅲ	19525218	3742793	叫河镇	栗树沟村吊庄组庄上房后	
豫C5308	南方红豆杉	*Taxus chinensis* var. *mairei*	红豆杉科	红豆杉属	60	Ⅰ	19525115	3743106	叫河镇	栗树沟村吊庄组神庙	
豫C5309	油松	*Pinus tabulaeformis*	松科	松属	130	Ⅲ	19530379	3745573	叫河镇	黎明村二道岔组沟口	
豫C5310	国槐	*Sophora japonica*	豆科	槐属	120	Ⅲ	19529183	3745789	叫河镇	黎明村阳坡组张家庄	
豫C5311	油松	*Pinus tabulaeformis*	松科	松属	150	Ⅲ	19529323	3747085	叫河镇	叫河村河东组河东房后	
豫C5312	油松	*Pinus tabulaeformis*	松科	松属	120	Ⅲ	19520389	3748816	叫河镇	牛栾村村头村凤凰嘴	
豫C5313	油松	*Pinus tabulaeformis*	松科	松属	120	Ⅲ	19520389	3748817	叫河镇	牛栾村村头村凤凰嘴	
豫C5314	油松	*Pinus tabulaeformis*	松科	松属	120	Ⅲ	19524321	3749554	叫河镇	东坡村碾道组曹家沟	
豫C5315	油松	*Pinus tabulaeformis*	松科	松属	120	Ⅲ	19524320	3749550	叫河镇	东坡村碾道组曹家沟	
豫C5316	槲栎	*Quercus aliena*	壳斗科	栎属	150	Ⅲ	19521882	3747253	叫河镇	西新科大南沟尚家沟	
豫C5317	白皮松	*Pinus bungeana*	松科	松属	150	Ⅲ	19522708	3749327	叫河镇	西新科小马路组李留东房后	
豫C5318	油松	*Pinus tabulaeformis*	松科	松属	200	Ⅲ	19522761	3749407	叫河镇	西新科小马路组李留东房后	
豫C5319	皂荚	*Gleditsia sinensis*	豆科	皂荚属	120	Ⅲ	19524360	3748089	叫河镇	东新科窑上组老坟脑	
豫C5320	槲栎	*Quercus aliena*	壳斗科	栎属	120	Ⅲ	19526411	3741413	叫河镇	桦树坪村南泥湖组上庄	
豫C5321	槲栎	*Quercus aliena*	壳斗科	栎属	150	Ⅲ	19527440	3742465	叫河镇	桦树坪村南泥湖组龙脖	
豫C5322	茅栗	*Castanea seguinii*	壳斗科	栗属	100	Ⅲ	19527464	3747453	叫河镇	桦树坪村南泥湖组龙脖	
豫C5323	槲栎	*Quercus aliena*	壳斗科	栎属	100	Ⅲ	19527468	3742410	叫河镇	桦树坪村南泥湖组龙脖	
豫C5324	核桃	*Juglans regia*	胡桃科	胡桃属	200	Ⅲ	19530672	3751369	叫河镇	上牛栾村胡家庄组杨小健门前	
豫C5325	核桃	*Juglans regia*	胡桃科	胡桃属	110	Ⅲ	19526219	3746535	叫河镇	栗树沟村后村组代渠沟	
豫C5326	核桃	*Juglans regia*	胡桃科	胡桃属	140	Ⅲ	19525554	3743834	叫河镇	栗树沟村炉子组晚阳沟口	
豫C5327	核桃	*Juglans regia*	胡桃科	胡桃属	150	Ⅲ	19552591	3744293	叫河镇	栗树沟村换香沟组沟口	
豫C5328	核桃	*Juglans regia*	胡桃科	胡桃属	250	Ⅲ	19525877	3744255	叫河镇	栗树沟村竹园组姚小闹门前	
豫C5329	核桃	*Juglans regia*	胡桃科	胡桃属	120	Ⅲ	19526059	3745757	叫河镇	栗树沟村大潭组潭边	
豫C5330	核桃	*Juglans regia*	胡桃科	胡桃属	120	Ⅲ	19552619	3746149	叫河镇	栗树沟村后村组碾道沟	
豫C5331	油松	*Pinus tabulaeformis*	松科	松属	130	Ⅲ	19573799	3728189	龙峪湾林场	龙峪湾林场石笼沟脑	
豫C5332	华山松	*Pinus armandii*	松科	松属	100	Ⅲ	19573684	3728179	龙峪湾林场	龙峪湾林场红桦林	

（续）

编号	树种	拉丁名	科	属	树龄(年)	级别	GPS 横坐标	GPS 纵坐标	所在乡镇	位置	群株数
豫C5333	冬瓜杨	*Populus purdomii*	杨柳科	杨属	150	III	19573682	3728179	龙峪湾林场	龙峪湾林场黑龙潭	
豫C5334	暖木	*Meliosma veitchiorum*	清风藤科	泡花树属	100	III	19573424	3727848	龙峪湾林场	龙峪湾林场黑龙潭	
豫C5335	华榛	*Corylus chinensis*	桦木科	榛属	100	III	19573369	3727803	龙峪湾林场	龙峪湾林场黑龙潭	
豫C5336	连香树	*Cercidiphyllum japonicum*	连香树科	连香树属	120	III	19572491	3729266	龙峪湾林场	龙峪湾林场仙人谷	
豫C5337	太白杜鹃	*Rhododendron purdomii*	杜鹃花科	杜鹃属	200	III	19573008	3726349	龙峪湾林场	龙峪湾林场鸡角尖东锋	
豫C5338	红桦	*Betula albosinensis*	桦木科	桦木属	160	III	19573001	3726363	龙峪湾林场	龙峪湾林场鸡角尖东锋	
豫C5339	太白杜鹃	*Rhododendron purdomii*	杜鹃花科	杜鹃属	150	III	19573151	3726473	龙峪湾林场	龙峪湾林场鸡角尖东锋下	
豫C5340	红桦	*Betula albosinensis*	桦木科	桦木属	160	III	19573003	3726341	龙峪湾林场	龙峪湾林场鸡角尖东锋	
豫C5341	红桦	*Betula albosinensis*	桦木科	桦木属	150	III	19573005	3726347	龙峪湾林场	龙峪湾林场鸡角尖东锋	
豫C5342	红桦	*Betula albosinensis*	桦木科	桦木属	150	III	19573001	3726377	龙峪湾林场	龙峪湾林场鸡角尖东锋	
豫C5343	太白杜鹃	*Rhododendron purdomii*	杜鹃花科	杜鹃属	100	III	19573006	3726346	龙峪湾林场	龙峪湾林场鸡角尖东锋	
豫C5344	五角枫	*Acer mono*	槭树科	槭属	130	III	19573040	3726554	龙峪湾林场	龙峪湾林场鸡角尖东锋	
豫C5345	华榛	*Corylus chinensis*	桦木科	榛属	150	III	19573058	3726595	龙峪湾林场	龙峪湾林场五角岭	
豫C5346	太白杜鹃	*Rhododendron purdomii*	杜鹃花科	杜鹃属	150	III	19573234	3726738	龙峪湾林场	龙峪湾林场鸡角尖东锋下	
豫C5347	五角枫	*Acer mono*	槭树科	槭属	180	III	19573976	3726885	龙峪湾林场	龙峪湾林场五角岭	
豫C5348	槲栎	*Quercus aliena*	壳斗科	栎属	150	III	19573247	3726944	龙峪湾林场	龙峪湾林场青岗坪	
豫C5349	千金榆	*Carpinus cordata*	桦木科	鹅耳枥属	130	III	19573254	3726944	龙峪湾林场	龙峪湾林场青岗坪	
豫C5350	水曲柳	*Fraxinus mandshurica*	木犀科	白蜡属	115	III	19572787	3728475	龙峪湾林场	龙峪湾林场仙人谷出口	
豫C5351	连香树	*Cercidiphyllum japonicum*	连香树科	连香树属	150	III	19572446	3729031	龙峪湾林场	龙峪湾林场仙人谷	
豫C5352	连香树	*Cercidiphyllum japonicum*	连香树科	连香树属	150	III	19572434	3729044	龙峪湾林场	龙峪湾林场仙人谷	
豫C5353	水曲柳	*Fraxinus mandshurica*	木犀科	白蜡属	160	III	19572347	3729610	龙峪湾林场	龙峪湾林场后孤山	
豫C5354	槲栎	*Quercus aliena*	壳斗科	栎属	120	III	19572325	3729645	龙峪湾林场	龙峪湾林场后孤山	6
豫C5355	暖木	*Meliosma veitchiorum*	清风藤科	泡花树属	120	III	19572310	3729661	龙峪湾林场	龙峪湾林场后孤山	
豫C5356	水曲柳	*Fraxinus mandshurica*	木犀科	白蜡属	120	III	19572313	3729671	龙峪湾林场	龙峪湾林场后孤山	
豫C5357	水曲柳	*Fraxinus mandshurica*	木犀科	白蜡属	120	III	19572260	3729678	龙峪湾林场	龙峪湾林场后孤山	
豫C5358	水曲柳	*Fraxinus mandshurica*	木犀科	白蜡属	130	III	19572260	3729678	龙峪湾林场	龙峪湾林场后孤山	
豫C5359	槲栎	*Quercus aliena*	壳斗科	栎属	130	III	19572272	3729727	龙峪湾林场	龙峪湾林场后孤山	

（续）

编号	树种	拉丁名	科	属	树龄（年）	级别	GPS 横坐标	GPS 纵坐标	所在乡镇	位置	群株数
豫C5360	太白杜鹃	*Rhododendron purdomii*	杜鹃花科	杜鹃属	150	III	19573139	3726459	龙峪湾林场	龙峪湾林场鸡角尖东锋下	
豫C5361	华椴	*Tilia chinensis*	椴树科	椴树属	250	III	19558799	3732692	老君山林场	过风垭以上30m	
豫C5362	五角枫	*Acer mono*	槭树科	槭属	300	II	19558664	3732893	老君山林场		87
豫C5363	槲栎	*Quercus aliena*	壳斗科	栎属	350	II	19533997	3742076	老君山林场	老君山伊源林区阎王砭	920
豫C5364	槲栎	*Quercus aliena*	壳斗科	栎属	150	III	19533997	3742076	老君山林场	老君山伊源林区阎王砭	4300
豫C5365	华山松	*Pinus armandii*	松科	松属	150	III	19533997	3742076	老君山林场	老君山伊源林区阎王砭	1310
豫C5366	栓皮栎	*Quercus variabilis*	壳斗科	栎属	180	III	19563024	3781021	大坪林场	大坪牛心沟口	1400
豫C5367	水曲柳	*Fraxinus mandshurica*	木犀科	白蜡属	150	III	19563586	3780449	大坪林场	大坪穴子沟林区郭家门	32
豫C5368	橿子栎	*Quercus baronii*	壳斗科	栎属	130	III	19563075	3780936	大坪林场	大坪牛心沟口	2700
豫C5369	水曲柳	*Fraxinus mandshurica*	木犀科	白蜡属	120	III	19556475	3779316	大坪林场	西沟林区榛子沟口以下	26
豫C5370	望春玉兰	*Magnolia biondii*	木兰科	木兰属	120	III	19563174	3780980	大坪林场	大坪鸡冠石沟口	
豫C5371	茅栗	*Castanea seguinii*	壳斗科	栗属	150	III	19563582	3780433	大坪林场	大坪穴子沟郭家门	
豫C5372	油松	*Pinus tabulaeformis*	松科	松属	110	III	19544298	3743177	陶湾镇	常湾村3组咸池沟	
豫C5373	柏木	*Cupressus funebris*	柏科	柏木属	100	III	19540488	3740085	陶湾镇	红庙村娘娘庙小学院内	
豫C5374	柏木	*Cupressus funebris*	柏科	柏木属	100	III	19540486	3740096	陶湾镇	红庙村娘娘庙小学院内	
豫C5375	柏木	*Cupressus funebris*	柏科	柏木属	100	III	19540488	3740100	陶湾镇	红庙村娘娘庙小学院内	
豫C5376	柿树	*Diospyros kaki*	柿树科	柿树属	110	III	19538897	3750249	陶湾镇	么沟村马庄组大平地头	
豫C5377	槲栎	*Quercus aliena*	壳斗科	栎属	230	III	19549527	3760746	狮子庙镇	王府沟村幛跟组水泉洼	
豫C5378	刺柏	*Juniperus formosana*	柏科	刺柏属	220	III	19549587	3760726	狮子庙镇	王府沟村幛跟组水泉洼	
豫C5379	白皮松	*Pinus bungeana*	松科	松属	450	II	19549846	3773981	狮子庙镇	三官庙村前坪组	
豫C5380	橿子栎	*Quercus baronii*	壳斗科	栎属	800	I	19555401	3764837	狮子庙镇	朱家坪村桑树坪	
豫C5381	银杏	*Ginkgo biloba*	银杏科	银杏属	150	III	19554185	3763002	狮子庙镇	长庄村碾盘沟刘群老宅	
豫C5382	柏木	*Cupressus funebris*	柏科	柏木属	120	III	19554511	3740898	栾川乡	双堂村5组	
豫C5383	核桃	*Juglans regia*	胡桃科	胡桃属	100	III	19552273	3740916	栾川乡	双堂村11组	
豫C5384	柿树	*Diospyros kaki*	柿树科	柿树属	120	III	19551736	3745042	栾川乡	双堂村6组	
豫C5385	旱柳	*Salix matsudana*	杨柳科	柳属	110	III	19552181	3743596	栾川乡	双堂村5组黑小沟	
豫C5386	栓皮栎	*Quercus variabilis*	壳斗科	栎属	150	III	19557828	3736942	栾川乡	罗庄村9组邢来泉老宅房后	

（续）

编号	树种	拉丁名	科	属	树龄（年）	级别	GPS 横坐标	GPS 纵坐标	所在乡镇	位置	群株数
豫C5387	核桃	*Juglans regia*	胡桃科	胡桃属	200	III	19557628	3737142	栾川乡	罗庄村9组上坪小区后沟	
豫C5388	木瓜	*Chaenomeles sinensis*	蔷薇科	木瓜属	120	III	19559953	3738774	栾川乡	七里坪村19组	
豫C5389	皂荚	*Gleditsia sinensis*	豆科	皂荚属	110	III	19559744	3739194	栾川乡	七里坪村18组	
豫C5390	核桃	*Juglans regia*	胡桃科	胡桃属	110	III	19559884	3742005	栾川乡	百炉村3组	
豫C5391	核桃	*Juglans regia*	胡桃科	胡桃属	110	III	19559884	3742001	栾川乡	百炉村3组	
豫C5392	核桃	*Juglans regia*	胡桃科	胡桃属	200	III	19559883	3742296	栾川乡	百炉村4组	
豫C5393	油松	*Pinus tabulaeformis*	松科	松属	150	III	19559145	3743463	栾川乡	百炉村7组	
豫C5394	槲栎	*Quercus aliena*	壳斗科	栎属	500	I	19541850	3776418	白土镇	王梁沟村吊桥组八伙沟门	
豫C5395	毛梾木	*Cornus walteri*	山茱萸科	梾木属	150	III	19541844	3772073	白土镇	王梁沟村杨村组	
豫C5396	毛梾木	*Cornus walteri*	山茱萸科	梾木属	200	III	19542445	3769487	白土镇	王梁沟村前村组	
豫C5397	流苏树	*Chionanthus retusus*	木犀科	流苏树属	200	III	19542089	3774662	白土镇	王梁沟村吊桥组大台子坑	
豫C5398	七叶树	*Aesculus chinensis*	七叶树科	七叶树属	160	III	19541410	3765816	白土镇	歇脚店村前河组	
豫C5399	栓皮栎	*Quercus variabilis*	壳斗科	栎属	120	III	19540515	3765103	白土镇	歇脚店村菜地沟组	
豫C5400	核桃	*Juglans regia*	胡桃科	胡桃属	300	II	19542495	3770171	白土镇	王梁沟砂沟门	
豫C5401	黄连木	*Pistacia chinensis*	漆树科	黄连木属	200	III	19559765	3767075	秋扒乡	秋扒村西街	
豫C5402	黄连木	*Pistacia chinensis*	漆树科	黄连木属	200	III	19559764	3767072	秋扒乡	秋扒村西街	
豫C5403	核桃	*Juglans regia*	胡桃科	胡桃属	130	III	19559761	3767216	秋扒乡	秋扒村西街	
豫C5404	核桃	*Juglans regia*	胡桃科	胡桃属	150	III	19559761	3767216	秋扒乡	秋扒村西街	
豫C5405	核桃	*Juglans regia*	胡桃科	胡桃属	120	III	19560101	3767714	秋扒乡	秋扒村上村	
豫C5406	黄连木	*Pistacia chinensis*	漆树科	黄连木属	160	III	19559723	3767720	秋扒乡	秋扒村上村	
豫C5407	黄连木	*Pistacia chinensis*	漆树科	黄连木属	110	III	19559652	3767785	秋扒乡	秋扒村西坡根	
豫C5408	柿树	*Diospyros kaki*	柿树科	柿树属	150	III	19559660	3767723	秋扒乡	秋扒村西坡根	
豫C5409	黄连木	*Pistacia chinensis*	漆树科	黄连木属	130	III	19559745	3767740	秋扒乡	秋扒村西坡根	
豫C5410	柿树	*Diospyros kaki*	柿树科	柿树属	130	III	19560093	3768010	秋扒乡	秋扒村后坑	
豫C5411	柿树	*Diospyros kaki*	柿树科	柿树属	120	III	19560063	3768000	秋扒乡	秋扒村后坑	
豫C5412	柿树	*Diospyros kaki*	柿树科	柿树属	150	III	19559755	3768124	秋扒乡	秋扒村后坑	
豫C5413	核桃	*Juglans regia*	胡桃科	胡桃属	120	III	19560050	3768455	秋扒乡	秋扒村后坑	

编号	树种	拉丁名	科	属	树龄（年）	级别	GPS		所在乡镇	位置	群株数
							横坐标	纵坐标			
豫C5414	秋子梨	*Pyrus ussuriensis*	蔷薇科	梨属	110	Ⅲ	19560055	3768456	秋扒乡	秋扒村后坑	
豫C5415	核桃	*Juglans regia*	胡桃科	胡桃属	100	Ⅲ	19560067	3768456	秋扒乡	秋扒村后坑	
豫C5416	核桃	*Juglans regia*	胡桃科	胡桃属	120	Ⅲ	19560062	3768430	秋扒乡	秋扒村后坑	
豫C5417	秋子梨	*Pyrus ussuriensis*	蔷薇科	梨属	100	Ⅲ	19560028	3768436	秋扒乡	秋扒村后坑	
豫C5418	核桃	*Juglans regia*	胡桃科	胡桃属	130	Ⅲ	19560023	3768426	秋扒乡	秋扒村后坑	
豫C5419	核桃	*Juglans regia*	胡桃科	胡桃属	150	Ⅲ	19560020	3768344	秋扒乡	秋扒村后坑	
豫C5420	柿树	*Diospyros kaki*	柿树科	柿树属	125	Ⅲ	19560077	3768249	秋扒乡	秋扒村后坑	
豫C5421	核桃	*Juglans regia*	胡桃科	胡桃属	120	Ⅲ	19560339	3768196	秋扒乡	秋扒村后坑	
豫C5422	黄连木	*Pistacia chinensis*	漆树科	黄连木属	100	Ⅲ	19560335	3768140	秋扒乡	秋扒村后坑	
豫C5423	核桃	*Juglans regia*	胡桃科	胡桃属	100	Ⅲ	19560337	3768134	秋扒乡	秋扒村后坑	
豫C5424	核桃	*Juglans regia*	胡桃科	胡桃属	110	Ⅲ	19560291	3768196	秋扒乡	秋扒村后坑	
豫C5425	核桃	*Juglans regia*	胡桃科	胡桃属	150	Ⅲ	19560294	3768118	秋扒乡	秋扒村后坑	
豫C5426	核桃	*Juglans regia*	胡桃科	胡桃属	120	Ⅲ	19560316	3768083	秋扒乡	秋扒村后坑	
豫C5427	黄连木	*Pistacia chinensis*	漆树科	黄连木属	110	Ⅲ	19560346	3768087	秋扒乡	秋扒村后坑	
豫C5428	榆树	*Ulmus pumila*	榆科	榆属	100	Ⅲ	19560888	3768715	秋扒乡	秋扒村前岭	
豫C5429	榆树	*Ulmus pumila*	榆科	榆属	101	Ⅲ	19560888	3768692	秋扒乡	秋扒村前岭	
豫C5430	榆树	*Ulmus pumila*	榆科	榆属	110	Ⅲ	19560887	3768685	秋扒乡	秋扒村前岭	
豫C5431	榆树	*Ulmus pumila*	榆科	榆属	100	Ⅲ	19560885	3768669	秋扒乡	秋扒村前岭	
豫C5432	榆树	*Ulmus pumila*	榆科	榆属	100	Ⅲ	19560848	3768659	秋扒乡	秋扒村前岭	
豫C5433	国槐	*Sophora japonica*	豆科	槐属	100	Ⅲ	19560853	3768655	秋扒乡	秋扒村前岭	
豫C5434	黄连木	*Pistacia chinensis*	漆树科	黄连木属	100	Ⅲ	19560877	3768510	秋扒乡	秋扒村前岭	
豫C5435	柿树	*Diospyros kaki*	柿树科	柿树属	100	Ⅲ	19560823	3768517	秋扒乡	秋扒村前岭	
豫C5436	皂荚	*Gleditsia sinensis*	豆科	皂荚属	200	Ⅲ	19562573	3763894	秋扒乡	小河村纸房	
豫C5437	皂荚	*Gleditsia sinensis*	豆科	皂荚属	150	Ⅲ	19562568	3763894	秋扒乡	小河村纸房	
豫C5438	黄连木	*Pistacia chinensis*	漆树科	黄连木属	100	Ⅲ	19556013	3763512	秋扒乡	小河村纸房	
豫C5439	橿子栎	*Quercus baronii*	壳斗科	栎属	200	Ⅲ	19563020	3763510	秋扒乡	小河村纸房	
豫C5440	国槐	*Sophora japonica*	豆科	槐属	100	Ⅲ	19563009	3763502	秋扒乡	小河村纸房	

（续）

编号	树种	拉丁名	科	属	树龄（年）	级别	GPS 横坐标	GPS 纵坐标	所在乡镇	位置	群株数
豫C5441	黄连木	Pistacia chinensis	漆树科	黄连木属	100	III	19563003	3763510	秋扒乡	小河村纸房	
豫C5442	国槐	Sophora japonica	豆科	槐属	150	III	19562992	3763499	秋扒乡	小河村纸房	
豫C5443	黄连木	Pistacia chinensis	漆树科	黄连木属	100	III	19562978	3763490	秋扒乡	小河村纸房	
豫C5444	橿子栎	Quercus baronii	壳斗科	栎属	400	II	19562980	3763486	秋扒乡	小河村纸房	
豫C5445	黄连木	Pistacia chinensis	漆树科	黄连木属	100	III	19562950	3763464	秋扒乡	小河村纸房	
豫C5446	皂荚	Gleditsia sinensis	豆科	皂荚属	100	III	19562957	3763416	秋扒乡	小河村纸房	
豫C5447	国槐	Sophora japonica	豆科	槐属	100	III	19563013	3763466	秋扒乡	小河村纸房	
豫C5448	黄连木	Pistacia chinensis	漆树科	黄连木属	300	II	19562293	3763795	秋扒乡	小河村纸房	
豫C5449	青檀	Pteroceltis tatarinowii	榆科	青檀属	200	III	19562300	3763795	秋扒乡	小河村纸房	
豫C5450	橿子栎	Quercus baronii	壳斗科	栎属	250	III	19562312	3763812	秋扒乡	小河村纸房	
豫C5451	黄连木	Pistacia chinensis	漆树科	黄连木属	100	III	19554481	3772614	秋扒乡	嶂峭村寨沟门	
豫C5452	橿子栎	Quercus baronii	壳斗科	栎属	120	III	19554565	3772460	秋扒乡	嶂峭村寨沟门	
豫C5453	黄连木	Pistacia chinensis	漆树科	黄连木属	100	III	19554461	3771480	秋扒乡	嶂峭村寨沟门	
豫C5454	黄连木	Pistacia chinensis	漆树科	黄连木属	150	III	19554914	3775539	秋扒乡	嶂峭村寨沟门	
豫C5455	黄连木	Pistacia chinensis	漆树科	黄连木属	100	III	19554825	3771058	秋扒乡	嶂峭村寨沟门	
豫C5456	黄连木	Pistacia chinensis	漆树科	黄连木属	110	III	19554527	3771274	秋扒乡	嶂峭村寨沟门	
豫C5457	核桃	Juglans regia	胡桃科	胡桃属	150	III	19559625	3770488	秋扒乡	北沟村古石坪	
豫C5458	核桃	Juglans regia	胡桃科	胡桃属	120	III	19559784	3740479	秋扒乡	北沟村古石坪	
豫C5459	核桃	Juglans regia	胡桃科	胡桃属	120	III	19559534	3770837	秋扒乡	北沟村古石坪	
豫C5460	核桃	Juglans regia	胡桃科	胡桃属	100	III	19559494	3770722	秋扒乡	北沟村古石坪	
豫C5461	核桃	Juglans regia	胡桃科	胡桃属	110	III	19559487	3770687	秋扒乡	北沟村古石坪	
豫C5462	核桃	Juglans regia	胡桃科	胡桃属	100	III	19559489	3770675	秋扒乡	北沟村古石坪	
豫C5463	核桃	Juglans regia	胡桃科	胡桃属	100	III	19559488	3770683	秋扒乡	北沟村古石坪	
豫C5464	核桃	Juglans regia	胡桃科	胡桃属	200	III	19559530	3770640	秋扒乡	北沟村古石坪	
豫C5465	核桃	Juglans regia	胡桃科	胡桃属	200	III	19559444	3770737	秋扒乡	北沟村古石坪	
豫C5466	核桃	Juglans regia	胡桃科	胡桃属	120	III	19559444	3770343	秋扒乡	北沟村古石坪	
豫C5467	核桃	Juglans regia	胡桃科	胡桃属	100	III	19559393	3770745	秋扒乡	北沟村古石坪	

（续）

编号	树种	拉丁名	科	属	树龄（年）	级别	GPS 横坐标	GPS 纵坐标	所在乡镇	位置	群株数
豫C5468	核桃	*Juglans regia*	胡桃科	胡桃属	100	III	19559358	3770728	秋扒乡	北沟村古石坪	
豫C5469	核桃	*Juglans regia*	胡桃科	胡桃属	110	III	19558340	3770785	秋扒乡	北沟村古石坪	
豫C5470	核桃	*Juglans regia*	胡桃科	胡桃属	120	III	19559413	3770824	秋扒乡	北沟村古石坪	
豫C5471	榆树	*Ulmus pumila*	榆科	榆属	100	III	19559482	3770957	秋扒乡	北沟村古石坪	
豫C5472	柿树	*Diospyros kaki*	柿树科	柿树属	100	III	19559029	3771315	秋扒乡	北沟村河东组	
豫C5473	黄连木	*Pistacia chinensis*	漆树科	黄连木属	120	III	19559513	3771435	秋扒乡	北沟村河东组	
豫C5474	核桃	*Juglans regia*	胡桃科	胡桃属	100	III	19559491	3771587	秋扒乡	北沟村河东组	
豫C5475	黄连木	*Pistacia chinensis*	漆树科	黄连木属	100	III	19559502	3771603	秋扒乡	北沟村河东组	
豫C5476	柿树	*Diospyros kaki*	柿树科	柿树属	150	III	19559517	3771724	秋扒乡	北沟村河东组	
豫C5477	核桃	*Juglans regia*	胡桃科	胡桃属	120	III	19559545	3771641	秋扒乡	北沟村河东组	
豫C5478	核桃	*Juglans regia*	胡桃科	胡桃属	200	III	19559577	3771649	秋扒乡	北沟村河东组	
豫C5479	柿树	*Diospyros kaki*	柿树科	柿树属	100	III	19559591	3771645	秋扒乡	北沟村河东组	
豫C5480	柿树	*Diospyros kaki*	柿树科	柿树属	100	III	19559450	3771643	秋扒乡	北沟村河东组	
豫C5481	核桃	*Juglans regia*	胡桃科	胡桃属	120	III	19559294	3771360	秋扒乡	北沟村下河西	
豫C5482	黄连木	*Pistacia chinensis*	漆树科	黄连木属	100	III	19559162	3771915	秋扒乡	北沟村上河西	
豫C5483	柿树	*Diospyros kaki*	柿树科	柿树属	110	III	19559152	3771906	秋扒乡	北沟村上河西	
豫C5484	柿树	*Diospyros kaki*	柿树科	柿树属	120	III	19559111	3771951	秋扒乡	北沟村上河西	
豫C5485	黄连木	*Pistacia chinensis*	漆树科	黄连木属	120	III	19559286	3771972	秋扒乡	北沟村河东组	
豫C5486	黄连木	*Pistacia chinensis*	漆树科	黄连木属	100	III	19559202	3772219	秋扒乡	北沟村后村	
豫C5487	黄连木	*Pistacia chinensis*	漆树科	黄连木属	100	III	19559349	3772097	秋扒乡	北沟村后村	
豫C5488	黄连木	*Pistacia chinensis*	漆树科	黄连木属	110	III	19559343	3772149	秋扒乡	北沟村后村	
豫C5489	黄连木	*Pistacia chinensis*	漆树科	黄连木属	100	III	19559302	3772212	秋扒乡	北沟村后村	
豫C5490	核桃	*Juglans regia*	胡桃科	胡桃属	200	III	19559049	3772633	秋扒乡	北沟村后村	
豫C5491	黄连木	*Pistacia chinensis*	漆树科	黄连木属	100	III	19557869	3773897	秋扒乡	北沟村九月沟	
豫C5492	榔榆	*Ulmus parvifolia*	榆科	榆属	100	III	19558201	3773419	秋扒乡	北沟村九月沟	
豫C5493	核桃	*Juglans regia*	胡桃科	胡桃属	400	II	19559343	3771663	秋扒乡	北沟村槐树沟门	
豫C5494	白皮松	*Pinus bungeana*	松科	松属	100	III	19558165	3773387	秋扒乡	北沟村九月沟	

（续）

编号	树种	拉丁名	科	属	树龄（年）	级别	GPS 横坐标	GPS 纵坐标	所在乡镇	位置	群株数
豫C5495	核桃	*Juglans regia*	胡桃科	胡桃属	400	II	19560449	3759173	秋扒乡	鸭石村上庄组	
豫C5496	核桃	*Juglans regia*	胡桃科	胡桃属	300	II	19560461	3759169	秋扒乡	鸭石村上庄组	
豫C5497	秋子梨	*Pyrus ussuriensis*	蔷薇科	梨属	100	III	19559582	3759893	秋扒乡	鸭石村二道沟	
豫C5498	核桃	*Juglans regia*	胡桃科	胡桃属	200	III	19559211	3759901	秋扒乡	鸭石村路沟组	
豫C5499	核桃	*Juglans regia*	胡桃科	胡桃属	300	II	19555271	3769098	秋扒乡	黄岭村林家村	
豫C5500	黄连木	*Pistacia chinensis*	漆树科	黄连木属	150	III	19555081	3768532	秋扒乡	黄岭村林家村	
豫C5501	黄连木	*Pistacia chinensis*	漆树科	黄连木属	110	III	19562711	3769069	秋扒乡	蒿坪村后岭	
豫C5502	黄连木	*Pistacia chinensis*	漆树科	黄连木属	115	III	19562720	3769151	秋扒乡	蒿坪村后岭	
豫C5503	黄连木	*Pistacia chinensis*	漆树科	黄连木属	200	III	19562100	3769422	秋扒乡	蒿坪村后岭	
豫C5504	国槐	*Sophora japonica*	豆科	槐属	150	III	19562100	3769422	秋扒乡	蒿坪村后岭	
豫C5505	黄连木	*Pistacia chinensis*	漆树科	黄连木属	120	III	19562015	3769410	秋扒乡	蒿坪村后岭	
豫C5506	黄连木	*Pistacia chinensis*	漆树科	黄连木属	150	III	19562025	3769510	秋扒乡	蒿坪村后岭	
豫C5507	黄连木	*Pistacia chinensis*	漆树科	黄连木属	250	III	19562034	3769377	秋扒乡	蒿坪村后岭	
豫C5508	黄连木	*Pistacia chinensis*	漆树科	黄连木属	200	III	19562089	3769413	秋扒乡	蒿坪村后岭	
豫C5509	黄连木	*Pistacia chinensis*	漆树科	黄连木属	100	III	19561803	3766318	秋扒乡	蒿坪村后岭	
豫C5510	黄连木	*Pistacia chinensis*	漆树科	黄连木属	100	III	19562106	3765483	秋扒乡	蒿坪村后岭	
豫C5511	冬青	*Ilex chinensis*	冬青科	冬青属	1000	I	19562595	3766983	秋扒乡	蒿坪村杠子坪沟	
豫C5512	核桃	*Juglans regia*	胡桃科	胡桃属	110	III	19559838	3770057	秋扒乡	白岩寺村寺上组	
豫C5513	核桃	*Juglans regia*	胡桃科	胡桃属	120	III	19559819	3770111	秋扒乡	白岩寺村寺上组	
豫C5514	黄连木	*Pistacia chinensis*	漆树科	黄连木属	110	III	19559625	3770658	秋扒乡	白岩寺村寺上组	
豫C5515	核桃	*Juglans regia*	胡桃科	胡桃属	110	III	19559363	3770484	秋扒乡	白岩寺村寺上组	
豫C5516	核桃	*Juglans regia*	胡桃科	胡桃属	100	III	19559268	3770447	秋扒乡	白岩寺村寺上组	
豫C5517	核桃	*Juglans regia*	胡桃科	胡桃属	130	III	19559363	3770485	秋扒乡	白岩寺村寺上组	
豫C5518	黄连木	*Pistacia chinensis*	漆树科	黄连木属	100	III	19559654	3770508	秋扒乡	白岩寺村寺上组	
豫C5519	核桃	*Juglans regia*	胡桃科	胡桃属	100	III	19559202	3770442	秋扒乡	白岩寺村寺上组	
豫C5520	核桃	*Juglans regia*	胡桃科	胡桃属	120	III	19558978	3770237	秋扒乡	白岩寺村寺上组	
豫C5521	核桃	*Juglans regia*	胡桃科	胡桃属	120	III	19558978	3770237	秋扒乡	白岩寺村寺上组	

（续）

编号	树种	拉丁名	科	属	树龄（年）	级别	GPS 横坐标	GPS 纵坐标	所在乡镇	位置	群株数
豫C5522	黄连木	*Pistacia chinensis*	漆树科	黄连木属	120	III	19558990	3770207	秋扒乡	白岩寺村寺上组	
豫C5523	秋子梨	*Pyrus ussuriensis*	蔷薇科	梨属	120	III	19558006	3770496	秋扒乡	白岩寺村张坑	
豫C5524	黄连木	*Pistacia chinensis*	漆树科	黄连木属	200	III	19558703	3770723	秋扒乡	白岩寺村张坑	
豫C5525	黄连木	*Pistacia chinensis*	漆树科	黄连木属	150	III	19558020	3762911	秋扒乡	鸭石村2组杨树沟毛家	
豫C5526	岩栎	*Quercus acrodenta*	壳斗科	栎属	200	III	19560959	3768079	秋扒乡	秋扒乡关坪村	6
豫C5527	黄连木	*Pistacia chinensis*	漆树科	黄连木属	200	III	19554608	3771704	秋扒乡	嶂峭村2组	6
豫C5528	橿子栎	*Quercus baronii*	壳斗科	栎属	110	III	19554561	3772520	秋扒乡	秋扒乡嶂峭村	3
豫C5529	橿子栎	*Quercus baronii*	壳斗科	栎属	110	III	19554593	3772545	秋扒乡	秋扒乡嶂峭村	4
豫C5530	橿子栎	*Quercus baronii*	壳斗科	栎属	110	III	19554573	3772445	秋扒乡	秋扒乡嶂峭村	7
豫C5531	橿子栎	*Quercus baronii*	壳斗科	栎属	150	III	19554346	3773321	秋扒乡	秋扒乡嶂峭村	3
豫C5532	核桃	*Juglans regia*	胡桃科	胡桃属	100	III	19559602	3771679	秋扒乡	秋扒乡北沟河东	4
豫C5533	白皮松	*Pinus bungeana*	松科	松属	100	III	19558180	3773367	秋扒乡	秋扒乡北沟八组	4
豫C5534	黄连木	*Pistacia chinensis*	漆树科	黄连木属	100	III	19559277	3772227	秋扒乡	秋扒乡北沟后村	3
豫C5535	黄连木	*Pistacia chinensis*	漆树科	黄连木属	100	III	19559291	3776165	秋扒乡	秋扒乡北沟后村	3
豫C5536	核桃	*Juglans regia*	胡桃科	胡桃属	120	III	19558312	3778675	秋扒乡	秋扒乡北沟龙卧	38
豫C5537	核桃	*Juglans regia*	胡桃科	胡桃属	200	III	19561521	3777849	秋扒乡	秋扒乡北沟六只角	6
豫C5538	皂荚	*Gleditsia sinensis*	豆科	皂荚属	150	III	19566672	3763351	潭头镇	西坡村三组	
豫C5539	榆树	*Ulmus pumila*	榆科	榆属	100	III	19566690	3763254	潭头镇	西坡村三组	
豫C5540	黄连木	*Pistacia chinensis*	漆树科	黄连木属	300	II	19566693	3763396	潭头镇	西坡村三组	
豫C5541	黄连木	*Pistacia chinensis*	漆树科	黄连木属	400	II	19566717	3763414	潭头镇	西坡村三组	
豫C5542	柏木	*Cupressus funebris*	柏科	柏木属	140	III	19566431	3763459	潭头镇	西坡村四组	
豫C5543	柏木	*Cupressus funebris*	柏科	柏木属	100	III	19566426	3763477	潭头镇	西坡村四组	
豫C5544	黄连木	*Pistacia chinensis*	漆树科	黄连木属	120	III	19566458	3763406	潭头镇	西坡村四组	
豫C5545	黄连木	*Pistacia chinensis*	漆树科	黄连木属	150	III	19566463	3763394	潭头镇	西坡村四组	
豫C5546	黄连木	*Pistacia chinensis*	漆树科	黄连木属	200	III	19566484	3763417	潭头镇	西坡村四组	
豫C5547	国槐	*Sophora japonica*	豆科	槐属	100	III	19566519	3763466	潭头镇	西坡村四组	
豫C5548	柏木	*Cupressus funebris*	柏科	柏木属	300	II	19567017	3764009	潭头镇	西坡村七组	

（续）

编号	树种	拉丁名	科	属	树龄(年)	级别	GPS 横坐标	GPS 纵坐标	所在乡镇	位置	群株数
豫C5549	国槐	*Sophora japonica*	豆科	槐属	110	III	19567237	3762982	潭头镇	西坡村一组	
豫C5550	皂荚	*Gleditsia sinensis*	豆科	皂荚属	200	III	19567251	3762968	潭头镇	西坡村一组	
豫C5551	黄连木	*Pistacia chinensis*	漆树科	黄连木属	200	III	19572078	3756587	潭头镇	王坪村四组	
豫C5552	黄连木	*Pistacia chinensis*	漆树科	黄连木属	100	III	19571998	3756981	潭头镇	王坪村四组	
豫C5553	黄连木	*Pistacia chinensis*	漆树科	黄连木属	120	III	19571969	3755595	潭头镇	王坪村四组	
豫C5554	桧柏	*Sabina chinensis*	柏科	圆柏属	110	III	19571980	3795642	潭头镇	王坪村四组	
豫C5555	黄连木	*Pistacia chinensis*	漆树科	黄连木属	150	III	19572016	3756681	潭头镇	王坪村四组	
豫C5556	黄连木	*Pistacia chinensis*	漆树科	黄连木属	1000	I	19566625	3760025	潭头镇	垢峪村三组前岭	
豫C5557	黄连木	*Pistacia chinensis*	漆树科	黄连木属	200	III	19569878	3757521	潭头镇	王坪村六组	
豫C5558	国槐	*Sophora japonica*	豆科	槐属	150	III	19565788	3762843	潭头镇	何村村五组	
豫C5559	黄连木	*Pistacia chinensis*	漆树科	黄连木属	120	III	19561864	3762892	潭头镇	何村村三组	
豫C5560	黄连木	*Pistacia chinensis*	漆树科	黄连木属	130	III	19565521	3762924	潭头镇	何村村五组	
豫C5561	黄连木	*Pistacia chinensis*	漆树科	黄连木属	120	III	19565449	3762796	潭头镇	何村村五组	
豫C5562	国槐	*Sophora japonica*	豆科	槐属	110	III	19565434	3762802	潭头镇	何村村五组	
豫C5563	黄连木	*Pistacia chinensis*	漆树科	黄连木属	180	III	19565433	3762821	潭头镇	何村村五组	
豫C5564	冬青	*Ilex chinensis*	冬青科	冬青属	230	III	19568352	3765600	潭头镇	何村村五组	
豫C5565	黄连木	*Pistacia chinensis*	漆树科	黄连木属	130	III	19565564	3763117	潭头镇	何村村五组	
豫C5566	黄连木	*Pistacia chinensis*	漆树科	黄连木属	120	III	19565715	3763115	潭头镇	何村村五组	
豫C5567	青杨	*Populus cathayana*	杨柳科	杨属	120	III	19565057	3763104	潭头镇	何村村七组	
豫C5568	黄连木	*Pistacia chinensis*	漆树科	黄连木属	110	III	19565058	3763113	潭头镇	何村村七组	
豫C5569	黄连木	*Pistacia chinensis*	漆树科	黄连木属	140	III	19565053	3763159	潭头镇	何村村七组	
豫C5570	兴山榆	*Ulmus bergmanniana*	榆科	榆属	200	III	19565034	3763179	潭头镇	何村村七组	
豫C5571	黄连木	*Pistacia chinensis*	漆树科	黄连木属	230	III	19565038	3763058	潭头镇	何村村七组	
豫C5572	黄连木	*Pistacia chinensis*	漆树科	黄连木属	110	III	19564962	3763020	潭头镇	何村村七组	
豫C5573	黄连木	*Pistacia chinensis*	漆树科	黄连木属	100	III	19564964	3763016	潭头镇	何村村七组	
豫C5574	黄连木	*Pistacia chinensis*	漆树科	黄连木属	130	III	19564120	3763374	潭头镇	何村村八组里沟	
豫C5575	黄连木	*Pistacia chinensis*	漆树科	黄连木属	170	III	19564277	3763493	潭头镇	何村村八组里沟	

（续）

编号	树种	拉丁名	科	属	树龄（年）	级别	GPS 横坐标	GPS 纵坐标	所在乡镇	位置	群株数
豫C5576	皂荚	*Gleditsia sinensis*	豆科	皂荚属	160	Ⅲ	19567292	3754356	潭头镇	仓房村四组	
豫C5577	桂花	*Osmanthus fragrans*	木犀科	木犀属	130	Ⅲ	19569850	3765970	潭头镇	大王庙村孙合臣院内	
豫C5578	黄连木	*Pistacia chinensis*	漆树科	黄连木属	230	Ⅲ	19564401	3754004	潭头镇	仓房村四组登凹山	
豫C5579	核桃	*Juglans regia*	胡桃科	胡桃属	150	Ⅲ	19565187	3754389	潭头镇	仓房村四组李寺家沟	
豫C5580	旱柳	*Salix matsudana*	杨柳科	柳属	300	Ⅱ	19568898	3756070	庙子镇	北乡村一组	
豫C5581	皂荚	*Gleditsia sinensis*	豆科	皂荚属	200	Ⅲ	19565417	3754572	潭头镇	仓房村四组	
豫C5582	茅栗	*Castanea seguinii*	壳斗科	栗属	150	Ⅲ	19565673	3755117	潭头镇	仓房村四组	
豫C5583	槲栎	*Quercus aliena*	壳斗科	栎属	200	Ⅲ	19566128	3755582	潭头镇	仓房村四组	
豫C5584	岩栎	*Quercus acrodenta*	壳斗科	栎属	160	Ⅲ	19567059	3756200	潭头镇	仓房村四组	
豫C5585	岩栎	*Quercus acrodenta*	壳斗科	栎属	200	Ⅲ	19567139	3756371	潭头镇	仓房村四组	
豫C5586	岩栎	*Quercus acrodenta*	壳斗科	栎属	300	Ⅱ	19567169	3756361	潭头镇	仓房村四组	
豫C5587	岩栎	*Quercus acrodenta*	壳斗科	栎属	300	Ⅱ	19567182	3756849	潭头镇	重渡沟沟口	
豫C5588	皂荚	*Gleditsia sinensis*	豆科	皂荚属	110	Ⅲ	19570033	3765318	潭头镇	纸房村三组	
豫C5589	栓皮栎	*Quercus variabilis*	壳斗科	栎属	300	Ⅱ	19562411	3759175	潭头镇	垢峪村8组	
豫C5590	黄连木	*Pistacia chinensis*	漆树科	黄连木属	150	Ⅲ	19568888	3771562	潭头镇	大坪村三组	
豫C5591	黄连木	*Pistacia chinensis*	漆树科	黄连木属	200	Ⅲ	19569314	3771339	潭头镇	大坪村二组	
豫C5592	黄连木	*Pistacia chinensis*	漆树科	黄连木属	100	Ⅲ	19569225	3771321	潭头镇	大坪村二组	
豫C5593	黄连木	*Pistacia chinensis*	漆树科	黄连木属	150	Ⅲ	19569255	3771363	潭头镇	大坪村二组	
豫C5594	榆树	*Ulmus pumila*	榆科	榆属	150	Ⅲ	19569502	3771469	潭头镇	大坪村一组	
豫C5595	黄连木	*Pistacia chinensis*	漆树科	黄连木属	100	Ⅲ	19569568	3771412	潭头镇	大坪村一组	
豫C5596	黄连木	*Pistacia chinensis*	漆树科	黄连木属	100	Ⅲ	19569557	3771409	潭头镇	大坪村一组	
豫C5597	国槐	*Sophora japonica*	豆科	槐属	150	Ⅲ	19569590	3771406	潭头镇	大坪村一组	
豫C5598	黄连木	*Pistacia chinensis*	漆树科	黄连木属	160	Ⅲ	19569895	3771428	潭头镇	大坪村一组	
豫C5599	黄连木	*Pistacia chinensis*	漆树科	黄连木属	110	Ⅲ	19569688	3771434	潭头镇	大坪村一组	
豫C5600	黄连木	*Pistacia chinensis*	漆树科	黄连木属	200	Ⅲ	19569727	3771472	潭头镇	大坪村一组	
豫C5601	岩栎	*Quercus acrodenta*	壳斗科	栎属	160	Ⅲ	19569591	3771124	潭头镇	大坪村一组	
豫C5602	黄连木	*Pistacia chinensis*	漆树科	黄连木属	120	Ⅲ	19570119	3771440	潭头镇	大坪村	

（续）

编号	树种	拉丁名	科	属	树龄（年）	级别	GPS 横坐标	GPS 纵坐标	所在乡镇	位置	群株数
豫C5603	黄连木	*Pistacia chinensis*	漆树科	黄连木属	200	Ⅲ	19570048	3771411	潭头镇	大坪村	
豫C5604	黄连木	*Pistacia chinensis*	漆树科	黄连木属	180	Ⅲ	19570037	3771423	潭头镇	大坪村	
豫C5605	栓皮栎	*Quercus variabilis*	壳斗科	栎属	200	Ⅲ	19570023	3771441	潭头镇	大坪村一组	
豫C5606	国槐	*Sophora japonica*	豆科	槐属	110	Ⅲ	19570084	3771404	潭头镇	大坪村一组	
豫C5607	兴山榆	*Ulmus bergmanniana*	榆科	榆属	310	Ⅱ	19562422	3759175	潭头镇	垢峪村八组	
豫C5608	栓皮栎	*Quercus variabilis*	壳斗科	栎属	170	Ⅲ	19570024	3771505	潭头镇	大坪村	
豫C5609	橿子栎	*Quercus baronii*	壳斗科	栎属	120	Ⅲ	19568586	3771939	潭头镇	大坪村五组	
豫C5610	核桃	*Juglans regia*	胡桃科	胡桃属	110	Ⅲ	19568311	3772128	潭头镇	大坪村五组	
豫C5611	橿子栎	*Quercus baronii*	壳斗科	栎属	115	Ⅲ	19568308	3772094	潭头镇	大坪村五组	
豫C5612	兴山榆	*Ulmus bergmanniana*	榆科	榆属	120	Ⅲ	19568307	3772092	潭头镇	大坪村五组三湾	
豫C5613	橿子栎	*Quercus baronii*	壳斗科	栎属	130	Ⅲ	19568208	3772108	潭头镇	大坪村五组三湾	
豫C5614	橿子栎	*Quercus baronii*	壳斗科	栎属	135	Ⅲ	19568287	3772112	潭头镇	大坪村五组三湾	
豫C5615	槲栎	*Quercus aliena*	壳斗科	栎属	180	Ⅲ	19568164	3772295	潭头镇	大坪村五组三湾	
豫C5616	黄连木	*Pistacia chinensis*	漆树科	黄连木属	105	Ⅲ	19568199	3772253	潭头镇	大坪村五组三湾	
豫C5617	橿子栎	*Quercus baronii*	壳斗科	栎属	150	Ⅲ	19568269	3772224	潭头镇	大坪村五组三湾	
豫C5618	国槐	*Sophora japonica*	豆科	槐属	120	Ⅲ	19568098	3772436	潭头镇	大坪村五组三湾	
豫C5619	黄连木	*Pistacia chinensis*	漆树科	黄连木属	105	Ⅲ	19568074	3772344	潭头镇	大坪村五组三湾	
豫C5620	黄连木	*Pistacia chinensis*	漆树科	黄连木属	115	Ⅲ	19568051	3772268	潭头镇	大坪村五组三湾	
豫C5621	黄连木	*Pistacia chinensis*	漆树科	黄连木属	250	Ⅲ	19566320	3767000	潭头镇	马窑村二组	
豫C5622	黄连木	*Pistacia chinensis*	漆树科	黄连木属	110	Ⅲ	19568200	3768000	潭头镇	马窑村四组	
豫C5623	皂荚	*Gleditsia sinensis*	豆科	皂荚属	120	Ⅲ	19568500	3767500	潭头镇	石坷村二组	
豫C5624	黄连木	*Pistacia chinensis*	漆树科	黄连木属	110	Ⅲ	19569000	3766750	潭头镇	石坷村一组	
豫C5625	黄连木	*Pistacia chinensis*	漆树科	黄连木属	105	Ⅲ	19568580	3772156	潭头镇	大坪村四组东木起岭	
豫C5626	黄连木	*Pistacia chinensis*	漆树科	黄连木属	120	Ⅲ	19568458	3772198	潭头镇	大坪村四组东木起岭	
豫C5627	黄连木	*Pistacia chinensis*	漆树科	黄连木属	230	Ⅲ	19568542	3772149	潭头镇	大坪村四组东木起岭	
豫C5628	国槐	*Sophora japonica*	豆科	槐属	105	Ⅲ	19568566	3772139	潭头镇	大坪村四组东木起岭	
豫C5629	皂荚	*Gleditsia sinensis*	豆科	皂荚属	160	Ⅲ	19568578	3772127	潭头镇	大坪村四组东木起岭	

编号	树种	拉丁名	科	属	树龄（年）	级别	GPS 横坐标	GPS 纵坐标	所在乡镇	位置	群株数
豫C5630	黄连木	*Pistacia chinensis*	漆树科	黄连木属	105	III	19568581	3772149	潭头镇	大坪村四组东木起岭	
豫C5631	黄连木	*Pistacia chinensis*	漆树科	黄连木属	115	III	19568581	3772157	潭头镇	大坪村四组东木起岭	
豫C5632	黄连木	*Pistacia chinensis*	漆树科	黄连木属	120	III	19568729	3771791	潭头镇	大坪村四组疆子坪嘴	
豫C5633	黄连木	*Pistacia chinensis*	漆树科	黄连木属	105	III	19568714	3771811	潭头镇	大坪村四组疆子坪嘴	
豫C5634	黄连木	*Pistacia chinensis*	漆树科	黄连木属	115	III	19568488	3772096	潭头镇	大坪村四组东木起岭	
豫C5635	黄连木	*Pistacia chinensis*	漆树科	黄连木属	110	III	19568490	3771122	潭头镇	大坪村四组东木起岭	
豫C5636	黄连木	*Pistacia chinensis*	漆树科	黄连木属	120	III	19568482	3772175	潭头镇	大坪村四组东木起岭	
豫C5637	黄连木	*Pistacia chinensis*	漆树科	黄连木属	130	III	19568462	3772192	潭头镇	大坪村四组东木起岭	
豫C5638	栓皮栎	*Quercus variabilis*	壳斗科	栎属	200	III	19569132	3772461	潭头镇	大坪村四组当沟	
豫C5639	橿子栎	*Quercus baronii*	壳斗科	栎属	210	III	19569144	3772450	潭头镇	大坪村四组当沟	
豫C5640	栓皮栎	*Quercus variabilis*	壳斗科	栎属	380	II	19569179	3772440	潭头镇	大坪村四组当沟	
豫C5641	栓皮栎	*Quercus variabilis*	壳斗科	栎属	400	II	19569330	3772623	潭头镇	大坪村四组当沟	
豫C5642	黄连木	*Pistacia chinensis*	漆树科	黄连木属	370	II	19569070	3772526	潭头镇	大坪村四组当沟	
豫C5643	皂荚	*Gleditsia sinensis*	豆科	皂荚属	110	III	19571304	3763913	潭头镇	东山村五组北炭洼	
豫C5644	黄连木	*Pistacia chinensis*	漆树科	黄连木属	130	III	19571284	3763948	潭头镇	东山村五组北炭洼	
豫C5645	皂荚	*Gleditsia sinensis*	豆科	皂荚属	100	III	19570875	3764190	潭头镇	东山村五组北炭洼	
豫C5646	黄连木	*Pistacia chinensis*	漆树科	黄连木属	130	III	19570836	3764168	潭头镇	东山村五组北炭洼	
豫C5647	黄连木	*Pistacia chinensis*	漆树科	黄连木属	120	III	19571254	3764629	潭头镇	东山村六组	
豫C5648	黄连木	*Pistacia chinensis*	漆树科	黄连木属	130	III	19571327	3764759	潭头镇	东山村六组	
豫C5649	皂荚	*Gleditsia sinensis*	豆科	皂荚属	150	III	19571582	3764237	潭头镇	东山村四组	
豫C5650	黄连木	*Pistacia chinensis*	漆树科	黄连木属	110	III	19571536	3763189	潭头镇	赵庄村老鸦沟	
豫C5651	皂荚	*Gleditsia sinensis*	豆科	皂荚属	100	III	19571624	3763121	潭头镇	赵庄村	
豫C5652	柏木	*Cupressus funebris*	柏科	柏木属	130	III	19571509	3762744	潭头镇	赵庄村	
豫C5653	皂荚	*Gleditsia sinensis*	豆科	皂荚属	100	III	19570922	3763340	潭头镇	赵庄村西池组	
豫C5654	国槐	*Sophora japonica*	豆科	槐属	120	III	19570623	3763508	潭头镇	赵庄村下坪组	
豫C5655	黄连木	*Pistacia chinensis*	漆树科	黄连木属	300	II	19562411	3759175	潭头镇	垢峪村八组	
豫C5656	国槐	*Sophora japonica*	豆科	槐属	130	III	19568581	3760999	潭头镇	拔云岭村一组	

（续）

编号	树种	拉丁名	科	属	树龄（年）	级别	GPS 横坐标	GPS 纵坐标	所在乡镇	位置	群株数
豫C5657	黄连木	Pistacia chinensis	漆树科	黄连木属	110	III	19568115	3760301	潭头镇	拨云岭村二组	
豫C5658	黄连木	Pistacia chinensis	漆树科	黄连木属	115	III	19568103	3760233	潭头镇	拨云岭村二组	
豫C5659	柿树	Diospyros kaki	柿树科	柿树属	180	III	19568123	3760119	潭头镇	拨云岭村二组	
豫C5660	黄连木	Pistacia chinensis	漆树科	黄连木属	200	III	19567975	3760859	潭头镇	拨云岭村二组	
豫C5661	皂荚	Gleditsia sinensis	豆科	皂荚属	130	III	19565244	3760760	潭头镇	断滩村三组	
豫C5662	白皮松	Pinus bungeana	松科	松属	800	I	19542995	3767320	狮子庙镇	南沟门村松树岭	
豫C5663	皂荚	Gleditsia sinensis	豆科	皂荚属	110	III	19566728	3765655	潭头镇	马窑村	
豫C5664	栓皮栎	Quercus variabilis	壳斗科	栎属	150	III	19568908	3762613	潭头镇	柏枝崖村三组	
豫C5665	栓皮栎	Quercus variabilis	壳斗科	栎属	170	III	19562642	3757321	潭头镇	柏枝崖村三组	
豫C5666	黄连木	Pistacia chinensis	漆树科	黄连木属	110	III	19567432	3757799	潭头镇	柏枝崖六组	
豫C5667	黄连木	Pistacia chinensis	漆树科	黄连木属	160	III	19567368	3757819	潭头镇	柏枝崖六组	
豫C5668	黄连木	Pistacia chinensis	漆树科	黄连木属	130	III	19567138	3757749	潭头镇	柏枝崖六组王们	
豫C5669	白皮松	Pinus bungeana	松科	松属	200	III	19542984	3767354	狮子庙镇	南沟门村松树岭	
豫C5670	兴山榆	Ulmus bergmanniana	榆科	榆属	150	III	19562635	3769945	潭头镇	秋林村十组东大石沟	
豫C5671	黄连木	Pistacia chinensis	漆树科	黄连木属	150	III	19562790	3769982	潭头镇	秋林村十组东大石沟	
豫C5672	黄连木	Pistacia chinensis	漆树科	黄连木属	100	III	19562475	3772616	潭头镇	秋林村十三组安沟	
豫C5673	黄连木	Pistacia chinensis	漆树科	黄连木属	150	III	19564417	3765680	潭头镇	秋林村一组	
豫C5674	黄连木	Pistacia chinensis	漆树科	黄连木属	200	III	19562428	3759165	潭头镇	垢峪村八组	
豫C5675	栾树	Koelreuteria paniculata	无患子科	栾树属	300	II	19562426	3759164	潭头镇	垢峪村八组古山庙	
豫C5676	兴山榆	Ulmus bergmanniana	榆科	榆属	310	II	19562411	3759175	潭头镇	垢峪村八组古山庙	
豫C5677	流苏树	Chionanthus retusus	木犀科	流苏树属	300	II	19562413	3759177	潭头镇	垢峪村八组古山庙	
豫C5678	栓皮栎	Quercus variabilis	壳斗科	栎属	180	III	19561910	3759140	潭头镇	垢峪村八组西沟	
豫C5679	栓皮栎	Quercus variabilis	壳斗科	栎属	100	III	19561902	3759150	潭头镇	垢峪村八组西沟	
豫C5680	槲栎	Quercus aliena	壳斗科	栎属	120	III	19561901	3759148	潭头镇	垢峪村八组西沟	
豫C5681	栓皮栎	Quercus variabilis	壳斗科	栎属	100	III	19561918	3759147	潭头镇	垢峪村八组西沟	
豫C5682	岩栎	Quercus acrodenta	壳斗科	栎属	500	I	19561883	3759033	潭头镇	垢峪村八组	
豫C5683	黄连木	Pistacia chinensis	漆树科	黄连木属	130	III	19564923	3759083	潭头镇	小垢峪	

（续）

编号	树种	拉丁名	科	属	树龄（年）	级别	GPS 横坐标	GPS 纵坐标	所在乡镇	位置	群株数
豫C5684	黄连木	*Pistacia chinensis*	漆树科	黄连木属	100	III	19564872	3759089	潭头镇	小垢峪	
豫C5685	栓皮栎	*Quercus variabilis*	壳斗科	栎属	150	III	19563787	3773224	潭头镇	阳庄村四组	
豫C5686	槲栎	*Quercus aliena*	壳斗科	栎属	150	III	19563773	3773229	潭头镇	阳庄村四组	
豫C5687	槲栎	*Quercus aliena*	壳斗科	栎属	350	II	19563700	3773250	潭头镇	阳庄村四组	
豫C5688	槲栎	*Quercus aliena*	壳斗科	栎属	150	III	19563674	3773225	潭头镇	阳庄村四组	
豫C5689	槲栎	*Quercus aliena*	壳斗科	栎属	120	III	19563617	3773248	潭头镇	阳庄村四组	
豫C5690	槲栎	*Quercus aliena*	壳斗科	栎属	200	III	19563748	3773405	潭头镇	阳庄村四组	
豫C5691	槲栎	*Quercus aliena*	壳斗科	栎属	120	III	19563873	3773595	潭头镇	阳庄村四组	
豫C5692	槲栎	*Quercus aliena*	壳斗科	栎属	130	III	19563853	3773365	潭头镇	阳庄村四组	
豫C5693	栓皮栎	*Quercus variabilis*	壳斗科	栎属	250	III	19563836	3773655	潭头镇	阳庄村四组坡池坑	
豫C5694	槲栎	*Quercus aliena*	壳斗科	栎属	150	III	19563852	3773686	潭头镇	阳庄村四组坡跟对们	
豫C5695	槲栎	*Quercus aliena*	壳斗科	栎属	150	III	19563961	3773775	潭头镇	阳庄村四组前嘴上	
豫C5696	槲栎	*Quercus aliena*	壳斗科	栎属	150	III	19563981	3773792	潭头镇	阳庄村四组前嘴	
豫C5697	槲栎	*Quercus aliena*	壳斗科	栎属	200	III	19563993	3773800	潭头镇	阳庄村四组前嘴	
豫C5698	槲栎	*Quercus aliena*	壳斗科	栎属	180	III	19564008	3773813	潭头镇	阳庄村四组	
豫C5699	核桃	*Juglans regia*	胡桃科	胡桃属	200	III	19563782	3773881	潭头镇	阳庄村四组大板沟	
豫C5700	榆树	*Ulmus pumila*	榆科	榆属	180	III	19563757	3773888	潭头镇	阳庄村四组大板沟党老子宅前	
豫C5701	核桃	*Juglans regia*	胡桃科	胡桃属	100	III	19563727	3773908	潭头镇	阳庄村四组大板沟党老子宅前	
豫C5702	核桃	*Juglans regia*	胡桃科	胡桃属	100	III	19563697	3773923	潭头镇	阳庄村四组大板沟党老子宅前	
豫C5703	槲栎	*Quercus aliena*	壳斗科	栎属	180	III	19564065	3773950	潭头镇	阳庄村四组大板沟山神庙	
豫C5704	槲栎	*Quercus aliena*	壳斗科	栎属	220	III	19564202	3773708	潭头镇	阳庄村四组	
豫C5705	黄连木	*Pistacia chinensis*	漆树科	黄连木属	120	III	19568902	3762823	潭头镇	马窑村二组	
豫C5706	黄连木	*Pistacia chinensis*	漆树科	黄连木属	150	III	19566825	3766367	潭头镇	马窑村三组	
豫C5707	皂荚	*Gleditsia sinensis*	豆科	皂荚属	120	III	19566838	3776394	潭头镇	马窑村三组	
豫C5708	皂荚	*Gleditsia sinensis*	豆科	皂荚属	200	III	19566829	3766414	潭头镇	马窑村三组	
豫C5709	皂荚	*Gleditsia sinensis*	豆科	皂荚属	190	III	19566827	3766417	潭头镇	马窑村三组	
豫C5710	黄连木	*Pistacia chinensis*	漆树科	黄连木属	120	III	19566850	3766437	潭头镇	马窑村	

（续）

编号	树种	拉丁名	科	属	树龄(年)	级别	GPS 横坐标	GPS 纵坐标	所在乡镇	位置	群株数
豫C5711	黄连木	*Pistacia chinensis*	漆树科	黄连木属	280	III	19566790	3766316	潭头镇	马窑村三组	
豫C5712	皂荚	*Gleditsia sinensis*	豆科	皂荚属	150	III	19567105	3765409	潭头镇	马窑村六组	
豫C5713	皂荚	*Gleditsia sinensis*	豆科	皂荚属	150	III	19566981	3764713	潭头镇	张村村六组	
豫C5714	黄连木	*Pistacia chinensis*	漆树科	黄连木属	150	III	19566956	3764775	潭头镇	张村村六组谢洼	
豫C5715	国槐	*Sophora japonica*	豆科	槐属	300	II	19566832	3764602	潭头镇	张村村南头组	
豫C5716	橿子栎	*Quercus baronii*	壳斗科	栎属	120	III	19564069	3768208	潭头镇	秋林村小井沟	
豫C5717	栓皮栎	*Quercus variabilis*	壳斗科	栎属	120	III	19564069	3768208	潭头镇	秋林村小井沟	
豫C5718	槲栎	*Quercus aliena*	壳斗科	栎属	300	II	19563647	3769407	潭头镇	秋林村老包坡	
豫C5719	栓皮栎	*Quercus variabilis*	壳斗科	栎属	310	II	19563643	3769403	潭头镇	秋林村老包坡	
豫C5720	栓皮栎	*Quercus variabilis*	壳斗科	栎属	100	III	19563644	3769404	潭头镇	秋林村老包坡	
豫C5721	黄连木	*Pistacia chinensis*	漆树科	黄连木属	350	II	19563648	3769396	潭头镇	秋林村老包坡	
豫C5722	槲栎	*Quercus aliena*	壳斗科	栎属	400	II	19563647	3769394	潭头镇	秋林村老包坡	
豫C5723	黄连木	*Pistacia chinensis*	漆树科	黄连木属	120	III	19563718	3769027	潭头镇	阳庄村二组下屋	
豫C5724	黄连木	*Pistacia chinensis*	漆树科	黄连木属	120	III	19563718	3769128	潭头镇	阳庄村二组下屋	
豫C5725	黄连木	*Pistacia chinensis*	漆树科	黄连木属	100	III	19564474	3771506	潭头镇	阳庄村三组下沟口	
豫C5726	黄连木	*Pistacia chinensis*	漆树科	黄连木属	200	III	19564634	3771353	潭头镇	阳庄村三组	
豫C5727	黄连木	*Pistacia chinensis*	漆树科	黄连木属	100	III	19564903	3771089	潭头镇	阳庄村三组	
豫C5728	黄连木	*Pistacia chinensis*	漆树科	黄连木属	110	III	19564967	3771184	潭头镇	阳庄村三组	
豫C5729	黄连木	*Pistacia chinensis*	漆树科	黄连木属	100	III	19565376	3770992	潭头镇	阳庄村二组侯头	
豫C5730	岩栎	*Quercus acrodenta*	壳斗科	栎属	120	III	19562125	5652581	潭头镇	阳庄村一组	
豫C5731	橿子栎	*Quercus baronii*	壳斗科	栎属	300	II	19562000	5655000	潭头镇	阳庄村一组	
豫C5732	岩栎	*Quercus acrodenta*	壳斗科	栎属	120	III	19561375	5652500	潭头镇	阳庄村一组	
豫C5733	黄连木	*Pistacia chinensis*	漆树科	黄连木属	120	III	19560500	3765625	潭头镇	阳庄村木头岭	
豫C5734	槲栎	*Quercus aliena*	壳斗科	栎属	200	III	19563625	3756125	潭头镇	仓房村二组	
豫C5735	皂荚	*Gleditsia sinensis*	豆科	皂荚属	100	III	19563625	3756512	潭头镇	仓房村二组	
豫C5736	岩栎	*Quercus acrodenta*	壳斗科	栎属	100	III	19564500	3756250	潭头镇	仓房二组	
豫C5737	黄连木	*Pistacia chinensis*	漆树科	黄连木属	150	III	19566250	3756750	潭头镇	仓房三组	

（续）

编号	树种	拉丁名	科	属	树龄（年）	级别	GPS 横坐标	GPS 纵坐标	所在乡镇	位置	群株数
豫C5738	梧桐	*Firmiana simplex*	梧桐科	梧桐属	100	III	19566652	3756750	潭头镇	仓房三组	
豫C5739	黄连木	*Pistacia chinensis*	漆树科	黄连木属	300	II	19566500	3756700	潭头镇	仓房三组	
豫C5740	黄连木	*Pistacia chinensis*	漆树科	黄连木属	165	III	19568034	3772232	潭头镇	大坪村点沟门往里沟	15
豫C5741	黄连木	*Pistacia chinensis*	漆树科	黄连木属	160	III	19571836	3756117	潭头镇	王坪村从孟家洼到后岭	33
豫C5742	柏木	*Cupressus funebris*	柏科	柏木属	70	III	19569598	3464730	潭头镇	潭头附中院内	
豫C5743	柏木	*Cupressus funebris*	柏科	柏木属	70	III	19569598	3464730	潭头镇	潭头附中院内	
豫C5744	槲栎	*Quercus aliena*	壳斗科	栎属	350	II	19553851	3734054	老君山林场	岭壕林区炼平沟	6300
豫C5745	槲栎	*Quercus aliena*	壳斗科	栎属	180	III	19553851	3734054	老君山林场	岭壕林区炼平沟	2400
豫C5746	庙台槭	*Acer miaotaiense*	槭树科	槭属	80	III	19564071	3728834	龙峪湾林场	红石墙老311国道外侧	4
豫C5747	庙台槭	*Acer miaotaiense*	槭树科	槭属	80	III	19564356	3728618	龙峪湾林场	老311国道西峡界垭口10m处	15
豫C5748	核桃	*Juglans regia*	胡桃科	胡桃属	500	I	19529200	3757416	三川镇	火神庙村北沟口刘命家门前	
豫C5749	栓皮栎	*Quercus variabilis*	壳斗科	栎属	400	II	19529150	3758361	三川镇	火神庙村北沟废万财家房后	
豫C5750	柿树	*Diospyros kaki*	柿树科	柿树属	120	III	19531447	3768341	白土镇	白土村东头组东坡跟	
豫C5835	柿树	*Diospyros kaki*	柿树科	柿树属	120	III	19531447	3768372	白土镇	白土村东头组东坡跟	
豫C5836	柿树	*Diospyros kaki*	柿树科	柿树属	140	III	19538266	3769413	白土镇	白土村前村组河南地边	
豫C5837	柿树	*Diospyros kaki*	柿树科	柿树属	120	III	19536789	3773197	白土镇	草庙河村杏树坪组杏树坪	
豫C5838	柿树	*Diospyros kaki*	柿树科	柿树属	160	III	19537354	3772984	白土镇	草庙河村核桃树底组梁坡跟	
豫C5839	柿树	*Diospyros kaki*	柿树科	柿树属	170	III	19537355	3772984	白土镇	草庙河村核桃树底组核桃树底	
豫C5840	柿树	*Diospyros kaki*	柿树科	柿树属	160	III	19538673	3770247	白土镇	槲树庙上村组井边	
豫C5841	柿树	*Diospyros kaki*	柿树科	柿树属	160	III	19538644	3771171	白土镇	槲树庙上村组帮帮沟口	
豫C5842	柿树	*Diospyros kaki*	柿树科	柿树属	210	III	19538644	3771017	白土镇	槲树庙上村组后河	
豫C5843	柿树	*Diospyros kaki*	柿树科	柿树属	120	III	19537690	3772430	白土镇	康山村八组刘坡沟跟	
豫C5844	柿树	*Diospyros kaki*	柿树科	柿树属	160	III	19540705	3762891	白土镇	马鞍村下安组石岗口	
豫C5845	柿树	*Diospyros kaki*	柿树科	柿树属	160	III	19540629	3762644	白土镇	马鞍村下安组坑边	
豫C5846	柿树	*Diospyros kaki*	柿树科	柿树属	180	III	19540654	3762706	白土镇	马鞍村下安组学校背后	
豫C5847	柿树	*Diospyros kaki*	柿树科	柿树属	120	III	19538763	3767012	白土镇	马超营村建湾组新区	
豫C5848	柿树	*Diospyros kaki*	柿树科	柿树属	120	III	19538482	3766887	白土镇	马超营村建湾组老庙沟口	

（续）

编号	树种	拉丁名	科	属	树龄（年）	级别	GPS 横坐标	GPS 纵坐标	所在乡镇	位置	群株数
豫C5849	柿树	*Diospyros kaki*	柿树科	柿树属	170	III	19539303	3766706	白土镇	马超营村营西组三水沟口	
豫C5850	柿树	*Diospyros kaki*	柿树科	柿树属	170	III	19539303	3766730	白土镇	马超营村营西组三水沟口	
豫C5851	柿树	*Diospyros kaki*	柿树科	柿树属	170	III	19537738	3766761	白土镇	马超营村营西组三水沟口	
豫C5852	柿树	*Diospyros kaki*	柿树科	柿树属	140	III	19537764	3766761	白土镇	马超营村营西组三水沟口	
豫C5853	柿树	*Diospyros kaki*	柿树科	柿树属	120	III	19537583	3766976	白土镇	马超营村张庄组醋厂房后	
豫C5854	柿树	*Diospyros kaki*	柿树科	柿树属	100	III	19537300	3767283	白土镇	马超营村张庄组楼沟口	
豫C5855	柿树	*Diospyros kaki*	柿树科	柿树属	120	III	19537736	3767162	白土镇	马超营村营西组西头	
豫C5856	柿树	*Diospyros kaki*	柿树科	柿树属	120	III	19537788	3767069	白土镇	马超营村营西组西头	
豫C5857	柿树	*Diospyros kaki*	柿树科	柿树属	120	III	19537788	3767100	白土镇	马超营村营西组西头	
豫C5858	柿树	*Diospyros kaki*	柿树科	柿树属	120	III	19538173	3766978	白土镇	马超营村营东组二十亩地	
豫C5859	柿树	*Diospyros kaki*	柿树科	柿树属	160	III	19538378	3767041	白土镇	马超营村建湾组村委房后	
豫C5860	柿树	*Diospyros kaki*	柿树科	柿树属	200	III	19538508	3766636	白土镇	马超营村建湾组老庙沟口	
豫C5861	柿树	*Diospyros kaki*	柿树科	柿树属	160	III	19538481	3766759	白土镇	马超营村建湾组老庙沟口	
豫C5862	柿树	*Diospyros kaki*	柿树科	柿树属	190	III	19537660	3766879	白土镇	马超营村营西组三水沟口	
豫C5863	柿树	*Diospyros kaki*	柿树科	柿树属	170	III	19537558	3766848	白土镇	马超营村营西组裴家坡	
豫C5864	柿树	*Diospyros kaki*	柿树科	柿树属	180	III	19537942	3766787	白土镇	马超营村营西组三水沟口	
豫C5865	柿树	*Diospyros kaki*	柿树科	柿树属	190	III	19537789	3766726	白土镇	马超营村营西组三水沟口	
豫C5866	柿树	*Diospyros kaki*	柿树科	柿树属	120	III	19537711	3766818	白土镇	马超营村营西组三水沟口	
豫C5867	柿树	*Diospyros kaki*	柿树科	柿树属	170	III	19537275	3767000	白土镇	马超营村张庄组张庄村	
豫C5868	柿树	*Diospyros kaki*	柿树科	柿树属	200	III	19537146	3766938	白土镇	马超营村张庄组后沟印沟口	
豫C5869	柿树	*Diospyros kaki*	柿树科	柿树属	140	III	19537121	3766938	白土镇	马超营村张庄组后沟印沟口	
豫C5870	柿树	*Diospyros kaki*	柿树科	柿树属	210	III	19537121	3766938	白土镇	马超营村张庄组后沟印沟口	
豫C5871	柿树	*Diospyros kaki*	柿树科	柿树属	190	III	19537249	3766908	白土镇	马超营村张庄组上平	
豫C5872	柿树	*Diospyros kaki*	柿树科	柿树属	140	III	19537147	3766815	白土镇	马超营村张庄组后沟印	
豫C5873	柿树	*Diospyros kaki*	柿树科	柿树属	180	III	19537198	3766784	白土镇	马超营村张庄组后沟印	
豫C5874	柿树	*Diospyros kaki*	柿树科	柿树属	130	III	19537173	3766754	白土镇	马超营村张庄组后沟印	
豫C5875	柿树	*Diospyros kaki*	柿树科	柿树属	180	III	19537148	3766697	白土镇	马超营村张庄组后沟印	

（续）

编号	树种	拉丁名	科	属	树龄（年）	级别	GPS 横坐标	GPS 纵坐标	所在乡镇	位置	群株数
豫C5876	柿树	*Diospyros kaki*	柿树科	柿树属	200	Ⅲ	19537149	3766666	白土镇	马超营村张庄组后沟印	
豫C5877	柿树	*Diospyros kaki*	柿树科	柿树属	150	Ⅲ	19537044	3766943	白土镇	马超营村张庄组后沟印	
豫C5878	柿树	*Diospyros kaki*	柿树科	柿树属	130	Ⅲ	19537070	3767097	白土镇	马超营村张庄组阳坡跟	
豫C5879	柿树	*Diospyros kaki*	柿树科	柿树属	170	Ⅲ	19537351	3767160	白土镇	马超营村张庄组楼沟口	
豫C5880	柿树	*Diospyros kaki*	柿树科	柿树属	210	Ⅲ	19537429	3767099	白土镇	马超营村张庄组楼沟口	
豫C5881	柿树	*Diospyros kaki*	柿树科	柿树属	170	Ⅲ	19537506	3767068	白土镇	马超营村营西组西头	
豫C5882	柿树	*Diospyros kaki*	柿树科	柿树属	150	Ⅲ	19537608	3767099	白土镇	马超营村营西组西头	
豫C5883	柿树	*Diospyros kaki*	柿树科	柿树属	150	Ⅲ	19537659	3767130	白土镇	马超营村营西组西头	
豫C5884	柿树	*Diospyros kaki*	柿树科	柿树属	120	Ⅲ	19535274	3767090	白土镇	椴树村粉坊组树湾桥头	
豫C5885	柿树	*Diospyros kaki*	柿树科	柿树属	190	Ⅲ	19535299	3767121	白土镇	椴树村西地组树湾桥头	
豫C5886	柿树	*Diospyros kaki*	柿树科	柿树属	130	Ⅲ	19535171	3767152	白土镇	椴树村树湾组杨文岳门前	
豫C5887	柿树	*Diospyros kaki*	柿树科	柿树属	100	Ⅲ	19535350	3767152	白土镇	椴树村西地组六亩地前头	
豫C5888	柿树	*Diospyros kaki*	柿树科	柿树属	120	Ⅲ	19535710	3767092	白土镇	椴树村河北组广场边	
豫C5889	柿树	*Diospyros kaki*	柿树科	柿树属	120	Ⅲ	19535735	3767123	白土镇	椴树村河南组陈留明房后	
豫C5890	柿树	*Diospyros kaki*	柿树科	柿树属	180	Ⅲ	19535735	3767123	白土镇	椴树村河南组陈留明房后	
豫C5891	柿树	*Diospyros kaki*	柿树科	柿树属	130	Ⅲ	19535091	3767983	白土镇	椴树村河北组北沟后选厂房后	
豫C5892	柿树	*Diospyros kaki*	柿树科	柿树属	130	Ⅲ	19535349	3767645	白土镇	椴树村河北组杨铁家对门	
豫C5893	柿树	*Diospyros kaki*	柿树科	柿树属	150	Ⅲ	19542146	3775192	白土镇	王梁沟村吊桥组青冈坪	
豫C5894	柿树	*Diospyros kaki*	柿树科	柿树属	150	Ⅲ	19542146	3775161	白土镇	王梁沟村吊桥组青冈坪	
豫C5895	柿树	*Diospyros kaki*	柿树科	柿树属	150	Ⅲ	19542232	3771494	白土镇	王梁沟村老鱼台组前场	
豫C5896	柿树	*Diospyros kaki*	柿树科	柿树属	180	Ⅲ	19542241	3775223	白土镇	王梁沟村吊桥组青冈坪	
豫C5897	柿树	*Diospyros kaki*	柿树科	柿树属	150	Ⅲ	19542138	3775253	白土镇	王梁沟村吊桥组青冈坪	
豫C5898	柿树	*Diospyros kaki*	柿树科	柿树属	170	Ⅲ	19542549	3769370	白土镇	王梁沟村前村组老梁房后	
豫C5899	柿树	*Diospyros kaki*	柿树科	柿树属	200	Ⅲ	15425492	3769401	白土镇	王梁沟村前村组老梁房后	
豫C5900	柿树	*Diospyros kaki*	柿树科	柿树属	190	Ⅲ	19542586	3769492	白土镇	王梁沟村前村组春生门口	
豫C5901	柿树	*Diospyros kaki*	柿树科	柿树属	200	Ⅲ	19542568	3769429	白土镇	王梁沟村前村组老虎门外	
豫C5902	柿树	*Diospyros kaki*	柿树科	柿树属	200	Ⅲ	19542626	3769339	白土镇	王梁沟村前村组竹园旁边	

（续）

编号	树种	拉丁名	科	属	树龄(年)	级别	GPS 横坐标	GPS 纵坐标	所在乡镇	位置	群株数
豫C5903	柿树	*Diospyros kaki*	柿树科	柿树属	160	Ⅲ	19542469	3770201	白土镇	王梁沟村前村组金福门下	
豫C5904	柿树	*Diospyros kaki*	柿树科	柿树属	120	Ⅲ	19542471	3769739	白土镇	王梁沟村前村组小军门前	
豫C5905	柿树	*Diospyros kaki*	柿树科	柿树属	200	Ⅲ	19542471	3769739	白土镇	王梁沟村前村组小军门前	
豫C5906	柿树	*Diospyros kaki*	柿树科	柿树属	180	Ⅲ	19542445	3769708	白土镇	王梁沟村前村组小军门前	
豫C5907	柿树	*Diospyros kaki*	柿树科	柿树属	180	Ⅲ	19542417	3770232	白土镇	王梁沟村前村组柿凹沟门	
豫C5908	柿树	*Diospyros kaki*	柿树科	柿树属	140	Ⅲ	19542417	3770201	白土镇	王梁沟村前村组柿凹沟门	
豫C5909	柿树	*Diospyros kaki*	柿树科	柿树属	150	Ⅲ	19542443	3770170	白土镇	王梁沟村前村组柿凹沟门	
豫C5910	柿树	*Diospyros kaki*	柿树科	柿树属	200	Ⅲ	19542496	3769454	白土镇	王梁沟村前村组金福门下	
豫C5911	柿树	*Diospyros kaki*	柿树科	柿树属	140	Ⅲ	19542443	3770171	白土镇	王梁沟村前村组柿凹沟门	
豫C5912	柿树	*Diospyros kaki*	柿树科	柿树属	150	Ⅲ	19542469	3770140	白土镇	王梁沟村前村组柿凹沟门	
豫C5913	柿树	*Diospyros kaki*	柿树科	柿树属	160	Ⅲ	19542495	3770140	白土镇	王梁沟村前村组柿凹沟门	
豫C5914	柿树	*Diospyros kaki*	柿树科	柿树属	130	Ⅲ	19542390	3770540	白土镇	王梁沟村老鱼台组前坡跟	
豫C5915	柿树	*Diospyros kaki*	柿树科	柿树属	130	Ⅲ	19542415	3770725	白土镇	王梁沟村老鱼台组前坡跟建坡对门	
豫C5916	柿树	*Diospyros kaki*	柿树科	柿树属	160	Ⅲ	19542482	3771186	白土镇	王梁沟村老鱼台组王杰房后	
豫C5917	柿树	*Diospyros kaki*	柿树科	柿树属	160	Ⅲ	19542156	3771309	白土镇	王梁沟村老鱼台组王杰房后	
豫C5918	柿树	*Diospyros kaki*	柿树科	柿树属	190	Ⅲ	19542090	3774637	白土镇	王梁沟村吊桥组年成家门外	
豫C5919	柿树	*Diospyros kaki*	柿树科	柿树属	150	Ⅲ	19542417	3770356	白土镇	王梁沟村老鱼台组选厂上堰	
豫C5920	柿树	*Diospyros kaki*	柿树科	柿树属	150	Ⅲ	19525080	3770787	白土镇	王梁沟村吊桥组八伙沟	
豫C5921	柿树	*Diospyros kaki*	柿树科	柿树属	150	Ⅲ	19525076	3770796	白土镇	王梁沟村吊桥组八伙沟	
豫C5922	柿树	*Diospyros kaki*	柿树科	柿树属	140	Ⅲ	19525042	3768480	白土镇	王梁沟村杨村组杨村房后	
豫C5923	柿树	*Diospyros kaki*	柿树科	柿树属	110	Ⅲ	19540424	3768621	白土镇	葡沟村均地组南阴坡根	
豫C5924	柿树	*Diospyros kaki*	柿树科	柿树属	150	Ⅲ	19541498	3769365	白土镇	葡沟村河西组大坟	
豫C5925	柿树	*Diospyros kaki*	柿树科	柿树属	120	Ⅲ	19571470	3769766	白土镇	葡沟村粉坊组柿树梁坡跟	

栾川县古树名木分树种统计表

科	属	种	古树名木株数				散生古树				古树群			
			合计	I	II	III	小计	I	II	III	小计	I	II	III
			2060	18	17	2025	48	18	17	13	2012			2012
柏科	柏木属		19	5	5	9	19	5	5	9	0			
		柏木	19	5	5	9	19	5	5	9	0			
	侧柏属		2025	5	8	2012	13	5	8	0	2012			2012
		侧柏	2025	5	7	2012	13	5	8	0	2012			2012
	刺柏属		8	4	1	3	8	4	1	3	0			
		刺柏	8	4	1	3	8	4	1	3	0			
	圆柏属		8	4	3	1	8	4	3	1	0			
		桧柏	8	4	3	1	8	4	3	1	0			
冬青科	冬青属		9	2	5	2	6	2	2	2	3		3	
			9	2	5	2	6	2	2	2	3		3	
		冬青	9	2	5	2	6	2	2	2	3		3	
豆科			103	6	16	81	103	6	16	81	0			
	槐属		36	4	4	28	36	4	4	28	0			
		国槐	36	4	4	28	36	4	4	28	0			
	皂荚属		67	2	12	53	67	2	12	53	0			
		皂荚	67	2	12	53	67	2	12	53	0			
杜鹃花科			119	114	0	5	5			5	114	114		
	杜鹃花属		119	114	0	5	5			5	114	114		
		太白杜鹃	119	114	0	5	5			5	114	114		
椴树科			2	0	0	2	2			2	0			
	椴树属		2	0	0	2	2			2	0			
		华椴	1	0	0	1	1			1	0			
		少脉椴	1	0	0	1	1			1	0			
红豆杉科			16	16	0	0	4	4			12	12		
	红豆杉属		16	16	0	0	4	4			12	12		
		南方红豆杉	16	16	0	0	4	4			12	12		
胡桃科			264	2	60	202	141	2	13	126	123		47	76
	胡桃属		263	2	60	201	140	2	13	125	123		47	76
		核桃	263	2	60	201	140	2	13	125	123		47	76
	化香树属		1	0	0	1	1			1	0			
		化香树	1	0	0	1	1			1	0			
桦木科			7	0	0	7	7			7	0			

（续）

科	属	种	古树名木株数				散生古树				古树群			
			合计	I	II	III	小计	I	II	III	小计	I	II	III
桦木科	鹅耳枥属		1	0	0	1	1			1	0			
		千金榆	1	0	0	1	1			1	0			
	桦木属		4	0	0	4	4			4	0			
		红桦	4	0	0	4	4			4	0			
	榛属		2	0	0	2	2			2	0			
		华榛	2	0	0	2	2			2	0			
壳斗科			18350	18	7279	11053	166	18	50	98	18184		7229	10955
	栎属		18343	18	7279	11046	159	18	50	91	18184		7229	10955
		槲栎	14037	3	7231	6803	52	3	11	38	13985		7220	6765
		短柄枹树	5	0	2	3	5		2	3	0			
		橿子栎	2769	2	18	2749	23	2	9	12	2746		9	2737
		匙叶栎	1	1	0	0	1	1			0			
		麻栎	1	0	0	1	1			1	0			
		栓皮栎	1463	9	23	1431	63	9	23	31	1400			1400
		岩栎	67	3	5	59	14	3	5	6	53			53
	栗属		7	0	0	7	7			7	0			
		茅栗	6	0	0	6	6			6	0			
		板栗	1	0	0	1	1			1	0			
连香树科	连香树属		5	1	0	4	5	1		4	0			
		连香树	5	1	0	4	5	1		4	0			
楝科	香椿属		1	0	1	0	1		1		0			
		香椿	1	0	1	0	1		1		0			
木兰科	木兰属		3	1	0	2	3	1		2	0			
		白玉兰	2	1	0	1	2	1		1	0			
		望春玉兰	1	0	0	1	1			1	0			
木犀科			68	1	1	66	10	1	1	8	58			58
	白蜡属		64	0	0	64	6			6	58			58
		白蜡	1	0	0	1	1			1	0			
		水曲柳	63	0	0	63	5			5	58			58
	流苏树属		3	1	1	1	3	1	1	1	0			
		流苏树	3	1	1	1	3	1	1	1	0			
	木犀属		1	0	0	1	1			1	0			
		桂花	1	0	0	1	1			1	0			

科	属	种	古树名木株数				散生古树				古树群			
			合计	I	II	III	小计	I	II	III	小计	I	II	III
七叶树科	七叶树属		6	1	2	3	6	1	2	3	0			
		七叶树	6	1	2	3	6	1	2	3	0			
槭树科	槭属		158	1	87	70	4	1		3	154		87	67
			158	1	87	70	4	1		3	154		87	67
		庙台槭	19	0	0	19	0				19			19
		五角枫	139	1	87	51	4	1		3	135		87	48
漆树科	黄连木属		221	5	10	206	161	5	10	146	60			60
			220	5	9	206	160	5	9	146	60			60
		黄连木	220	5	9	206	160	5	9	146	60			60
	黄栌属		1	0	1	0	1		1		0			
		黄栌	1	0	1	0	1		1		0			
千屈菜科	紫薇属		1	0	0	1	1			1	0			
			1	0	0	1	1			1	0			
		紫薇	1	0	0	1	1			1	0			
蔷薇科	梨属		21	1	1	19	21	1	1	19	0			
			10	1	1	8	10	1	1	8	0			
		秋子梨	10	1	1	8	10	1	1	8	0			
	木瓜属		6	0	0	6	6			6	0			
		木瓜	6	0	0	6	6			6	0			
	山楂属		1	0	0	1	1			1	0			
		山楂	1	0	0	1	1			1	0			
	桃属		1	0	0	1	1			1	0			
		桃	1	0	0	1	1			1	0			
	杏属		3	0	0	3	3			3	0			
		杏	3	0	0	3	3			3	0			
清风藤科	泡花树属		2	0	0	2	2			2	0			
			2	0	0	2	2			2	0			
		暖木	2	0	0	2	2			2	0			
桑科	桑属		2	1	0	1	2	1		1	0			
			2	1	0	1	2	1		1	0			
		桑树	2	1	0	1	2	1		1	0			
山茱萸科	梾木属		6	0	1	5	6		1	5	0			
			6	0	1	5	6		1	5	0			
		毛梾木	5	0	0	5	5			5	0			
		山茱萸	1	0	1	0	1		1		0			

（续）

科	属	种	古树名木株数 合计	I	II	III	散生古树 小计	I	II	III	古树群 小计	I	II	III
柿树科			122	0	0	122	122			122	0			
	柿树属		122	0	0	122	122			122	0			
		柿树	122	0	0	122	122			122	0			
鼠李科			2	0	0	2	2			2	0			
	枣属		2	0	0	2	2			2	0			
		枣树	2	0	0	2	2			2	0			
松科			1509	8	9	1492	48	8	9	31	1461			1461
	松属		1508	8	9	1491	47	8	9	30	1461			1461
		白皮松	24	6	6	12	20	6	6	8	4			4
		华山松	1315	0	0	1315	5			5	1310			1310
		油松	169	2	3	164	22	2	3	17	147			147
	铁杉属		1	0	0	1	1			1	0			
		铁杉	1	0	0	1	1			1	0			
卫矛科			2	0	1	1	2		1	1	0			
	卫矛属		2	0	1	1	2		1	1	0			
		卫矛	2	0	1	1	2		1	1	0			
无患子科			1	0	1	0	1		1		0			
	栾树属		1	0	1	0	1		1		0			
		栾树	1	0	1	0	1		1		0			
梧桐科			1	0	0	1	1			1	0			
	梧桐属		1	0	0	1	1			1	0			
		梧桐	1	0	0	1	1			1	0			
杨柳科			24	1	6	17	24	1	6	17	0			
	柳属		22	1	6	15	22	1	6	15	0			
		垂柳	1	0	0	1	1			1	0			
		旱柳	21	1	6	14	21	1	6	14	0			
	杨属		2	0	0	2	2			2	0			
		冬瓜杨	1	0	0	1	1			1	0			
		青杨	1	0	0	1	1			1	0			
银杏科			13	5	5	3	13	5	5	3	0			
	银杏属		13	5	5	3	13	5	5	3	0			
		银杏	13	5	5	3	13	5	5	3	0			
榆科			34	1	8	25	34	1	8	25	0			
	朴属		1	0	0	1	1			1	0			
		小叶朴	1	0	0	1	1			1	0			
	青檀属		1	0	0	1	1			1	0			

科	属	种	古树名木株数				散生古树				古树群			
			合计	I	II	III	小计	I	II	III	小计	I	II	III
榆科		青檀	1	0	0	1	1			1	0			
	榆属		31	1	7	23	31	1	7	23	0			
		榔榆	1	0	0	1	1			1	0			
		兴山榆	16	1	7	8	16	1	7	8	0			
		榆树	14	0	0	14	14			14	0			
芸香科	吴茱萸属		1	0	0	1	1			1	0			
			1	0	0	1	1			1	0			
		湖北臭檀	1	0	0	1	1			1	0			
31科	50属	68种	23133	203	7510	15420	952	77	144	731	22181	126	7366	14689

栾川县乡镇（林场）古树名木统计表

乡镇（场）	古树名木株数				散生古树				古树群			
	合计	I	II	III	小计	I	II	III	小计	I	II	III
城关镇	8	0	6	2	5		3	2	3		3	
栾川乡	32	2	5	25	32	2	5	25	0			
赤土店镇	2301	6	56	2239	67	6	9	52	2234		47	2187
庙子镇	74	10	13	51	74	10	13	51	0			
合峪镇	31	4	9	18	31	4	9	18	0			
潭头镇	310	16	41	253	262	16	41	205	48			48
秋扒乡	261	10	18	233	158	10	18	130	103			103
狮子庙镇	64	10	24	30	51	10	15	26	13		9	4
白土镇	107	1	5	101	107	1	5	101	0			
三川镇	9	3	4	2	9	3	4	2	0			
冷水镇	6	0	2	4	6		2	4	0			
叫河镇	53	5	7	41	53	5	7	41	0			
陶湾镇	44	5	9	30	44	5	9	30	0			
石庙镇	13	2	4	7	13	2	4	7	0			
大坪林场	4208	1	0	4207	3	1		2	4205			4205
老君山林场	15527	99	7307	8121	5	1		4	15522	98	7307	8117
龙峪湾林场	85	29	0	56	32	1		31	53	28		25
合计	23133	203	7510	15420	952	77	144	731	22181	126	7366	14689

栾川县古树名木分布示意图

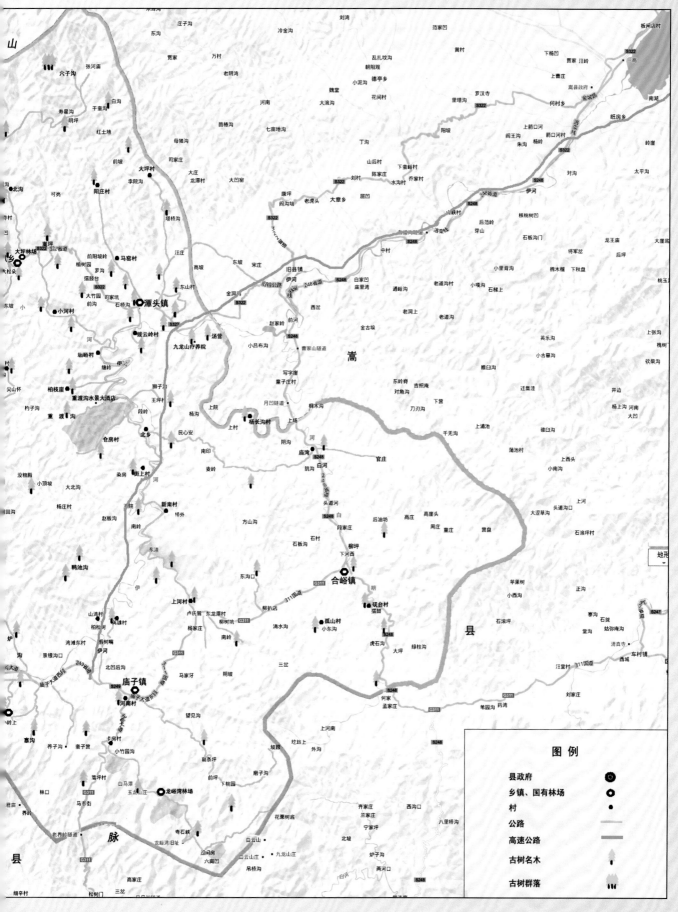